MATLAB 基础知识及工程应用

主　编　汤迎红　刘忠伟
副主编　邱显焱　刘　冰
主　审　邓英剑

国防工業出版社
·北京·

内容简介

本书基于 MATLAB 7.13 版，以先讲解后实例的方式，系统地介绍了 MATLAB7.13 的环境，MATLAB 的基本运算、数据的可视化，MATLAB 符号运算，MATLAB 程序设计、优化设计，Simulink 仿真环境等内容，图文并茂，突出应用。

本书面向 MATLAB 的初中级读者，重点介绍了 MATLAB 的基础应用，以简练的语言和代表性的实例向读者介绍 MATLAB 的功能及使用方法，为初学 MATLAB 的用户提供指导。针对机械专业的特点，本书对 MATLAB 的优化设计和 Simulink 仿真功能进行了详细的介绍，为后续课程的学习打下良好的基础。

本书可作为大学本科和专科有关课程的教材或教学参考书，也可供 MATLAB 用户学习和参考。本书配有电子课件，欢迎选用本书作教材的老师索取。

图书在版编目(CIP)数据

MATLAB 基础知识及工程应用/汤迎红，刘忠伟主编.—北京：国防工业出版社，2024.7 重印

ISBN 978-7-118-09390-2

Ⅰ.①M…　Ⅱ.①汤…②刘…　Ⅲ.Matlab 软件　Ⅳ.①TP317

中国版本图书馆 CIP 数据核字(2014)第 066592 号

※

国防工業出版社 出版发行

(北京市海淀区紫竹院南路 23 号　邮政编码 100048)

北京虎彩文化传播有限公司印刷

新华书店经售

*

开本 787×1092　1/16　**印张** 15¾　**字数** 387 千字

2024 年 7 月第 1 版第 7 次印刷　**印数** 11301—12300 册　**定价** 55.00 元

国防书店：(010)88540777　　书店传真：(010)88540776

发行业务：(010)88540717　　发行传真：(010)88540762

前　言

MATLAB 是一种开放型程序设计语言，拥有集数值与符号运算、数据可视化图形表示与图形用户界面设计、编程和仿真等多种功能于一体的集成软件，功能强大而且使用简单，是进行科学研究和工程实践的有力工具。在欧美及国内很多高等学校，MATLAB 软件已经成为线性代数、数字信号处理、动态系统仿真等课程的基本教学工具。

本书面向 MATLAB 的初中级读者，在介绍 MATLAB R2011b 集成环境的基础上，详细地介绍了 MATLAB R2011b 的基本用法。全书共分 7 章，内容包括 MATLAB 语言的基础知识，数值计算和符号计算，数据可视化技术，程序设计，优化设计，Simulink 动态仿真及其应用。本书在内容编写上，重点讲述 MATLAB 语言最基本的知识，采用先讲解后实例的方式，突出应用；在编写形式上，力求简单明了、图文并茂；在语言上，力求叙述准确、通俗易懂；在应用技术上，力求理论联系实际、学以致用。书中各章均提供了大量有针对性的算例，供读者实战练习，巩固所学知识。

本书由汤迎红、刘忠伟任主编，邱显焱、刘冰任副主编，邓英剑任主审。编写分工：刘冰编写第 1 章，汤迎红编写第 2 章、第 7 章；邱显焱编写第 3 章；朱亨荣编写第 4 章；贺兵、李睿编写第 5 章；刘忠伟编写第 6 章。全书由汤迎红和刘忠伟负责统稿和定稿。邓英剑教授进行了认真审阅，并对初稿提出了许多宝贵意见，在此谨表谢意。

限于编者的水平和经验，书中难免有缺点和错误，恳请读者批评指正，有关意见请发至编者电子邮箱 ttyyhhll@163.com。

编　者

2014.1

目　录

第 1 章　MATLAB 软件概述

1.1　MATLAB 的发展历程

MATLAB 是由美国 MathWorks 公司推出的用于数值计算和图形处理的科学计算软件，除了具备卓越的数值计算能力以外，它还提供了专业水平的符号计算、文字处理、可视化建模仿真和实时控制等功能。MATLAB 的基本数据单位是矩阵，它的指令表达式与数学、工程中常用的形式十分相似，故用 MATLAB 来解算问题要比用 C、FORTRAN 等语言简捷得多，它是国际公认的优秀数学应用软件之一。

MATLAB 是英文 MATrix LABoratory(矩阵实验室)的缩写。20 世纪 80 年代初期，Cleve Moler 与 John Little 等利用 C 语言开发了新一代的 MATLAB 语言，此时的 MATLAB 语言已同时具备了数值计算功能和简单的图形处理功能。

1984 年，Cleve Moler 与 John Little 等正式成立了 MathWorks 公司，把 MATLAB 语言推向市场，并开始了对 MATLAB 工具箱等的开发设计。

1993 年，MathWorks 公司推出了基于个人计算机的 MATLAB 4.0 版本，从此告别了 DOS 版本。4.x 版在继承和发展其原有的数值计算和图形可视能力的同时，推出了交互式操作的动态系统 Simulink。

1997 年仲春，MATLAB5.0 版问世，紧接着是 5.1、5.2，以及 1999 年春的 5.3 版。与 4.x 相比，MATLAB 5.x 拥有更丰富的数据类型和结构、更友善的面向对象、更加快速精良的图形可视、更广博的数学和数据分析资源、更多的应用开发工具。

2000年，推出MATLAB 6版本(Release 12)。该版的推出是MATLAB软件的一次飞跃，它的可视化界面焕然一新，风格更加平易近人，而且还添加了对JAVA的支持，函数库也进一步进行了扩充，运算速度更快、性能更好。2001年6月，MathWorks公司推出了MATLAB 6.1版。2002年8月，MathWorks公司推出了MATLAB 6.5版。

2004 年 6 月份，正式推出 MATLAB 7.0(Release 14)和 Simulink 6.0。MATLAB 7.0 的最大亮点在于添加了图形的交互创建和编辑功能，同时在操作界面上也得到了加强；Simulink 6.0 则针对大规模的系统开发进行了性能优化。2004 年 9 月发布的 MATLAB 7.0.1 提高了 MATLAB 7.0 的稳定性和运行性能。

从 2006 年开始，MathWorks 公司就 MATLAB 产品的发布形式发生了变化，即分别在每年的 3 月和 9 月各进行一次 MATLAB 产品发布，版本的命名为“R+年份+代码”，对应上下半年的代码分别是 a 和 b。

目前，MATLAB 软件已经发展成为适合多学科、多种工作平台的功能强大的大型软件。在欧美等高等学校，MATLAB 软件已经成为线性代数、数字信号处理、动态系统仿真等课程的基本教学工具。在国际学术界，MATLAB 已经被确认为准确、可靠的科学计算标准软件，在许多国际一流学术刊物上，都可以看到 MATLAB 的应用。

1.2 MATLAB 语言的特点

MATLAB 被称为第四代计算机语言，利用其丰富的函数资源，可使编程人员从繁琐的代码中解脱出来。在 MATLAB 中，无论是问题的提出，还是结果的表达，都采用人们思维习惯的数学描述方法，而不需要用传统编程语言中的冗长代码进行前后处理。这一特点使 MATLAB 为数学分析、算法开发及应用程序开发提供了良好的环境。MATLAB 语言主要有以下几个特点。

1.2.1 高级但简单的程序环境

MATLAB 程序书写形式自由，被称为“草稿式”语言，这是因为其函数名和表达更接近我们书写计算公式的思维表达方式，编写 MATLAB 程序就像在草稿纸上排列公式与求解问题，因此可以快速地验证工程技术人员的算法。此外，MATLAB 还是一种解释性语言，不需要专门的编译器。具体而言，MATLAB 运行时，可直接在命令行输入 MATLAB 语句，系统立即进行处理，完成编译、连接和运行的全过程。另外，利用丰富的库函数避开繁杂的子程序编程任务，压缩了一切不必要的编程工作。

1.2.2 功能强大的数值运算功能

MATLAB 是一个包含大量计算算法的集合，其拥有 600 多个工程中要用到的数学运算函数，可以方便地实现用户所需的各种计算功能。函数中所使用的算法都是科研和工程计算中的最新研究成果，而且经过了各种优化和容错处理。在通常情况下，可以用它来代替底层编程语言，如 C 和 C++，在计算要求相同的情况下，使用 MATLAB 编程的工作量会大大减少。

1.2.3 出色的图形处理功能

MATLAB 具有非常强大的以图形化显示矩阵和数组的能力，同时它能给这些图形增加注释并且可以对图形进行标注和打印。MATLAB 的图形技术包括二维和三维的可视化、图像处理、动画等高层次的专业图形的高级绘图函数(如图形的光照处理、色度处理以及四维数据的表现等)，又包括一些可以让用户灵活控制图形特点的低级绘图命令，可以利用 MATLAB 的句柄图形技术创建图形用户界面。同时对一些特殊的可视化要求，MATLAB 也有相应的功能函数，保证了用户不同层次的要求。

1.2.4 开放性强、可扩展性强

MATLAB 所有核心文件和工具箱文件都是公开的、可读可写的源文件，是可见的 MATLAB 程序，所有用户可以查看源代码，检查算法的正确性，修改已存在的函数，或者加入自己的新部件，包括运行时动态连接外部 C、C++或 FORTRAN 应用函数；在独立 C、C++或 FORTRAN 程序中调用 MATLAB 函数；输出输入各种 MATLAB 及其他标准格式的数据文件；创建图文并茂的技术文档，包括 MATLAB 图形、命令，并可通过 Word 输出。

1.2.5 丰富的工具箱

在 MATLAB 软件中，拥有 40 多个工具箱。这些工具箱又可以分为功能性工具箱和学科

工具箱。功能工具箱用来扩充 MATLAB 的符号计算、数据可视化、建模和仿真、实时控制等功能。学科工具箱的专业性比较强，如金融工具箱、信号处理工具箱、模糊逻辑工具箱等。除了内部函数以外，所有 MATLAB 工具箱的 M 文件都是可读和可修改的，用户通过对源程序的修改或加入自己编写的程序，可以构造新的专用工具箱。MATLAB 的常用工具箱如下：

(1) Bioinformatics Toolbox：生物信息学工具箱。

(2) Control System Toolbox：控制系统工具箱。

(3) Communication Toolbox：通信工具箱。

(4) Data Acquisition Toolbox：数据采集工具箱。

(5) Database Toolbox：数据库工具箱。

(6) Filter Design Toolbox：滤波器设计工具箱。

(7) Financial Toolbox：财政金融工具箱。

(8) Fuzzy Logic Toolbox：模糊逻辑工具箱。

(9) Image Acquisition Toolbox：图像采集工具箱。

(10) Image Processing Toolbox：图像处理工具箱。

(11) Instrument Control Toolbox：仪器控制工具箱。

(12) Optimization Toolbox：优化工具箱。

(13) Neural Network Toolbox：神经网络工具箱

(14) Parallel Computing Toolbox：并行计算工具箱。

(15) Robust Control Toolbox：鲁棒控制工具箱。

(16) Signal Processing Toolbox：信号处理工具箱。

(17) Simulink Toolbox：仿真工具箱

(18) Spline Toolbox：样条工具箱。

(19) Statistics Toolbox：统计工具箱。

(20) Symbolic Math Toolbox：符号数学工具箱。

(21) System Identification Toolbox：系统辨识工具箱。

(22) Wavelet Toolbox：小波工具箱。

在本书的第 6 章将对优化工具箱进行详细的介绍，第 7 章将对仿真工具箱进行详细的介绍。

1.3 MATLAB 的安装、退出及卸载

1.3.1 MATLAB 的安装

一般而言，当 MATLAB 光盘插入光驱后，会自启动“安装向导”。假如自启动没有实现，那么可以在“我的电脑”或“资源管理器”中双击 setup.exe 应用程序，使“安装向导”启动。安装过程中出现的所有界面都是标准的，用户只要按照屏幕提示操作，如输入用户名、单位名、口令等就行。

在安装 MATLAB R2011b 时，会出现一个界面，该界面上有两个选项：Typical 和 Custom。由于近年计算机的硬盘容量很大，所以一般用户为方便计，直接点选 Typical 即可。

1.3.2 MATLAB 的启动和退出

MATLAB 2011b 安装结束后，用户可以通过单击“开始”菜单中的 MATLAB 来启动 MATLAB 系统，也可以在 MATLAB 的安装目录下找到 MATLAB.exe 然后单击运行。此外，用户可以在桌面建立 MATLAB 的快捷菜单，通过双击快捷方式图标，也可以启动 MATLAB 系统。

有以下三种方法可以退出 MATLAB 软件：

(1) 在 MATLAB 的主窗口中选择 File| Exit MATLAB 命令，或按快捷键 Ctrl+Q。

(2) 在 MATLAB 的命令行窗口中输入 exit 或 quit。

(3) 单击 MATLAB 主窗口右上角的关闭按钮，进行关闭。

1.3.3 MATLAB 的卸载

用户如果想卸载 MATLAB 软件，可以通过 Window 控制面板中的添加或删除程序来卸载 MATLAB 软件。

1.4 MATLAB 的操作界面

MATLAB R2011b 版的 Desktop 操作桌面，是一个高度集成的 MATLAB 工作界面。其默认形式如图 1.1 所示，包括菜单栏、工具栏以及命令窗口(Command Window)、当前目录(Current Folder)设置区、工作空间(Workspace)窗口和历史命令(Command History)窗口等。

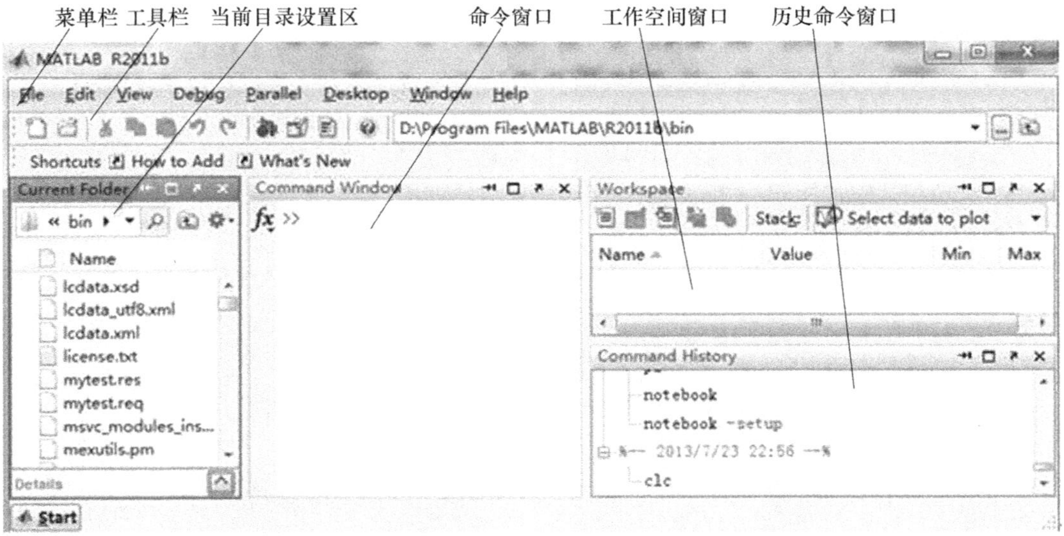

图 1.1　MATLAB 工作界面

命令窗口、当前目录窗口、工作空间窗口和历史命令窗口均可以从 MATLAB 主界面分离出来，以便单独显示和操作。下面以命令窗口为例进行说明：分离命令窗口可执行 desktop 菜单中的 Unlock Command Window，也可单击命令窗口右上角按钮；返回主界面则可执行 desktop 菜单中的 Lock Command Window，或单击命令窗口右上角按钮。

在 MATLAB 的主界面的左下角有一个 Start 按钮，可以直接打开各种工具箱，非常方便，如图 1.2 所示。

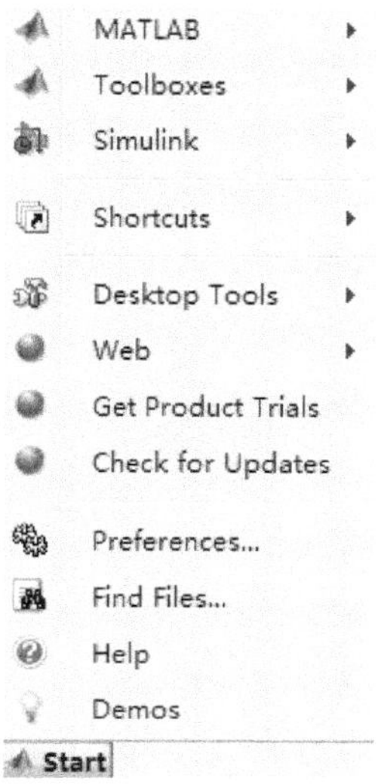

图 1.2　MATLAB 的 Start 按钮

1.5　MATLAB 主菜单

MATLAB 2011b 的菜单和以前的版本有较大改变，包含 File、Edit、View、Debug、Parallel、Window 和 Help，共 7 个菜单栏，可以实现 MATLAB 有关文件、编辑、调试等大多数功能，下面进行详细的介绍。

1.5.1　File 菜单

MATLAB 2011b 的 File 菜单如图 1.3 所示，其功能如下所示：

(1) New：用于创建新的脚本文件、函数文件、类、图形用户界面等。

(2) Open：用于打开 MATLAB 的.m 文件、.fig 文件、.mat 文件、.mdl 文件、.prj 文件等。

(3) Close Command Window：用于关闭命令行窗口。

(4) Import Data…：将数据导入到 MATLAB 的工作空间。

(5) Save Workspace As…：将工作空间中的变量保存到文件中。

(6) Set Path…：设置搜索路径，单击该菜单后，弹出设置搜索路径对话框。该指令将在 1.12 节详细介绍。

(7) Preference…：设置 MATLAB 的属性，单击该菜单后，弹出属性设置对话框。

(8) Page Setup…：该选项用于页面设置。

(9) Print…：用于设置打印机和打印。

(10) Exit MATLAB：退出 MATLAB 系统，或单击快捷键 Ctrl+Q。

1.5.2　Edit 菜单

选择 MATLAB 2011b 主界面的 Edit 菜单，或者按快捷键 Alt+E，如图 1.4 所示。

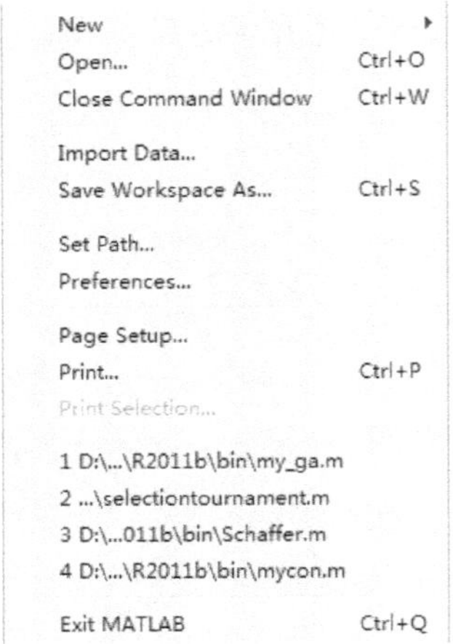

图 1.3 File 菜单

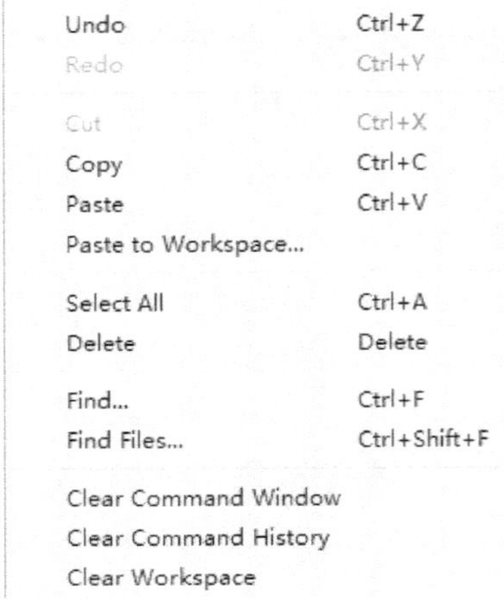

图 1.4 Edit 菜单

(1) Undo：用于撤销上次操作。
(2) Redo：重新执行上次操作。
(3) Cut：用于剪切选中的对象。
(4) Copy：用于复制选中的对象。
(5) Paste：用于粘贴剪切板上的内容。
(6) Paste to Workspace…：利用数据导入向导，将剪切板中的内容粘贴到工作空间中。
(7) Select All：选择全部。
(8) Delete：删除选中的对象。
(9) Find…：用于查找所选择的对象。
(10) Find Files…：用于文件的查找。
(11) Clear Command Window：用于清除命令行窗口中的内容。
(12) Clear Command History：用于清除历史命令窗口的内容。
(13) Clear Workspace：用于清除工作空间中的内容。

1.5.3 Debug 菜单

在 MATLAB 的主界面中选择 Debug 菜单，或者按快捷键 Alt +B，如图 1.5 所示。
(1) Open Files when Debugging：在程序调试时打开 M 文件。
(2) Step：用于程序的单步执行。
(3) Step In：用于单步执行时进入子函数。
(4) Step Out：用于单步执行时跳出子函数。
(5) Continue：程序继续执行，直到遇到断点。
(6) Clear Breakpoints in All Files：用于清除所有打开文件中的断点。
(7) Stop if Errors/Warnings…：程序如果出错或警告则停止。
(8) Exit Debug Mode：退出程序的调试模式。

1.5.4 Window 菜单

选择 MATLAB 2011b 主界面的 Window 菜单，如图 1.6 所示。

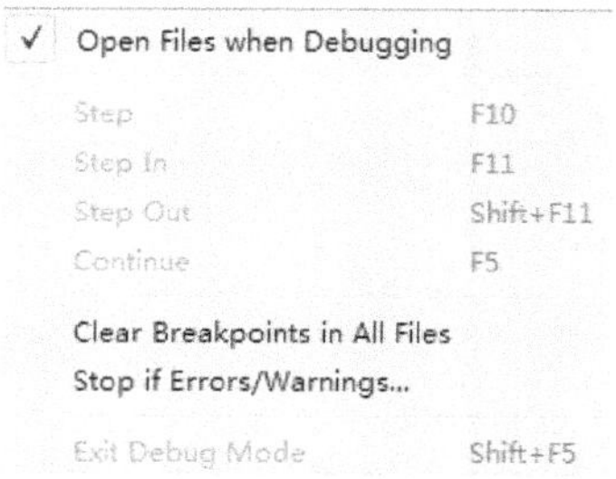

图 1.5 Debug 菜单

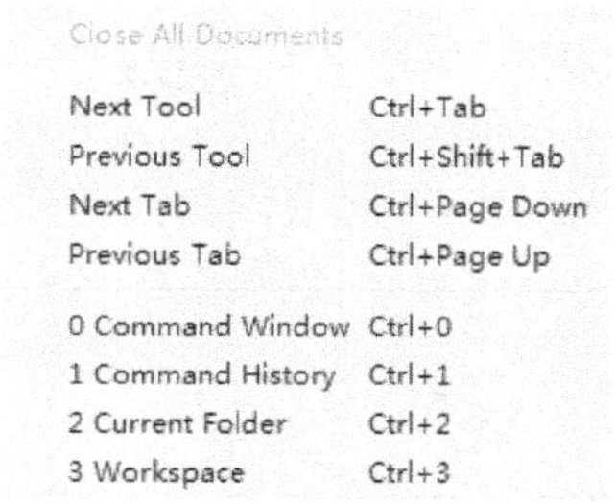

图 1.6 Window 菜单

(1) Close All Documents：关闭所有文档。

(2) Next Tool：依附在 MATLAB 主界面的各个窗口之间进行切换，下一个窗口。

(3) Previous Tool：依附在 MATLAB 主界面的各个窗口之间进行切换，上一个窗口。

(4) Next Tab：显示下一个标签。

(5) Prerious Tab：显示前一个标签。

(6) Command Window：选定命令行窗口为当前的活动窗口。

(7) Command History：选定历史命令窗口为当前的活动窗口。

(8) Current Folder：选定文件夹窗口为当前的活动窗口。

(9) Workspace：选定工作空间为当前的活动窗口。

1.5.5 Desktop 菜单

在 MATLAB 2011b 的主界面单击 Desktop 菜单，或者按快捷键 Alt +D，如图 1.7 所示。

(1) Minimize Command Window：最小化命令行窗口。

(2) Maximize Command Window：最大化命令行窗口。

(3) Undock Command Window：将命令行窗口变为单独的窗口，不再附着在 MATLAB 的主界面。

(4) Move Command Window：移动命令行窗口。

(5) Resize Command Window：调制命令行窗口的大小。

(6) Desktop Layout：选择该选项后，会弹出子菜单，如果选择 Default 选项，为系统默认的窗口布局。

(7) Save Layout…：将窗口的布局进行保存。

(8) Organize Layouts…：组织窗口的布局。

(9) Command Window：显示命令行窗口。

(10) Command History：显示历史命令窗口。

(11) Current Folder：显示当前文件夹。

(12) Workspace：显示工作空间。

(13) Help：显示帮助窗口(在本章的 1.10 节将进行详细介绍)。

(14) Profiler：显示 Profiler 工具，进行程序代码的分析。

(15) File Exchange：进行文件交换，需要计算机连网。

(16) Editor：显示 M 文件编辑器，用来编写 MATLAB 的脚本文件或函数文件。

(17) Figures：显示图形窗口，采用函数 plot 等绘图时，在图形窗口进行显示。

(18) Web Browser：显示网络浏览器窗口，需要计算机联网。

(19) Variable Editor：变量编辑窗口。

(20) Comparisons Tools：文件和文件夹的比较窗口。

(21) Toolbars：标题栏和快捷菜单显示窗口。

(22) Titles：显示或隐藏各个窗口的标题栏。

1.5.6 Help 菜单

选择 MATLAB 2011b 主界面下的 Help 菜单，或按快捷键 Alt+H，如图 1.8 所示。

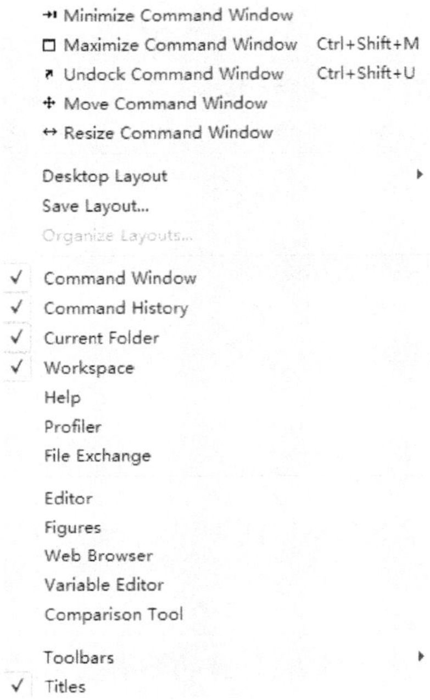

图 1.7 Desktop 菜单

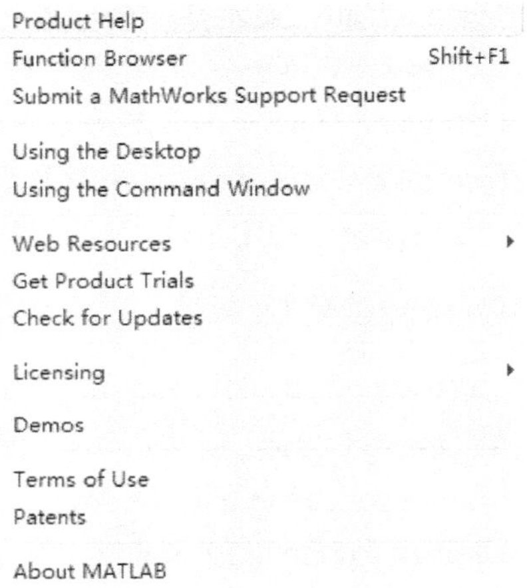

图 1.8 Help 菜单

(1) Product Help：启动 MATLAB 的帮助浏览器，显示帮助信息。在 1.10 节将会对 MATLAB 的帮助系统进行详细的介绍。

(2) Function Browser：函数浏览器，获取函数的帮助信息。选择该菜单后，显示函数浏览器窗口，输入 name 进行查询。

(3) Submit a MathWorks Support Request：向 MathWorks 提交支持请求。

(4) Using the Desktop：显示 Desktop 的帮助信息。

(5) Using the Command History：显示命令行窗口的帮助信息。

(6) Web Resources：显示网络上的资源。

(7) Get Product Trials：获取产品试验。

(8) Check for Updates：检查软件是否更新。

(9) Licensing：协议许可。

(10) Demos：启动 MATLAB 的帮助浏览器，显示程序示例。

(11) Terms of Use：使用条款。

(12) Patents：使用专利。

(13) About MATLAB：显示 MATLAB 的启动界面。

1.6 命令窗运行

命令窗口是接收命令输入的窗口，可输入的对象除了 MATLAB 命令以外，还包括函数、表达式、语句以及 M 文件名或 MEX 文件名等，并显示除了图形以外的所有运算结果。分离的命令窗口如图 1.9 所示。

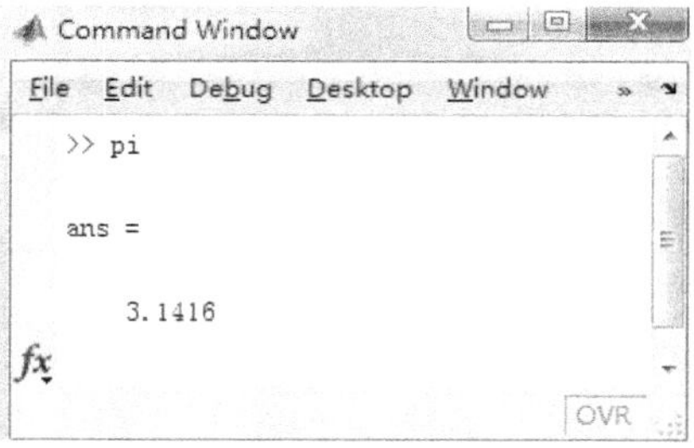

图 1.9 分离的命令窗口

1.6.1 命令行的显示方式

命令窗口中的每一个命令行前会出现提示符“>>”，在此符号后输入各种语句并按 Enter 键，方可被 MATLAB 接受和执行，执行的结果通常直接显示在语句下方。

命令窗口内显示的字符和数值采用不同的颜色，在默认情况下，输入的命令、表达式以及计算结果等采用黑色字体；输入的字符串自动呈现为紫色字体；对于输入指令中的 if、for、end 等控制数据流的 MATLAB 关键词自动地采用蓝色字体显示。

1.6.2 命令窗口中命令行的编辑

MATLAB 命令窗口不仅可以对输入的命令进行编辑和运行，而且可以对已输入的命令进行回调、编辑和重运行。常用操作键如表 1.1 所列。

表 1.1 命令窗口中行编辑的常用操作键

键名	作用	键名	作用
↑	向前调回已输入过的命令行	Home	使光标移到当前行的开头
↓	向后调回已输入过的命令行	End	使光标移到当前行的末尾
←	在当前行中左移光标	Delete	删去光标右边的字符
→	在当前行中右移光标	Backspace	删去光标左边的字符
PageUp	向前翻阅当前窗口中的内容	Esc	清除当前行的全部内容
Page Down	向后翻阅当前窗口中的内容	Ctrl+C	中断 MATLAB 命令的运行

1.6.3 命令窗口中的标点符号

MATLAB 在输入语句时，可能要用到以下各种符号，这些标点符号的功能如表 1.2 所列。为确保指令正确执行，以上符号一定要在英文状态下输入，因为 MATLAB 不能识别含有中文标点的指令。

表 1.2　MATLAB 常用标点符号的功能

名称	符号	功　　能
空格		用于输入变量之间的分隔符以及数组行元素之间的分隔符
逗号	,	用于要显示计算结果的命令之间的分隔符；用于输入变量之间的分隔符；用于数组行元素之间的分隔符
点号	.	用于数值中的小数点
分号	;	用于不显示计算结果命令行的结尾；用于不显示计算结果命令之间的分隔符；用于数组元素行之间的分隔符
冒号	:	用于生成一维数值数组，表示一维数组的全部元素或多维数组的某一维的全部元素
百分号	%	用于注释的前面，在它后面的命令不需要执行
单引号	‘ ’	用于括住字符串
圆括号	( )	用于引用数组元素；用于函数输入变量列表；用于确定算术运算的先后次序
方括号	[ ]	用于构成向量和矩阵；用于函数输出列表
花括号	{ }	用于构成元胞数组
下划线	-	用于一个变量、函数或文件名中的连字符
续行号	…	用于把后面的行与该行连接以构成一个较长的命令
“At” 号	@	用于放在函数名前形成函数句柄；用于放在目录名前形成用户对象类目录
等号	=	用来赋值

1.6.4　命令窗口中数值的显示格式

为了适应用户以不同格式显示计算结果的需要，MATLAB 设计了多种数值显示格式以供用户选用，如表 1.3 所列。默认的显示格式：数值为整数时，以整数显示；数值为实数时，以 short 格式显示；如果数值超出范围，以科学计数法显示。

表 1.3　命令窗口中数据 e 的显示格式

格式	命令窗口中的显示形式	格式效果说明
short	2.1342	小数部分 4 位，整数部分超过 3 位用 short e 格式
short e	2.1342e+000	小数部分 4 位，整数部分 1 位，用科学计数法表示
short g	2.1342	保证不超过 5 位有效数字，大小在 10 的正负 5 次幂之间时，自动调整数位，超过幂次范围时，用 short e 格式
long	2.71828182845905	小数部分 14 位，整数部分最多 2 位
long e	2.71828182845905e+000	小数部分 15 位，整数部分 1 位，用科学计数法表示
long g	2.71828182845905	保证不超过 15 位有效数字，大小在 10 的+15 和−5 次幂之间时，自动调整数位，超过幂次范围用 long e 格式
rational	1457/523	用分数、有理数近似表示
hex	4005bf0a8b14576a	十六进制表示
+	+	正、负数和零分别用+、−、空格表示
bank	2.72	限两位小数，用于表示元、角、分
compact	不留空行显示	在显示结果之间没有空行的压缩格式
loose	留空行显示	在显示结果之间有空行的稀疏格式

1.6.5 命令窗口中相关的操作命令

MATLAB 各窗口在应用中所需的各种设置，可以用菜单、对话框去解决，也可以用命令解决。这主要是考虑到程序设计的需要和方便。当用户需要编写一个程序，而将所需的设置动作体现在程序中时，只能采用命令去设置，因为编好的程序不方便在执行中途退出后去完成打开菜单和对话框的操作，然后又回去接着执行后续的程序。表 1.4 列出命令窗口的常用的相关操作命令，工作空间窗口、目录文件管理窗口和帮助窗口相关的操作命令详见后面章节。

表 1.4　命令窗口的常用的相关操作命令

命令	示例	说明
format	format loose	对命令窗口显示内容的格式进行设定
echo	echo on，echo off	用来控制是否显示正在执行的 MATLAB 语句，on 表示是，off 表示否
more	more(3)	规定命令窗口中每个页面的显示行数　　more off
clc	clc	清除命令窗口的显示内容
clf	clf	清除图形窗口中的图形内容
cla	cla	清除图形窗口中的坐标内容
exit 或 quit	exit 或 quit	关闭 MATLAB
edit	edit	打开 M 文件编辑器
close	close all	关闭当前图形窗口，加参数 all 则关闭所有图形窗口

1.7　历史命令窗口

分离的历史窗口如图 1.10 所示。历史命令窗口记录着每次开启 MATLAB 的时间以及开启 MATLAB 后在指令窗中运行过的所有指令行，而且所有这些被记录的指令行都能被复制或再运行，关于历史指令窗的功能和操作方法详见表 1.5。

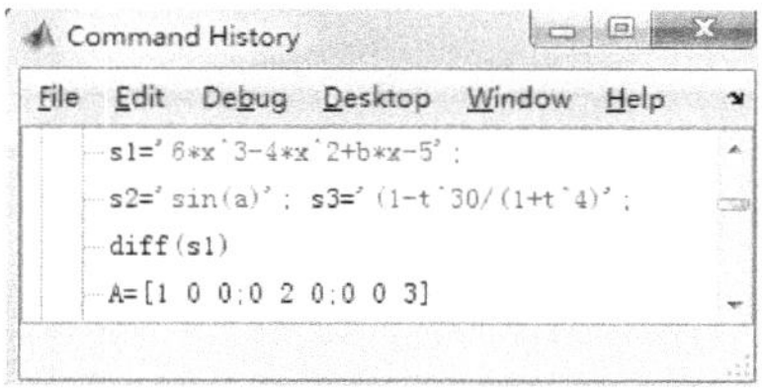

图 1.10　分离的历史命令窗口

表 1.5　历史指令窗口主要功能的操作方法

应用功能	操作方法
单行或多行命令的复制(Copy)	选中单行或多行命令(“选中”操作与 Windows 选中文件时的方法相同)，单击鼠标右键出现快捷菜单，再选择 Copy 菜单，就可以把它复制
单行或多行命令的运行 (Evaluate Selection)	选中单行或多行命令，鼠标右键出现快捷菜单，再选择 Evaluate Selection 菜单，就可在命令窗口中运行，并得出相应结果。或者双击选择的命令行也可运行
把多行命令写成 M 文件 (Create M-File)	选中单行或多行命令，单击鼠标右键出现快捷菜单，选择 Create M-File 菜单，就可以打开写有这些命令的 M 文件编辑/调试器窗口

1.8 当前目录窗口

分离的当前目录窗口如图 1.11 所示，它由菜单条、当前目录设置区、工具栏、文件详细列表、M 文件或 MAT 文件描述区组成。该窗口用来组织、管理和使用所有 MATLAB 及非 MATLAB 文件，核心功能是设置当前目录。

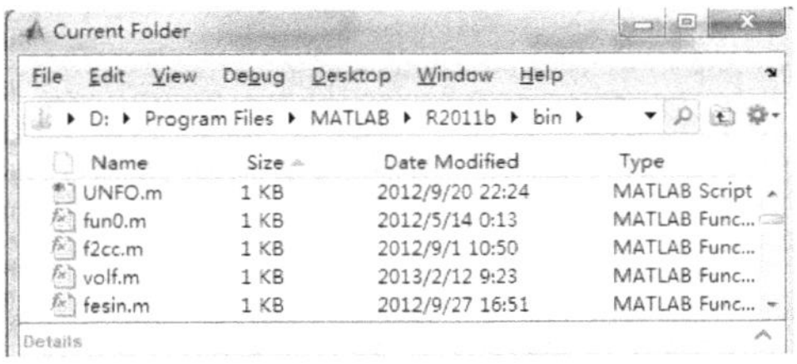

图 1.11　分离的当前目录窗口

1.8.1 用户目录

MATLAB R2011b 在安装过程中，会自动生成一个目录，该目录专供存放用户自己的各类 MATLAB 文件。尽管该工作目录允许用户存放文件，但最好只把它作为工作目录使用。在使用 MATLAB 的过程中，为管理方便，建议用户尽量为自己建立一个专门的工作目录，即用户目录。

1.8.2 用户目录设置成当前目录

在 MATLAB 环境中，如果不特别指明存放数据和文件的目录，那么 MATLAB 总默认地将它们存放在当前目录上。因此，出于 MATLAB 运行可靠和用户方便的考虑，建议在 MATLAB 开始工作时，就应把用户自己的用户目录设置成当前目录。

1.8.3 用户目录设置成当前目录的方法

方法一：交互界面设置法

在 MATLAB 操作桌面右上方，或当前目录浏览器左上方，都有一个当前目录设置区。它包括“目录设置栏”和“浏览键”。用户或在“设置栏”中直接填写待设置的目录名，或借助“浏览键”和鼠标选择待设置目录。

方法二：指令设置法

通过指令设置当前目录是各种 MATLAB 版本都适用的基本方法，这种指令设置法的适用范围比交互界面设置法大，它不仅能在指令窗中执行，而且可以使用在 M 文件中。表 1.6 显示了与目录文件管理相关的部分命令。

表 1.6　与目录文件管理相关的部分命令

目录命令	示例	含　义
cd	cd	显示当前目录
cd 文件夹名	cd D:\ Program Files	设置当前目录为“文件夹名”
cd..	cd..	显示当前目录的上一级目录

(续)

目录命令	示例	含　义
Pwd	pwd	显示当前目录的名称
mkdir	mkdir　shf02	在当前文件夹下建立一个子文件夹
dir 或 ls	dir　或　ls	显示当前或指定目录下的文件或子目录清单
what	what	显示当前目录下 M、MAT、MEX 这三类文件清单
type	type main1.m	显示某个文件的内容或注释
which	which main1.m	寻求某个文件所在的文件夹
delete	delete	删除文件或图形对象

注意：以上方法设置的当前目录，只是在当前开启的MATLAB环境中有效，一旦MATLAB重新启动，以上设置操作必须重新进行。

1.9　工作空间窗口

1.9.1　工作空间窗口的主要功能

分离的工作空间窗口如图 1.12 所示，从该窗口中可以得到变量的名称、数据结构、字节数、变量的类型甚至变量的值等多项信息。

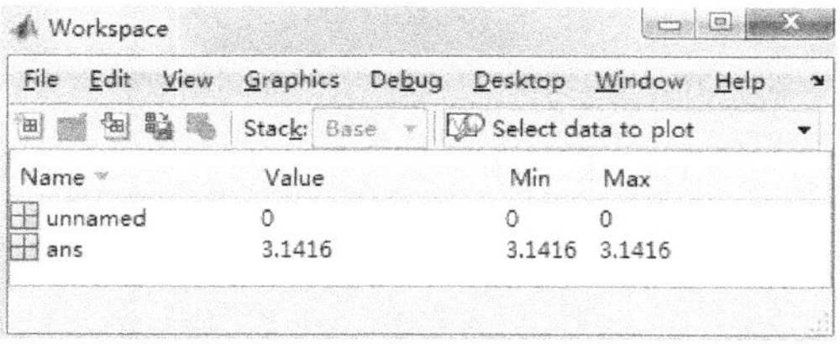

图 1.12　分离的工作空间窗口

该窗口的主要目的是为了对 MATLAB 中用到的变量进行观察、编辑、提取和保存，可以通过工具栏操作，也可以通过快捷键操作完成。工作空间浏览器主要功能及菜单操作方法见表 1.7。

表 1.7　工作空间浏览器主要功能及菜单操作方法

功能	操作方法
新变量创建	单击图标，在工作空间中生成一个 unnamed 的新变量；双击该新变量图标，引出 Variable Editor 变量编辑器；在变量编辑器中，向各元素输入数据；最后，对该变量进行重命名
变量内容显示	点亮变量；或单击图标，或选中弹出菜单中的 {Open Selection} 项，则变量内含的数据就显示在 Variable Editor 变量编辑器中
向内存装载文件数据	单击图标；选择 MAT 数据文件；再单击该文件，引出 Import Wizard 界面，它展示文件所包含的变量列表；再从列表中，选择待装载变量，便可
把变量保存进文件	选择待保存到文件的(一个或多个)变量，或单击图标，或选中弹出菜单中的 {Save Workspace As}项，便可把那些变量保存到 MAT 数据文件

(续)

功能	操作方法
Select data to plot 图形绘制启动键	单击 Select data to plot 键绘制出选定类型的图形
绘图类型菜单引出键	单击键，引出绘图类型菜单供选择

1.9.2 工作空间的管理指令

MATLAB 提供了一组命令来管理工作空间中的变量，详见表 1.8。

表 1.8 工作空间管理命令

命令	示例	说　明
save	save FileName v1 v2	将工作空间中的变量以数据文件格式保存在外存中(示例：把变量 v1、v2 保存为 FileName.mat 文件)
clear	clear　var1 var2	删除工作空间中的函数、全部或部分变量(示例：清除工作空间中的 var1 和 var2 变量)
whos	whos	查询当前工作空间中的变量名、大小、类型和字节数
who	who	查询当前工作空间中的变量名
pack	pack	收集内存碎片
load	load　FileName	从外存中将某数据文件调入内存(示例：把 fileName.mat 文件中的全部变量装入内存)

1.10 MATLAB 的帮助系统

MATLAB 2011b 提供了非常完善的帮助系统，讲解非常的清晰、易懂，是学习 MATLAB 编程和开发最好的教科书，用户可以通过查询帮助系统，获取函数的调用情况和需要的信息。任何 MATLAB 的使用者，都必须学会使用 MATLAB 的帮助系统，因为没有人能够清楚地记住上万个不同函数的调用情况。帮助体系有三种主要形式，如表 1.9 所列。

表 1.9 MATLAB 的帮助体系

帮助形式	特点	资源
指令窗帮助子系统	文本形式；最可信、最原始；不适于系统阅读	直接从指令窗中，通过 help 指令获得； 所有包含在 M 文件之中的帮助注释内容
帮助导航系统	HTML 形式；系统叙述 MATLAB 规则和用法；适于系统阅读和交叉查阅；最重要的帮助形式	位于 matla\help 目录下；通过帮助浏览器获得；HTML 和 XML 文件，物理上独立于 M 文件，是次生性帮助文件；本书重点介绍
Web 网帮助系统	包括各种 PDF 文件、视频演示文件、各种讨论组等	mathworks 公司网站；MATLAB 操作界面下拉菜单 {Help>Web Resources>}；本书不作介绍

1.10.1 命令行窗口查询帮助

在 MATLAB 中，可以在命令行窗口中通过帮助命令来查询帮助信息，常用的帮助命令如表 1.10 所列。

表 1.10 常用的帮助命令

命令	示例	说明
help	help TopicName help FunName	在命令行窗口进行查询
helpwin	Helpwin TopicName helpwin FunName	在浏览器中打开帮助窗口，可以带参数
lookfor	lookfor KeyWord	查询指定关键字相关的 M 文件
doc	doc ToolboxName doc FunName	在帮助窗口中显示函数查询的结果
docsearch	docsearch('Word1 Word2') docsearch('Word*')	对 HTML 子系统进行多词条检索(*是通配符。凡词头为 Word 的词条都将被检索)
Helpdesk 或 helpbrowser	Helpdesk 或 helpbrowser	在浏览器中打开帮助窗口，显示帮助的首页
which	which Filename	获取函数或文件的路径
demo	demo	在帮助窗口显示例子程序

1. help 指令

help 搜索的资源是 M 文件帮助注释区的内容，这部分资源用纯文本形式写成，它简扼地叙述该函数的调用格式和输入输出量含义。

在 MATLAB 的命令行窗口输入 help，输出结果为：

```
>> help
HELP topics:
controls\matlab                         - (No table of contents file)
matlabxl\matlabxl                       - MATLAB Builder EX
matlab\demos                            - Examples and demonstrations.
matlab\graph2d                          - Two dimensional graphs.
……………………………………………………………………………………………………
xpcblocks\thirdpartydrivers             - (No table of contents file)
build\xpcblocks                         - xPC Target -- Blocks
xpc\xpcdemos                            - xPC Target -- demos and sample script files.
```

在 MATLAB 的命令行窗口输入：help clc，可以查询函数 clc 的帮助信息，输出结果如下：

```
>>help clc
 clc    Clear command window.
 clc clears the command window and homes the cursor.
 See also home.
 Reference page in Help browser
```

doc clc

2. doc 指令

doc 搜索是在 HTML 文件构成的帮助子系统中进行的，HTML 文件是根据 M 文件资源编写的，内容比 M 文件帮助注释详细。另外，该帮助子系统，由于采用“超链接”机理，因此检索、查阅比较方便。输入命令 doc 后的查询界面如图 1.13 所示。

```
>>doc clc
```

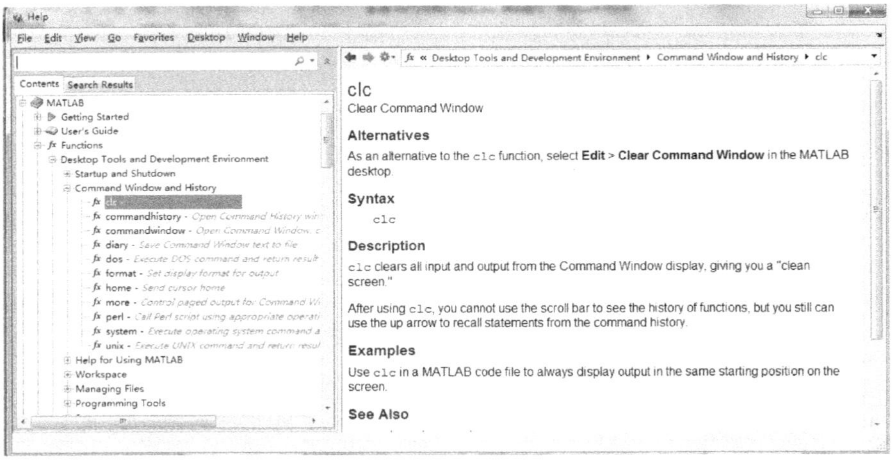

图 1.13　输入命令 doc 后的查询界面

3. docsearch 指令

docsearch 搜索是在 HTML 文件构成的帮助子系统中进行的，它的搜索功能强、效率高，搜索到的内容也比较详细。该词条搜索指令的功能与帮助导航器中的“Search 搜索窗”相同。在 MATLAB 的命令行窗口输入：docsearch clea*，输出结果如图 1.14 所示。

```
>>docsearch clea*
```

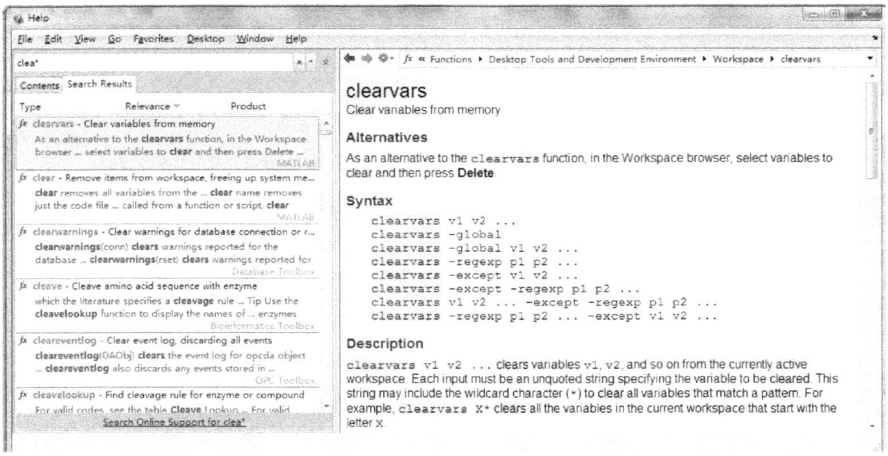

图 1.14　输入命令 docsearch 后的查询界面

4. lookfor 指令

在命令行窗口可以利用命令 help 进行函数的查询，它简单易用，而且运行速度快，但是 help 命令需要准确地给出函数的名字，如果记不清楚函数的名字，就很难找到。此时，可以利用 lookfor 命令进行查询。lookfor 命令按照关键字查询所有相关的 M 文件，例如，在 MATLAB 命令行窗口输入 lookfor clean，将查询所有和对数有关的函数，结果如下：

```
>> lookfor clean
cmdlnend                     - Cleans up after command line demos called after CMDLNBGN.
onCleanup                    - Specify cleanup work to be done on function completion.
………………………………………………………………………………………………
vrcadcleanup                 - Cleanup VRML file exported from a CAD tool.
boilerpressure_cleanup       - function to remove the boiler library model from
cleanaxe                     - Delete children of axes.
```

5. which 指令

在 MATLAB 中，利用 which 可以获取函数的路径。例如，在命令行窗口输入 which clc，可以获取函数 clc 的位置信息，如下所示：

```
>> which clc
built-in (D: \Program Files\MATLAB\R2011b\toolbox\matlab\iofun\clc)
```

1.10.2 MATLAB 2011b 联机帮助系统

用户可以选择 MATLAB 主界面的 Help| Product Help 命令，或者在命令行窗口输入 helpdesk、helpbrower 或 doc 命令后，在浏览器中打开 MATLAB 2011b 的帮助系统，如图 1.15 所示。MATLAB 2011b 的帮助系统和以前版本的帮助系统有很大的差别。

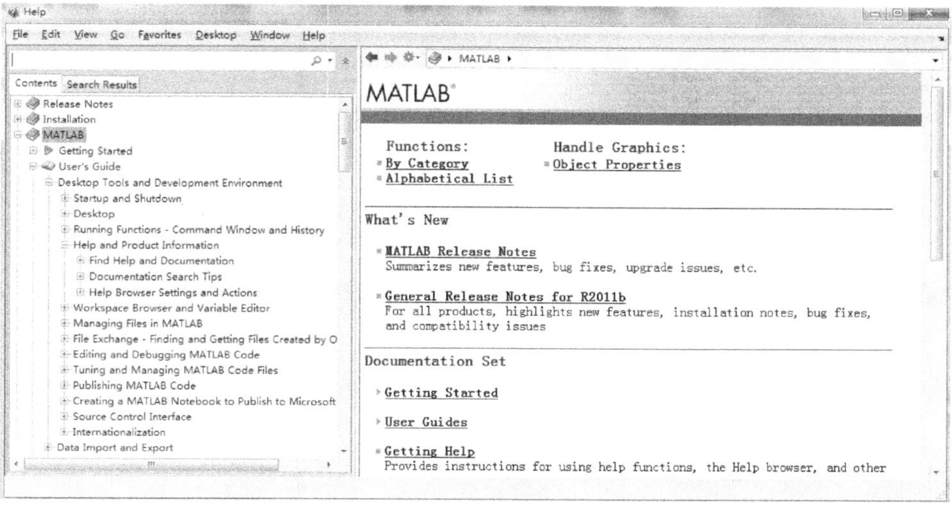

图 1.15 MATLAB 2011b 的查询界面

在图 1.15 的查询窗口中输入 plot(等同在 MATLAB 的命令行窗口输入 doc plot)，可以查询函数 plot 的帮助信息，如图 1.16 所示。在图 1.16 左侧的 Search Results 选项中，列出了所有函数 plot 的重载函数，如图 1.17 所示，用户可以用鼠标进行选择，并查看该函数的详细情况。

如果用户在命令行窗口输入 helpwin 命令后，MATLAB 2011b 的查询界面如图 1.18 所示。在图 1.18 中，MATLAB 的命令或函数按照列表进行了分类。例如，单击 matlab\general 后，将获得 MATLAB 系统的通用命令。

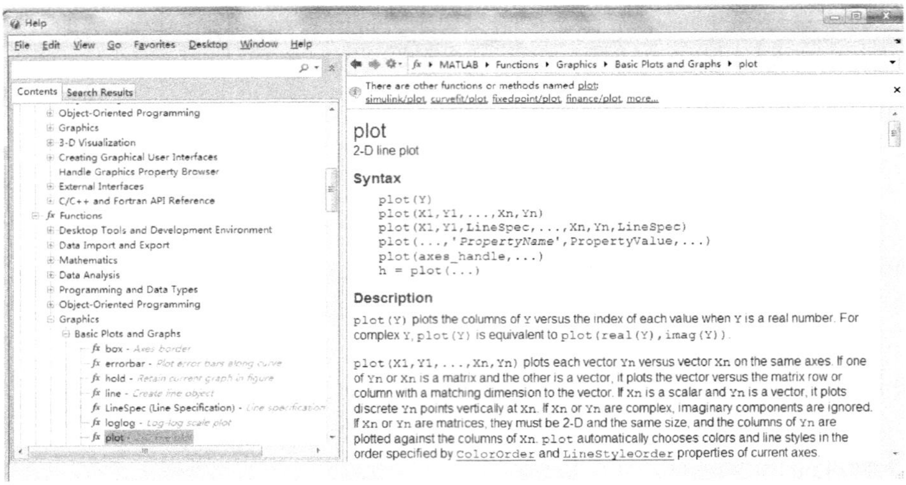

图 1.16　利用帮助系统进行函数查询

图 1.17　利用帮助系统进行函数查询

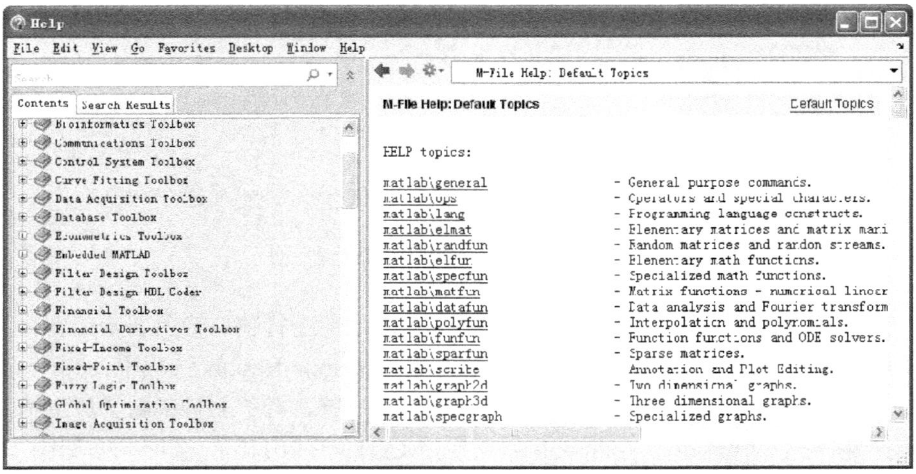

图 1.18　输入命令 helpwin 后的查询界面

1.11 MATLAB 中保存的各种文件

MATLAB 是一个多功能集成软件，不同的功能需要使用不同的文件格式去表现，所以 MATLAB 的文件也有多种格式。最基本的是 M 文件、数据文件和图形文件，除此之外，还有 MEX 文件、模型文件和仿真文件等。下面分别予以说明。

(1) M 文件，以.m 为扩展名，所以称为 M 文件。M 文件是由一系列 MATLAB 语句组成的文件，包括命令文件和函数文件两类，命令文件类似于其他高级语言中的主程序或主函数，而函数文件则类似于子程序或被调函数。

MATLAB 众多工具箱中的(函数)文件基本上是 M 函数文件。因为它们是由 ASCII 码表示的文件，所以可由任一文字处理软件编辑后以文本格式存放。

(2) 数据文件，以.mat 为扩展名，所以又称 MAT 文件。在讨论工作空间窗口时已经涉及 MAT 文件，显然，数据文件保存了 MATLAB 工作空间窗口中变量的数据。

(3) 图形文件，以.fig 为扩展名。主要由 MATLAB 的绘图命令产生，当然也可用 File 菜单中的 New 命令建立。

(4) MEX 文件，以.mex 或.dll 为扩展名，所以称 MEX 文件。MEX 实际是由 MATLAB Executable 缩写而成的，由此可见，MEX 文件是 MATLAB 的可执行文件。

(5) 模型和仿真文件。模型文件以.mdl 为扩展名，由 Simulink 仿真工具箱在建立各种仿真模型时产生。仿真文件以.s 为扩展名。

1.12 MATLAB 的搜索路径

MATLAB 的所有(M、MAT、MEX)文件都被存放在一组结构严整的目录树上，MATLAB 把这些目录按优先次序设计为“搜索路径”上的各个节点。此后，MATLAB 工作时，就沿着此搜索路径，从各目录上寻找所需的文件、函数、数据。

1.12.1 搜索路径的基本操作

当用户在MATLAB 命令窗口输入一条命令test3 后，MATLAB 按照一定次序寻找相关的文件，基本的搜索过程如下：

(1) 在内存中检查test3是不是一个变量；若不是，执行下一步。

(2) 检查test3是不是一个内部函数(Built-in Function)；若不是，执行下一步。

(3) 检查test3是不是当前目录下的M 文件；若不是，执行下一步。

(4) 检查test3是不是MATLAB搜索路径中其他目录下的M文件。

MATLAB将使用最先找到的那个test3。如果一直找不到test3，MATLAB 就给出如前所述的错误提示信息。

实际的搜索过程要比上面描述的基本过程复杂，由以上搜索过程，得到两点结论：凡不在搜索路径上的内容，不可能被搜索到；MATLAB 目录上的所有函数或文件的名字，只能被调用，而绝对要避免对它们再赋值、再定义，否则会导致不可预见的计算错误。

1.12.2 MATLAB 搜索路径的扩展

1．何时需要修改搜索路径

假如用户有多个目录需要同时与 MATLAB 交换信息，那么就应把这些目录放置在 MATLAB 的搜索路径，使得这些目录上的文件或数据能被调用。又假如其中某个目录需要用来存放运行中产生的文件和数据，那么还应该把这个目录设置为当前目录。

2．利用设置路径对话框修改搜索路径

在 MATLAB 桌面、指令窗等的菜单条中，选择 {File:Set Path} 下拉菜单项，或者在指令窗里，运行指令 pathtool 都可以引出设置路径对话框(图 1.19)。

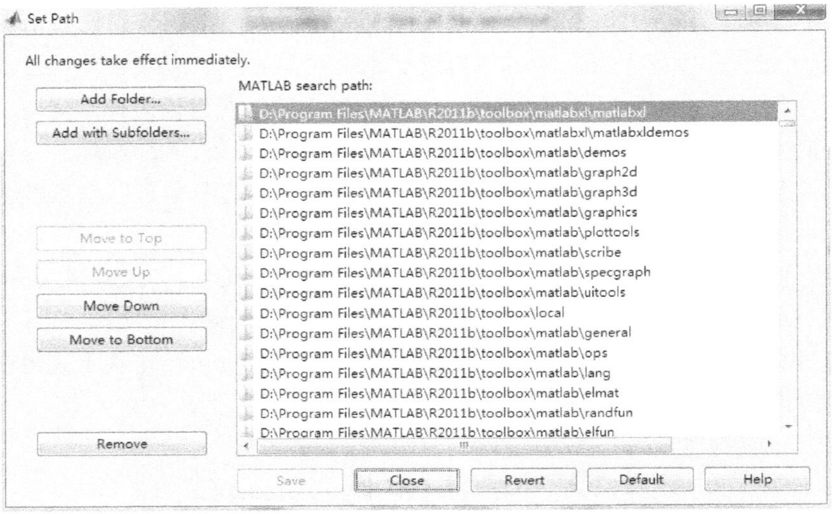

图 1.19　路径设置对话框

单击Add Folder 或Add with Subfolders 按钮，出现如图1.20所示的“浏览文件夹”对话框，可将指定路径添加到搜索路径列表中。在修改完搜索路径后，可单击Save 按钮保存搜索路径。Add Folder 或Add with Subfolders按钮的区别在于后者设置某个文件夹成为可搜索的路径后，其下级子文件将自动被加到搜索路径。

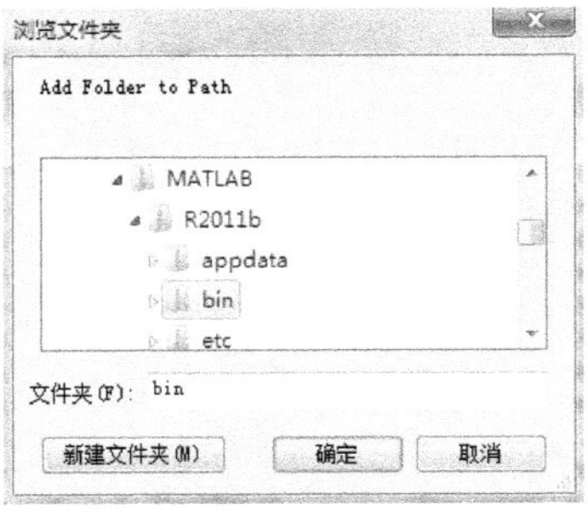

图 1.20　“浏览文件夹”对话框

如果需要移除某些搜索路径，可以在对话框右侧的路径浏览区选中欲移除的搜索路径，单击Remove按钮。图1.19所示对话框下面有两个按钮Save和Close，在使用时要注意，一般先执行Save命令后，再执行Close，Close按钮是用来关闭对话框的，但是如果只是想将修改过的路径为本次打开MATLAB使用，无需供MATLAB永久搜索，则直接单击Close按钮，在弹出的对话框中选择“否”即可，否则选择“是”。

3．利用指令 path 设置路径

利用 path 指令设置路径的方法对任何版本的 MATLAB 都适用。假设待纳入搜索路径的目录为 c:\my_dir，那么以下任何一条指令均能实现：

```
path(path,'c: \my_dir')        把c: \my_dir 设置在搜索路径的尾端
```

path('c: \my_dir',path)　　把 c: \my_dir 设置在搜索路径的首端

说明：

(1) 用 path 指令扩展的搜索路径仅在当前 MATLAB 环境下有效。也就是说：若用户退出当前 MATLAB 后，再重新启动 MATLAB，那么在前一环境下用 path 所定义的扩展搜索路径无效。

(2) 用 path 指令扩展的搜索路径的方法可以编写在程序中。

习 题 1

1．请读者在自己的计算机上掌握 MATLAB 软件的安装。

2．请在 MATLAB 下直接输入下列常数，看它们的值是多少：

i　j　eps　inf　nan　pi　realmax　realmin

3．与其他计算机语言相比较，MATLAB 语言突出的特点是什么？

4．如何启动 M 文件编辑/调示器？

5．MATLAB 操作桌面有几个窗口？如何使某个窗口脱离桌面成为独立窗口？又如何将脱离出去的窗口重新放置到桌面上？

6．存储在工作空间中的数组能编辑吗？如何操作？

7．命令历史窗口除了可以观察前面键入的命令以外，还有什么用途？

8．如何设置当前目录和搜索路径，在当前目录上的文件和在搜索路径上的文件有什么区别？

9．在 MATLAB 中有几种获得帮助的途径？

10．试说明 MATLAB 中保存的各种文件类型？

11．熟悉表 1.1～表 1.11 中的各种指令。

第 2 章　MATLAB 数值计算

2.1　基 本 概 念

2.1.1　MATLAB 数据类型

常量、变量、函数、运算符和表达式是所有程序设计语言中必不可少的要件，MATLAB 也不例外。数组及矩阵的基本运算构成整个 MATLAB 的语言基础。在 MATLAB 中提供 15 种基本数据类型(如表 2.1 所示)，分别是 8 种整型数据、单精度浮点型、双精度浮点型、逻辑型、字符串型、单元数组、结构体类型和函数句柄。MATLAB 默认数值类型为双精度浮点型数据(表 2.1)。

表 2.1　MATLAB 数据类型

数据类型	说明	字节数	数据类型	说明	字节数
double	双精度浮点数据类型	8	int32	有符号 32 位整数	4
single	单精度浮点数据类型	4	int64	有符号 64 位整数	8
uint8	无符号 8 位整数	1	lojical	逻辑型	
uint16	无符号 16 位整数	2	char	字符串型	
uint32	无符号 32 位整数	4	cell	细胞数组型	
uint64	无符号 64 位整数	8	struct	结构数组型	
int8	有符号 8 位整数	1	function_handle	函数句柄型	
int16	有符号 16 位整数	2			

2.1.2　变量与常量

1．变量

变量是任何程序设计语言的基本元素之一,与常规的程序设计语言不同的是，MATLAB 语言并不要求对所使用变量进行事先声明，也不需要指定变量类型，它会自动根据所赋予变量的值或对变量所进行的操作来确定变量的类型。在赋值过程中，如果变量已存在，MATLAB 语言将使用新值代替旧值，并以新的变量类型代替旧的变量类型。在 MATLAB 语言中，变量的命名遵守如下规则：

(1) 变量名、函数名是对字母大小写敏感的，即区分大小写。例如，变量 myvalue、MYValue、myVALUE 等是不同的变量名；又如，sin 是 MATLAB 定义的正弦函数名，但 SIN、Sin 等都不是。

(2) 变量名的第一个字符必须是英文字母，最多可以包含 65 个字符，变量名中可包含字母、数字、下划线，但不能使用标点和空格。

(3) 关键词(如 if、while)不能作为变量名。

(4) M 文件名也必须满足这样的规则，才能在 MATLAB 中运行。

与其他的程序设计语言相同，MATLAB 语言中也存在变量作用域的问题。在未加特殊说明的情况下，MATLAB 语言将所识别的一切变量视为局部变量，即仅在其调用的 M 文件内有效。若要定义全局变量，应对变量进行声明，即在该变量前加关键 global。一般而言，全局变量常用大写的英文字符表示，尽管这不是 MATLAB 语言所必需的。

2. 常量

MATLAB 有一些预定义的变量(表 2.2)，这些特殊的变量称为常量，在使用时，应尽量避免对这些变量重新赋值。

表 2.2　MATLAB 预定义的变量

预定义变量	含　义
ans	MATLAB 中默认的计算结果变量名，answer 的缩写形式
pi	圆周率 π
eps	计算机的最小数，当某量的绝对值小于 eps 时，可认为此值为 0(2^{-52})
flops	浮点运算数
Inf 或 inf	正无穷大，如 1/0
NaN 或 nan	不定值，不是一个数，通常由 0/0、∞/∞等不能确定数值的时候产生
i 或 j	虚数单位，i=j= $\sqrt{-1}$
nargin	在调用函数时，函数变量的输入个数
nargout	函数调用时，由函数输出的变量个数
Realmin 或 realmin	最小的可用正实数，2^{-1022}
Realmax 或 realmax	最大的可用正实数，2^{1023}

说明：

(1) 在使用时，应尽量避免对这些变量重新赋值。

(2) MATLAB 以双精度执行所有的运算，运算结果可以在屏幕上输出，同时赋给指定变量；若无指定变量，则系统会自动将结果赋给变量 ans。

(3) 在定义变量时还需要注意，如果用户对预定义的特殊变量赋值，那么该特殊变量的数值将会临时被覆盖，当用 clear 命令清除变量数值或重新启动 MATLAB 之后，预定义变量的数值可以恢复到初始值而不会发生变化。此外，在进行运算过程中，被 0 除不会导致程序的终止，系统会根据情况给出警告信息，并相应地用 Inf 或 NaN 来表示这些计算结果。

2.1.3　标量、向量、矩阵和数组的概念

在 MATLAB 的运算中，经常要使用标量、向量、矩阵和数组，这几个名称的定义如下：

(1) 标量。是指 1×1 的矩阵，即为只含一个数的矩阵。

(2) 向量。是指 $1\times n$ 或 $n\times 1$ 的矩阵，即只有一行或者一列的矩阵。

(3) 矩阵。是一个矩形的数组，即二维数组，其中向量和标量都是矩阵的特例，0×0 矩阵为空矩阵([])。

(4) 数组。是指 n 维的数组，为矩阵的延伸，其中矩阵和向量都是数组的特例，向量可以看做一维数组，矩阵相当于二维数组。

向量、矩阵和数组相关运算在后面章节详细介绍。

2.1.4 复数

复数由实部和虚部组成，MATLAB 用特殊变量 i 和 j 表示虚数的单位。复数运算不需要特殊处理，可以直接进行。

复数可以有几种表示：

z=a+b*i 或 z=a+b*j

z=a+bi 或 z=a+bj(当 b 为标量时)

z=r*exp(i*theta)

得出一个复数的实部、虚部、幅值和相角的方法：

```
a=real(z)          %计算实部
b=imag(z)          %计算虚部
r=abs(z)           %计算幅值
theta=angle(z)     %计算相角
```

说明：复数 z 的实部 a=r*cos(θ)；复数 z 的虚部 b=r*sin(θ)；复数 z 的幅值 $r=\sqrt{a^2+b^2}$；复数 z 的相角 theta=arctan(b/a)，以弧度为单位。

【例 2.1】 复数运算。

```
>> a=1-2*i
a =
1.0000 - 2.0000i
>> real(a)
ans =
    1
>> imag(a)
ans =
    -2
>> angle(a)     %以弧度度为单位计算相角
ans =
     -1.1071
>> abs(a)
ans =
    2.2361
```

2.1.5 字符串

在 MATLAB 中，用一对单撇号(' ')括起来的字符序列就构成了一个字符串。若将其赋值给一个变量，那么该变量就是字符串变量。

【例 2.2】 字符串的建立。

```
>> str1='life is a mirror'
str1 =
    life is a mirror
```

说明：

MATLAB 将字符串当作一个行向量，每个元素对应一个字符；也就是将字符串存在一个行向量中，向量的每个元素对应一个字符，详细的相关运算将在 2.5 节讨论。

2.1.6 运算符

MATLAB 运算符可分为算术运算符、关系运算符和逻辑运算符。

1. 算术运算符

算术运算符因所处理的对象不同，分为矩阵和数组算术运算两类。数组运算都是元素间的运算，矩阵的运算遵循线性代数中的法则。

(1) 矩阵算术运算符如表 2.3 所列。

表 2.3 矩阵算术运算符

运算符	名称	示例	法则或使用说明
+	加	C=A+B	矩阵加法法则
-	减	C=A-B	矩阵减法法则
*	乘	C=A*B	矩阵乘法法则
/	右除	C=A/B	定义为线性方程组 X*B=A 的解，即 $X=A/B=A*B^{-1}$
\	左除	C=A\B	定义为线性方程组 AX=B 的解，即 $X=A\backslash B=A^{-1}*B$
^	乘幂	C=A^B	A、B 其中一个为标量时才有意义
'	共轭转置	B=A'	B 是 A 的共轭转置矩阵

(2) 数组算术运算符如表 2.4 所列。

表 2.4 数组算术运算符

运算符	名称	示例	法则或使用说明
.*	数组乘	C=A.*B	对应元素相乘
./	数组右除	C=A./B	对应元素右除，C(i,j)=A(i,j)/B(i,j)
.\	数组左除	C=A.\B	对应元素左除，C(i,j)=B(i,j)/A(i,j)
.^	数组乘幂	C=A.^B	对应元素乘幂
.'	转置	A.'	转置，但不共轭

说明：

① MATLAB 所有的运算定义在复数域上，对于方根问题，运算只返回 i 处于第一象限的解。

② MATLAB 用左斜杠或右斜杠分别代表左除或右除运算。对标量而言，这二者的作用没有区别；但对矩阵而言，左除和右除将产生不同的结果。

③ 带“.”的运算方式表示对数组的元素进行运算。

④ 对于矩阵而言，矩阵的右除是一般意义的除法，而左除则具有对称意义，左除和右除表示两种不同的除数矩阵和被除数矩阵的关系。对于矩阵运算，一般 A\B≠B/A，对于含有标量的运算，两种除法运算的结果相同。

【例 2.3】数组算术运算举例

```
>> A=[1,2;4,5]
A =
   1     2
   4     5
>> B=[4,3;5,6]
B =
   4     3
   5     6
%矩阵的左除和右除
>> C1=A\B
C1 =
   -3.3333   -1.0000
    3.6667    2.0000
>> C2=A/B
C2 =
   -0.4444    0.5556
   -0.1111    0.8889
%数组的左除和右除
>> D1=A./B
D1 =
    0.2500    0.6667
    0.8000    0.8333
>> D2=A. \B
D2 =
    4.0000    1.5000
    1.2500    1.2000
%含有标量的运算
>> A/5
ans =
    0.2000    0.4000
    0.8000    1.0000
>> 5\A
ans =
    0.2000    0.4000
    0.8000    1.0000
```

2. 关系运算符

关系运算用于比较两个同维数组或同维向量的对应元素，结果为一个同维的逻辑数组。关系运算符如表 2.5 所列。

表 2.5　关系运算符

运算符	名称	示例	说　明
<	小于	A<B	(1) A、B 都是标量，结果为 1(真)或 0(假)的标量； (2) A、B 若一个为标量，另一个为数组，标量将与数组各元素逐一比较； (3) A、B 均为数组时，必须行、列数分别相同，A 与 B 各对应元素相比较； (4) ==和~=运算对参与比较的量同时比较实部和虚部,其他运算只比较实部。
<=	小于等于	A<=B	
>	大于	A>B	
>=	大于等于	A>=B	
==	恒等于	A==B	
~=	不等于	A~=B	

【例 2.4】关系运算举例。

```
>> A=2:8
A =
    2     3     4     5     6     7
>> A>5    %找出 A 中大于 5 的元素，0 出现在 A<=5 的地方，1 出现在 A>5 的地方
ans =
    0     0     0     0     1     1     1
```

3．逻辑运算符

逻辑运算符如表 2.6 所列。

表 2.6　逻辑运算符

运算符	名称	示例	法则或使用说明
&	与	A&B	(1) A、B 都为标量，结果为 1(真)或 0(假)； (2) A、B 若一个为标量，另一个为数组，标量将与数组各元素逐一做逻辑运算； (3) A、B 均为数组时，必须行、列数分别相同，A 与 B 各对应元素做逻辑运算； (4) 先决与、先决或是只针对标量的运算。
|	或	A|B	
~	非	~A	
&&	先决与	A&&B	
||	先决或	A||B	

先决与和先决或只对标量值执行逻辑与和逻辑或运算。先决与和先决或首先判断第一个运算对象，如果可以知道结果，直接返回，而不继续判断第二个运算对象，因此提高了程序运算效率，可以避免一些不必要的错误。

```
>>x=b&&(a/b>10)    %相当于 x=(b&&(a/b>10))
```

如果 b=0，捷径运算符不会计算(a/b>10)的值，也就避免了被 0 除的错误。

4．运算符的优先级

优先级从低到高：

(1) 先决或(||)；

(2) 先决与(&&)；

(3) 逻辑或(|)；

(4) 逻辑与(&)；

(5) 等于类(<,<=,>,>=,==,~=)；

(6) 冒号运算(:)；

(7) 加减(+，−)；

(8) 乘除类(点乘.*，矩阵乘*，元素左右除.\，/.，矩阵左右除\,/)；

(9) 正负号(+，−)；

(10) 转置类(矩阵转置'，共轭转置'，幂次^，矩阵幂次^)

2.1.7 命令、函数、表达式和语句

1．命令

命令通常就是一个动词，在第 1 章就已经接触过，如>>clear，用来清除工作空间。在 MATLAB 中，命令和函数都组织在函数库里，函数库 general 存放通用命令。

2．函数

MATLAB 软件的内部函数库提供了非常丰富的函数，可以方便地实现用户所需的各种科学计算和数据处理功能。就某种意义而言，函数就代表了 MATLAB，MATLAB 全靠函数来解决问题。

函数最一般的引用格式是：函数名(参数 1，参数 2，…)，如 linspace 是用来创建线性间隔向量的函数。

```
>>X=linspace(1,2,5)
X =
   1.0000    1.2500    1.5000    1.7500    2.0000
```

3．表达式和语句

表达式由变量名、运算符和函数名组成，表达式按与常规相同的优先级自左至右执行运算。指数运算级别最高，乘除次之，加减运算级别最低，括号可以改变运算次序。

在 MATLAB 中，表达式本身可以看做一个语句，典型的 MATLAB 语句是赋值语句，其形式为变量名=表达式。通过等于符号将表达式的值赋予变量，当键入回车键时，该语句被执行，语句执行之后，窗口自动显示出语句执行的结果。

如果希望结果不被显示，则只要在语句之后加上一个分号(；)即可，此时尽管结果没有显示，但它依然被赋值并在 MATLAB 工作空间中分配了内存。

```
>>a = A*B&C-cos(A*pi)
>>b = 2;
```

书写表达式时，赋值符“=”和运算符两侧允许有空格，以增加可读性。除了赋值语句以外，MATLAB 还有调用语句、循环控制语句、条件分支语句等，这些将在后面章节陆续介绍。

2.2 向量及其运算

数学中，既有大小又有方向且遵循平行四边形法则的量称为向量，在力学和电磁学中有着广泛应用，在线性代数中的向量是指 n 个实数组成的有序数组，称为 n 维向量，如 $\boldsymbol{a}=(a_1, a_2, \cdots, a_n)$。向量可视为矩阵的特例，一个 n 维行向量是一个 $1\times n$ 阶的矩阵，而一个 n 维列向量是一个 $n\times 1$ 阶的矩阵。

2.2.1 向量的创建

在 MATLAB 中创建向量主要有四种方法：直接输入法、冒号生成法、线性等分函数法和对

数等分函数法。

1．直接输入法

在命令提示符之后直接输入一个向量，其格式：向量名=[x1 x2 x3…]或者向量名=[x1,x2, x3,…]。

【例 2.5】直接输入法举例。

```
>> X=[ 1 3 pi 3+5i ],Y=[ 1,3 ,pi ,3+5i ],Z=[ 1;3; pi ;3+5i ]
X =
    1.0000    3.0000    3.1416    3.0000 + 5.0000i
Y =
    1.0000    3.0000    3.1416    3.0000 + 5.0000i
Z =
    1.0000
    3.0000
    3.1416
    3.0000 + 5.0000i
```

2．冒号生成法

格式：$x=x_0:step:x_n$，其中 x_0、step、x_n 分别为给定数值，x_0 表示向量的首元素数值，x_n 表示向量尾元素数值限，step 表示从第二个元素开始，元素数值大小与前一个元素值大小的差值。

注意：这里强调 x_n 为尾元素数值限，而非尾元素值，当 x_n-x_0 恰为 step 值的整数倍时，x_n 才能成为尾值；若 $x_0<x_n$，则需 step>0；若 $x_0>x_n$ 则需 step<0；若 $x_0=x_n$，则向量只有一个元素。当 step=1 时，则可省略此项的输入，直接写成 $x=x_0:x_n$。

【例 2.6】冒号生成法举例。

```
>> A=1:2:10
A =
    1    3    5    7    9
>> B=1:-2:10
B =
   Empty matrix: 1-by-0
>> C=10:-2:1
C =
    10    8    6    4    2
>> D =1:2:1
D =
    1
>> E=1:5
E =
    1    2    3    4    5
```

3．线性等分函数法

在 MATLAB 中提供了线性等分功能函数 linspace，用来生成线性等分向量，其调用格式如下：

y=linspace(x1,x2)：生成 100 维的行向量，使得 y(1)=x1，y(100)=x2；

y=linspace(x1,x2,n)：生成 n 维的行向量，使得 y(1)=x1，y(n)=x2。

```
>> a1=linspace(1,100,6)
a1 =
      1.0000    20.8000    40.6000    60.4000    80.2000    100.0000
```

说明：线性等分函数和冒号表达式都可生成等分向量。但前者是设定了向量的维数去生成等间隔向量，而后者是通过设定间隔来生成维数随之确定的等间隔向量。

4．对数等分函数法

在自动控制中，数字信号处理中常常需要对数刻度坐标，MATLAB 中还提供了对数等分功能函数，具体格式如下：

y=logspace(x1,x2)：生成 50 维对数等分向量，使得 y(1)=10^{x1}，y(50)=10^{x2}；

y=logspace(x1,x2,n)：生成 n 维对数等分向量，使得 y(1)=10^{x1}，y(n)=10^{x2}。

```
>> a2=logspace(0,3,4)
a2 =
    1          10          100          1000
```

另外，向量还可以从矩阵中提取，还可以把向量看成 1×n 阶(行向量)或 n×1 阶(列向量)的矩阵，以矩阵形式生成。

2.2.2 向量的加减与数乘运算

在 MATLAB 中，维数相同的行向量可以相加减，维数相同的列向量可以相加减，标量数值可以直接和向量相乘除。

【例 2.7】向量加减与数乘运算举例。

```
>> A=1:3:14
A =
     1     4     7    10    13
>> A-1
ans =
     0     3     6     9    12
>> A*2
ans =
     2     8    14    20    26
```

2.2.3 点积、叉积及混合积的实现

1．点积计算

在高等数学中，向量的点积是指两个向量在其中某一个向量方向上的投影的乘积，通常可以用来引申定义向量的模。在 MATLAB 中，向量的点积可由函数 dot 来实现。

dot(a,b)：返回向量 a 和 b 的数量点积，即得到向量 a 和 b 对应元素的积之和。a 和 b 必须同维，当 a 和 b 为向量时，dot(a,b)同于 sum(a.*b)；当 a 和 b 为矩阵时，dot(a,b,dim)返回 a 和 b 在维数为 dim 的点积。

【例 2.8】试计算向量 ***a***=(1，2，3)和向量 ***b*** =(3，4，5)的点积。

```
>> a=[1 2 3];
>> b=[3,4,5];
>> dot(a,b)
ans =
      26
```

还可以用另一种方法计算向量的点积。

```
>> sum(a.*b)
ans =
    26
```

2. 叉积

在数学上，向量的叉积表示过两相交向量的交点的垂直于两向量所在平面的向量。在MATLAB中，向量的叉积由函数cross来实现。

c = cross(a,b)：返回向量a和b的叉积向量，即c = a×b，a和b必须为三维向量。

c = cross(a,b,dim)：当a和b为*n*维数组时，则返回a和b的dim维向量的叉积。a和b必须有相同的维数，且size(a,dim)和size(a,dim)必须为3。

【例2.9】 计算垂直于向量 ***a*** =(1，2，3)和 ***b*** =(3，4，5)的向量。

```
>>a=[1 2 3];
>>b=[3,4,5];
>>c=cross(a,b)
c=
   -2   4   -2            %得到同时垂直a、b的向量为±(-2，4，-2)。
```

3. 混合积

向量的混合积由以上两个函数cross和dot实现。

【例2.10】 计算上面向量 ***a***、***b***、***c*** 的混合积。

```
>> dot(a,cross(b,c))
ans =
    24
```

注意： 函数的顺序不可颠倒，否则将出错。

2.3 矩阵及其运算

MATLAB原意为矩阵实验室，而且MATLAB的所有的数值功能都是以(复)矩阵为基本单元进行的，因此，MATLAB中矩阵的运算功能可谓最全面、最强大。本节将对矩阵及其运算进行详细的阐述。

2.3.1 矩阵的生成

1. 直接输入法

从键盘上直接输入矩阵是最方便、最常用和最好的创建数值矩阵的方法，尤其适合较小的简单矩阵。在用此方法创建矩阵时，应当注意以下几点。

输入矩阵时要以“[ ]”为其标识，即矩阵的元素应在“[ ]”内部，此时，MATLAB才将其识别为矩阵。矩阵的同行元素之间可由空格或“,”分隔，行与行之间要用“;”或回车符分隔。矩阵大小可不预先定义，矩阵元素可为运算表达式，若不想获得中间结果，可以“;”结束，无任何元素的空矩阵亦合法。

【例 2.11】 创建一简单数值矩阵。

```
>> a=[1 2 3;1 1 1;4 5 6]
a=
     1    2    3
     1    1    1
     4    5    6
```

【例 2.12】 创建一带有运算表达式的矩阵。

```
>> b=[sin(pi/3),cos(pi/4);log(9),tanh(6)];
```

此时矩阵已经建立并存储在内存中，只是没有显示在屏幕上而已，若用户想查看此矩阵，只需键入矩阵名。

2. 创建 M 文件输入大矩阵

M 文件是一种可以在 MATLAB 环境下运行的文本文件。它可以分为命令式文件和函数式文件两种。当矩阵的规模比较大时，直接输入法就显得笨拙，出现差错也不易修改。为了解决此问题，可以利用 M 文件的特点将所要输入的矩阵按格式先写入一文本文件中，并将此文件以 m 为其扩展名，即为 M 文件。在 MATLAB 命令窗中输入此 M 文件名，则所要输入的大型矩阵就被输入到内存中。有关 M 文件详细的内容将在第 6 章中讨论。

【例 2.13】 编制一名为 example.m 的 M 文件，内容如下。

```
%example.m
%创建一 M 文件输入矩阵的示例文件
exm=[46 4618 873 2 579 55
     21 687  54 488 8 13
     65 3656 88 98 021 5
     475 68 596 654 5 987
     188 10  9   6  33 77]
```

在 MATLAB 命令窗中输入：

```
>> example;
>> size(exm)
ans =
     5     6
```

说明

(1) 在 M 文件中，%符号后面的内容只起注释作用，将不被执行。

(2) 例中的 size 函数为求矩阵的维数函数，结果表明矩阵为 5×6 阶的矩阵。

(3) 在实际应用中，用来输入矩阵的 M 文件通常是用 C 语言或其他高级语言生成的已存在的数据文件。

在通常的使用中，上例中的矩阵还不算是“大型”矩阵，此处只是借例说明而已。

3. 利用 MATLAB 函数创建矩阵

MATLAB 提供了很多能够产生特殊矩阵的函数，各函数的功能如表 2.7 所列。

表 2.7 常用工具矩阵生成函数

函数名	功能	例子	
		输入	结果
zeros(m,n)	产生 m×n 的全 0 矩阵	zeros(2,3)	ans = 0 0 0 0 0 0
ones(m,n)	产生 m×n 的全 1 矩阵	ones(2,3)	ans = 1 1 1 1 1 1
rand(m,n)	产生均匀分布的随机矩阵，元素取值为 0.0～1.0	rand(2,3)	ans = 0.9501 0.6068 0.8913 0.2311 0.4860 0.7621
randn(m,n)	产生正态分布的随机矩阵	randn(2,3)	ans = -0.4326 0.1253 -1.1465 -1.6656 0.2877 1.1909
magic(n)	产生 n 阶魔方矩阵(矩阵的行、列和对角线上元素的和相等，等于$(n^3+n)/2$)	magic(3)	ans = 8 1 6 3 5 7 4 9 2
eye(m,n)	产生 m×n 的单位矩阵	eye(3)	ans = 1 0 0 0 1 0 0 0 1
true(m,n)	产生 m×n 的逻辑矩阵	true(3,2)	ans = 1 1 1 1 1 1

注意：

(1) zeros、ones、rand、true、randn 和 eye 函数当只有一个参数 n 时，则为 n×n 的方阵。

(2) 当 eye(m,n)函数的 m 和 n 参数不相等时，则单位矩阵会出现全 0 行或列。

【例 2.14】 查看 eye 函数的功能。

```
>> X1=eye(2,3)
X1 =
     1     0     0
     0     1     0
>> X2=eye(3,2)
X2 =
     1     0
     0     1
     0     0
```

4．拼接函数法

拼接函数法是指用 cat 和 repmat 函数将单个或多个小矩阵沿行或沿列方向拼接成一个大

矩阵。

1) cat 函数

cat 函数的用法：C = cat(dim,A,B)，按 dim 来连接 A 和 B 两个数组；C = cat(dim,A1,A2,A3, ...)，按 dim 连接所有输入的数组。dim=1，即 cat(1, A, B)，表示沿行方向连接，相当于[A; B]；dim=2，即 cat(2, A, B)，表示沿列方向连接，相当于[A B]；dim 大于 2 时，拼接出来是数组。

【例 2.15】 cat 函数应用举例。

```
>> A = [1 2; 3 4]
A =
    1     2
    3     4
>> B = [5 6; 7 8]
B =
    5     6
    7     8
>>cat(1, A, B)              %按行连接(列数相同)
ans =
    1     2
    3     4
    5     6
    7     8
>> cat(2, A, B)             %按列连接(行数相同)
ans =
    1     2     5     6
    3     4     7     8
```

2) repmat 函数

repmat 即 Replicate Matrix，复制和平铺矩阵与数组。

格式：B = repmat(A,m,n)或 B = repmat(A,[m n])，将矩阵 A 复制 m×n 块，即 B 由 m×n 块 A 平铺而成。

【例 2.16】 repmat 函数应用举例。

```
>> B=repmat( [1 2;3 4],2,3)
B =
    1     2     1     2     1     2
    3     4     3     4     3     4
    1     2     1     2     1     2
    3     4     3     4     3     4
```

A 也可以置放文字串，如：

```
>> C=repmat(' everything is impossible!', 2,2)
C =
    everything is impossible! everything is impossible!
```

```
everything is impossible! everything is impossible!
```

5. 变形函数法

变形函数法主要是通过 reshape 函数把指定的矩阵改变形状，但是元素个数不变，其使用格式：reshape(A,m,n)，m 和 n 分别是变形后新矩阵的行列数。

【例 2.17】 reshape 函数应用举例。

```
>> A = [1 2 3 4 5 6]
A =
    1     2     3     4     5     6
>> B = reshape(A,3,2)      %注意新矩阵的排列方式，从中体会矩阵元素的存储次序
B =
    1     4
    2     5
    3     6
>> C = reshape(A,2,3)
C =
    1     3     5
    2     4     6
```

6. 通过 MAT 数据文件加载矩阵

通过 load 命令或选择菜单 File→Import Data 命令加载 MAT 数据文件来创建矩阵，详见例 7.4。

2.3.2 矩阵元素和操作

在 MATLAB 中，矩阵除了以矩阵名为单位整体被引用外，还可能涉及对矩阵元素的引用操作，所以矩阵元素的表示也是一个必须交代的问题。

1. 矩阵的下标

1) 全下标方式

矩阵中的元素可以用全下标方式标识，即由行下标和列下标表示，一个 m×n 的 a 矩阵的第 i 行第 j 列的元素表示为 a(i,j)。

注意： 如果在提取矩阵元素值时，矩阵元素的下标行或列(i,j)大于矩阵的大小(m,n)，则 MATLAB 会提示出错。

【例 2.18】 全下标方式举例。

```
>>a=[1 2;3 4;5 6]
a =
     1     2
     3     4
     5     6
>> a(3,3)              %提取 a(3,3)的值
    Index exceeds matrix dimensions.
```

2) 单下标方式

单下标方式即采用矩阵元素的序号来引用矩阵元素，矩阵元素的序号就是相应元素在内

存中的排列顺序，在 MATLAB 中，矩阵元素按列存储。

序号与下标是一一对应的，以 m*n 矩阵 A 为例，矩阵元素 A(i,j)的序号为(j-1)*m+i。

【例 2.19】 单下标方式举例。

```
>>a=[1 2;3 4;5 6]
>> a(2,1)        %提取 a(2,1)的值
ans =
     3
>> a(2)          %提取 a(2)的值
ans =
     3
```

2．子矩阵块的产生

子矩阵是从对应矩阵中取出一部分元素构成，用全下标和单下标方式或者逻辑矩阵取子矩阵。

1) 用全下标方式

【例 2.20】 用全下标方式产生子矩阵块举例。

```
>>a=[1 2 3;4 5 6;7 8 9]
a =
     1     2     3
     4     5     6
     7     8     9
%取矩阵 a 中行数为 1、3，列数为 2、3 的元素构成子矩阵
>>a([1 3],[2 3])
ans =
     2     3
     8     9
```

【例 2.20 续】

%取行数为 1～3，列数为 2～3 的元素构成子矩阵，“1：3”表示 1、2、3 行下标。

```
>> a(1:3,2:3)
ans =
      2     3
      5     6
      8     9
```

【例 2.20 续】

%取所有列数即为 1～3，行数为 3 的元素构成子矩阵，“：”表示所有行或列。

```
>> a(3,:)
ans =
      7     8     9
```

【例 2.20 续】

%取列数为 1～3，行数为 3 的元素构成子矩阵，用 end 表示某一维数中的最大值，即 3。

```
>> a(end,1:3)
```

```
ans =
     7     8     9
```

2) 用单下标方式

【例 2.21】 取单下标为 1、3、2、5 的元素构成子矩阵。

```
>>a=[1 2 3; 4 5 6; 7 8 9]
>> a([1 3;2 5])
ans =
      1     7
      4     5
```

3) 逻辑矩阵

子矩阵也可以利用逻辑矩阵来标识；逻辑矩阵是大小和对应矩阵相同，而元素值为 0 或者 1 的矩阵。可以用 a(L1,L2)来表示子矩阵，其中 L1、L2 为逻辑向量，当 L1、L2 的元素为 0 则不取该位置元素，反之则取该位置的元素。

【例 2.22】 利用逻辑矩阵来提取矩阵。

```
>>a=[1 2 3;4 5 6;7 8 9];
>> s=logical([1 0 1])       %给出逻辑向量 s
s =
     1     0     1
>> h=logical([1 1 0])       %给出逻辑向量 h
h =
     1     1     0
>> a(s,h)                   %取出 1、3 行且 1、2 列的元素
ans =
     1     2
     7     8
```

【例 2.22 续】 逻辑矩阵可以由矩阵进行逻辑运算得出。

```
>> b=a>1               %得出逻辑向量 b
b =
     0     1     1
     1     1     1
     1     1     1
>>a(b)                 %按单下标顺序排成长列
ans =
     4
     7
     2
     5
     8
     3
```

6

9

3．矩阵的赋值

1) 全下标方式

a(i,j)=b，给 a 矩阵的部分元素赋值，要求 b 矩阵的行列数必须等于 a 矩阵的行列数。

【例 2.23】全下标方式矩阵赋值。

```
>> clear a
>> a(1:2,1:3)=[1 2 3;4 5 6]        %给第一、二行元素赋值
a =
     1     2     3
     4     5     6
```

在给矩阵元素赋值时，如果行或列(*i*，*j*)超出矩阵的大小(*m*，*n*)，则 MATLAB 自动扩充矩阵，扩充部分以 0 填充。

```
>>a(3,3)=8      %给 a(3,3) 赋值
a =
     1     2     3
     4     5     6
     0     0     8
```

2) 单下标方式

a(s)=b，若 b 为向量，向量 b 元素个数必须等于 a 矩阵的元素个数；若 b 为矩阵，则 b 元素总数必须等于 a 矩阵的元素总数，但行列数不一定相等。

【例 2.24】单下标方式矩阵赋值。

```
>>a=[1 2 3;4 5 6;0 0 8];
>> a(1:2)=[7 9];      %给第 1、2 元素赋值
a =
     7     2     3
     9     5     6
     0     0     8
>> A=[1 2;3 4;5 6]
A =
     1     2
     3     4
     5     6
>> B=[1 2 3;4 5 6]
B =
     1     2     3
     4     5     6
```

```
>> A(:)=B   %按单下标方式给A赋值
A =
     1     5
     4     3
     2     6
```

4．矩阵元素的删除

删除操作就是简单地将其赋值为空矩阵(用[]表示)。

【例 2.25】矩阵元素的删除。

```
>> a=[1 9 8;3 4 2;5 6 7]
a =
     1     9     8
     3     4     2
     5     6     7
>> a(:,2)=[]    %删除第二列元素(可以理解第二列的所有行被删除)
a =
     1     8
     3     2
     5     7
>> a=[1 9 8;3 4 2;5 6 7]
a =
     1     9     8
     3     4     2
     5     6     7
>> a(2:4)=[]    %删除序号为2、3、4的元素，则矩阵变为行向量
a =
     1     4     6     8     2     7
>> a=[]    %删除所有元素，成为空矩阵
a =
     []
```

5．生成大矩阵

在 MATLAB 中，可以通过方括号[]实现将小矩阵连接起来生成一个较大的矩阵。

【例 2.26】生成大矩阵。

```
>> a=[1 2 0;3 4 0;5 6 9]
a =
     1     2     0
     3     4     0
     5     6     9
>> b=[a;a]    %沿着行方向扩展，连接成6×3的矩阵
b =
     1     2     0
```

```
      3     4     0
      5     6     9
      1     2     0
      3     4     0
      5     6     9
>> c=[a a]       %沿着列方向扩展，连接成3×6的矩阵
c =
      1     2     0     1     2     0
      3     4     0     3     4     0
      5     6     9     5     6     9
>> d=[a(1:2,1:2) 10*a(1:2,2:3)]    %计算并连接
d =
      1     2    20     0
      3     4    40     0
```

6．矩阵的提取和翻转函数

矩阵的提取和翻转是矩阵的常见操作，MATLAB 中完成该功能的函数如表 2.8 所列，其中

```
a =
      1     2     0
      3     4     0
      5     6     9
```

表 2.8　常用矩阵提取和翻转函数

函数名	功能	例子	
		输入	结果
triu(X)	产生 X 矩阵的上三角矩阵，其余元素补 0	triu(a)	ans = 1 2 0 0 4 0 0 0 9
tril(X)	产生 X 矩阵的下三角矩阵，其余元素补 0	tril(a)	ans = 1 0 0 3 4 0 5 6 9
flipud(X)	使矩阵 X 沿水平轴上下翻转	flipud(a)	ans = 5 6 9 3 4 0 1 2 0
fliplr(X)	使矩阵 X 沿垂直轴左右翻转	fliplr(a)	ans = 0 2 1 0 4 3 9 6 5

(续)

函数名	功能	例子	
		输入	结果
flipdim(X,dim)	使矩阵 X 沿特定轴翻转。 dim=1，按行维翻转； dim=2，按列维翻转	flipdim(a,1)	ans = 5 6 9 3 4 0 1 2 0
rot90(X)	使矩阵 X 逆时针旋转 90°	rot90(a)	ans = 0 0 9 2 4 6 1 3 5

2.3.3 矩阵的基本运算

矩阵运算有明确而严格的数学规则，矩阵运算规则是按照线性代数运算法则定义的。

1. 矩阵运算的函数

矩阵运算函数及举例如表 2.9 所列。其中

```
A =
    1    4    7
    2    5    8
    3    6    9
```

表 2.9 常用矩阵运算函数

函数名	功能	例子	
		输入	结果
det(X)	计算方阵行列式的值	det(A)	ans = 0
rank(X)	求矩阵的秩，得出行列式不为零的最大方阵边长	rank(A)	ans = 2
inv(X)	求矩阵的逆阵，当方阵 X 的 det(X)不等于零时，逆阵 X^{-1} 才存在。X 与 X^{-1} 相乘为单位矩阵	inv(A)	>> inv(A) Warning: Matrix is singular to working precision. ans = Inf Inf Inf Inf Inf Inf Inf Inf Inf
特征值分解： [v,d]=eig(X)	计算矩阵特征值和特征向量。v 为特征向量，d 为特征值	[v,d]=eig(A)	v = −0.4645 −0.8829 0.4082 −0.5708 −0.2395 −0.8165 −0.6770 0.4039 0.4082 d = 16.1168 0 0 0 −1.1168 0 0 0 -0.0000

(续)

<table>
<tr><th rowspan="2">函数名</th><th rowspan="2">功能</th><th colspan="2">例子</th></tr>
<tr><th>输入</th><th>结果</th></tr>
<tr><td>diag(X)</td><td>产生 X 矩阵的对角阵</td><td>diag(A)</td><td>ans =
1
5
9</td></tr>
<tr><td>“LU”分解:
[l,u]=lu(X)</td><td>方阵分解为一个准下三角方阵和一个上三角方阵的乘积。l 为准下三角阵，必须交换两行才能成为真的下三角阵</td><td>[l,u]=lu(A)</td><td>l =
0.3333 1.0000 0
0.6667 0.5000 1.0000
1.0000 0 0
u =
3 6 9
0 2 4
0 0 0</td></tr>
<tr><td>正交变换:
[q,r]=qr(X)</td><td>$m \times n$ 阶矩阵 X 分解为一个正交方阵 q 和一个与 X 同阶的上三角矩阵 r 的乘积。方阵 q 的边长为矩阵 X 的 n 和 m 中较小者，且其行列式的值为 1</td><td>[q,r]=qr(A)</td><td>q =
−0.2673 0.8729 0.4082
−0.5345 0.2182 −0.8165
−0.8018 −0.4364 0.4082
r =
−3.7417 −8.5524 −13.3631
0 1.9640 −3.9279
0 0 0</td></tr>
<tr><td>奇异值分解:
[u,s,v]=svd(X)</td><td>$m \times n$ 阶矩阵 X 分解为三个矩阵的乘积，其中 u、v 为 $n \times n$ 阶和 $m \times m$ 阶正交方阵，s 为 $m \times n$ 阶的对角阵，对角线上的元素就是矩阵 X 的奇异值，其长度为 n 和 m 中的较小者</td><td>[u,s,v]=svd(A)</td><td>u =
−0.4797 0.7767 0.4082
−0.5724 0.0757 -0.8165
−0.6651 -0.6253 0.4082
s =
16.8481 0 0
0 1.0684 0
0 0 0.0000
v =
−0.2148 −0.8872 −0.4082
−0.5206 −0.2496 0.8165
−0.8263 0.3879 −0.4082</td></tr>
</table>

2. 矩阵的基本数学运算

矩阵的基本数学运算包括矩阵的四则运算、与常数的运算、逆运算、行列式运算、幂运算、指数运算、对数运算和开方运算等。

1) 矩阵的加和减

矩阵的加减法使用“+”、“-”运算符，格式与数字运算完全相同，但要求加减的两矩阵是同阶的。

【例 2.27】 矩阵的加减。

```
>> a=[1 2 3;2 3 4;3 4 5 ];
>> b=[1 1 1;2 2 2;3 3 3];
>> c=a+b
c=
     2     3     4
     4     5     6
     6     7     8
```

2) 矩阵的乘法

矩阵的乘法使用运算符“*”，要求相乘的双方要有相邻公共维，即若 $\boldsymbol{A}$ 为 $i\times j$ 阶，则 $\boldsymbol{B}$ 必须为 $j\times k$ 阶时，$\boldsymbol{A}$ 和 $\boldsymbol{B}$ 才可以相乘，除非其中有一个是标量。

【例 2.28】 矩阵的乘法。

```
>> e=[b,[5 5 5]']
e =
     1     1     1     5
     2     2     2     5
     3     3     3     5
>> f=a*e
f =
    14    14    14    30
    20    20    20    45
    26    26    26    60
>> g=2*f
g =
    28    28    28    60
    40    40    40    90
    52    52    52   120
```

3) 矩阵的除法

矩阵的除法可以有两种形式：左除“\”和右除“/”，右除即 $A\backslash B= A^{-1}*B$，左除即 $B/A =B* A^{-1}$，其中：A^{-1} 是矩阵的逆，也可用 inv(A)求逆矩阵。

通常用矩阵的除法来求解方程组的解。对于方程组 AX=B，其中 A 是一个$(m\times n)$阶的矩阵，行数 m 表示方程数，列数 n 表示未知数的个数，则

(1) $m=n$，此方程组称为恰定方程，A 为方阵，A\B＝inv(A)*B。

(2) $m>n$，方程组是超定的，方程无解，此时 MATLAB 给出的是最小二乘解，即该解的均方差是最小的。

(3) $m<n$，方程组是不定的，它有无穷个解，此时 MATLAB 给出的是令 X 中的某个或某些元素为 0 的一个特殊解。

【例 2.29】已知方程组$\begin{cases}2x_1 - x_2 + 3x_3 = 5 \\ 3x_1 + x_2 - 5x_3 = 5 \\ 4x_1 - x_2 + x_3 = 9\end{cases}$，用矩阵除法来解。

解：将该方程变换成 $\boldsymbol{AX}=\boldsymbol{B}$ 的形式，此时 $m = n$，且 $\boldsymbol{A}$ 可逆，有唯一解。

其中：$\boldsymbol{A}=\begin{bmatrix}2 & -1 & 3 \\ 3 & 1 & -5 \\ 4 & -1 & 1\end{bmatrix}$，$\boldsymbol{B}=\begin{bmatrix}5 \\ 5 \\ 9\end{bmatrix}$。

```
>> A=[2 -1 3;3 1 -5;4 -1 1];
>> B=[5;5;9];
>> X=A\B
X =
     2
    -1
     0
```

【例 2.30】解方程组$\begin{cases}x_1 - x_2 + x_3 - x_4 = 1 \\ x_1 - x_2 - x_3 + x_4 = 0 \\ x_1 - x_2 - 2x_3 + 2x_4 = -0.5\end{cases}$。

```
>> a=[1 -1 1 -1;1 -1 -1 1;1 -1 -2 2];     %m < n，方程组是不定的，给出最小二乘解
>> b=[1;0;-0.5];
>> x=a\b
Warning: Rank deficient, rank = 2, tol = 2.175584e-015.
x =
     0
    -0.5000
     0.5000
    0
```

【例 2.31】解方程组$\begin{cases}3x_1 - x_2 + x_3 = 1 \\ 2x_1 - 2x_2 - 3x_3 = 3 \\ x_1 - x_2 - 2x_3 = 5 \\ 2x_1 - 3x_2 - 2x_3 = 4\end{cases}$。

```
>> a=[3 -1 1;2 -2 -3;1 -1 -2;2 -3 -2];       %m > n，方程组是超定的，给出最小范数解
b=[1;3;5;4];
c=a\b
c =
     0.5812
    -0.1538
    -1.0427
```

4) 矩阵的乘幂和开方

在 MATLAB 中，矩阵的乘幂运算与线性代数想必已经做了扩充，在线性代数中，一个矩阵 A 自己连乘数遍，就构成了乘方，如 A^3。3^A 这种形式在线性代数没有定义，但 MATLAB 承认其合法性，乘方有自己的运算符(^)。同样的，矩阵开方也是 MATLAB 自己定义的，由函数 sqrtm(A)实现。

矩阵乘方的运算表达式为 A^B，其中 A 可以是矩阵或标量。

(1) 当 A 为矩阵时，必须为方阵。

① B 为正整数时，表示 A 矩阵自乘 B 次；

② B 为负整数时，表示先将矩阵 A 求逆，再自乘|B|次，仅对非奇异阵成立；

③ B 为矩阵时不能运算，会出错；

④ B 为非整数时，矩阵 A 的非整数次幂是依据其特征值和特征向量进行运算的，如果用 D 表示特征向量，W 表示特征值，将 A 分解成 A=W*D/W，D 为对角阵，则具体的计算公式为 A^B=W*D^B/W。

(2) 当 A 为标量，B 为矩阵时，将 A 分解成 A=W*D/W，D 为对角阵，则有 A^B=W*diag(D.^B)/W。

【例 2.32】矩阵的乘幂和开方。

```
>> A=[1 2;3 4]
A =
    1     2
    3     4
>> A^1.4
ans =
    2.4553 - 0.1815i    3.6913 + 0.0830i
    5.5370 + 0.1245i    7.9922 - 0.0570i
>> 3^A
ans =
    87.8864    127.1198
    190.6797   278.5661
>> sqrtm(A)
ans =
    0.5537 + 0.4644i    0.8070 - 0.2124i
    1.2104 - 0.3186i    1.7641 + 0.1458i
```

注意：矩阵的乘方和开方均是以矩阵作为一个整体的运算，而不是针对矩阵每个元素实行的。

5) 矩阵的指数和对数

矩阵的指数和对数是一对互逆的运算，指数运算最常用的命令为 expm，对数运算函数则是 logm(A)。

矩阵的指数运算命令还有 expm1、expm2 和 expm3，其中 expm1 是由 Pade 近似计算矩阵指数，expm2 是由泰勒级数计算矩阵指数，expm3 是由特征值法计算矩阵指数。

【例 2.33】矩阵的指数和对数。

```
>> A=[1 2;3 4]
```

```
A =
     1     2
     3     4
>> B=expm(A)
B =
   51.9690   74.7366
  112.1048  164.0738
>> C=logm(B)
C =
    1.0000    2.0000
    3.0000    4.0000
```

6) 矩阵的转置

A′表示矩阵 A 的转置，如表 2.3 所列，对一般实矩阵而言，转置和共轭转置的效果没有区别，如果矩阵 A 为复数矩阵，则为共轭转置。

单纯的转置运算可以通过 transpose(A)实现，不论是实数矩阵还是复数矩阵，只实现转置而不做共轭变换。

【例 2.34】矩阵的转置。

```
>> A=[1 2 3;4 5 6;7 8 9]
A =
     1     2     3
     4     5     6
     7     8     9
>> B=eye(3);
>> C=A+B*i
C =
     1.0000 + 1.0000i   2.0000             3.0000
     4.0000             5.0000 + 1.0000i   6.0000
     7.0000             8.0000             9.0000 + 1.0000i
>> A'
ans =
     1     4     7
     2     5     8
     3     6     9
>> C'
ans =
     1.0000 - 1.0000i   4.0000             7.0000
     2.0000             5.0000 - 1.0000i   8.0000
     3.0000             6.0000             9.0000 - 1.0000i
>> transpose(C)
ans =
```

```
1.0000 + 1.0000i   4.0000            7.0000
2.0000             5.0000 + 1.0000i  8.0000
3.0000             6.0000            9.0000 + 1.0000i
```

2.4 数组及其运算

数组是一般高级语言中都有的概念，但它在 MATLAB 中却又表现出个性。MATLAB 数组的个性体现在运算法则和运算方法与众不同，且具有明显的优点。它的与众不同在于其运算法则是针对其中每一个元素的，数组之间的运算讲究元素的一一对应，因而数组之间的加减乘除就直接在元素之间对应展开，而无需用到循环语句。它的优点是利用数组结构可以简化同类运算，例如，将同类对象组织在一个数组中，再对它实施某种函数操作，一次批量解决问题。

在 MATLAB 的数据形态中，向量可视为一维数组，矩阵可视为二维数组，对于维度(Dimensions)超 1 的数组，则均可视为多维数组 (Multidimesional Arrays，M-D Arrays)。 三维数组将两个二维数组叠在一起，就形成第三个维度，此第三个维度称为“页”(Page)。四维数组的第四个维度可视为“箱”(Box)，而每个箱是由一个三维数组所组成，其寻址方式为(列，行，页，箱)。 一个 2×2×3×5 的四维数组，可表示成五个箱，每个箱都由一个 2×2×3 的三维数组所组成，数组的维数可类推至 n 维数组，n 为任意自然数。

2.4.1 多维数组元素的存储次序

因为二维数组与矩阵结构相同，所以存储方案也就相同。而矩阵元素的存储次序已在 2.3.2 节讨论过了，因此，本节只讨论多维数组元素存储次序问题。多维数组元素的存储次序实际就是二维数组(或矩阵)元素存储原则的扩展。以一个 $i \times j \times k$ 的三维数组 $\boldsymbol{A}$ 为例，考虑到它是由多个 $i \times j$ 的二维数组(表)叠放而成的，如果用符号 i 表示每一个二维数组(表)的行下标，用符号 j 表示每一个二维数组(表)的列下标，另外再用符号 k 表示数组 $\boldsymbol{A}$ 的另一维(页)下标，那么数组 $\boldsymbol{A}$ 中第 i 行、第 j 列、第 k 页的元素就可表示为 $\boldsymbol{A}(i，j，k)$。例如，要将一个 3×2×2 的三维数组 $\boldsymbol{B}$ 存储在计算机中，其元素的存储次序就按表 2.10 所列序号存放。

表 2.10 数组 $\boldsymbol{B}$ 的元素存储次序

序号	元素	序号	元素	序号	元素	序号	元素
1	$\boldsymbol{B}$(1,1,1)	4	$\boldsymbol{B}$(1,2,1)	7	$\boldsymbol{B}$(1,1,2)	10	$\boldsymbol{B}$(1,2,2)
2	$\boldsymbol{B}$(2,1,1)	5	$\boldsymbol{B}$(2,2,1)	8	$\boldsymbol{B}$(2,1,2)	11	$\boldsymbol{B}$(2,2,2)
3	$\boldsymbol{B}$(3,1,1)	6	$\boldsymbol{B}$(3,2,1)	9	$\boldsymbol{B}$(3,1,2)	12	$\boldsymbol{B}$(3,2,2)

表 2.10 中，排在前 6 的是第 1 页的元素，排在 7～12 的是第 2 页的元素。由此可见，三维数组元素的存放原则是按页优先，即第 1 页存完后再存第 2 页，依此类推，而同一页中则按列优先。

2.4.2 多维数组的创建

抛开运算法则，单从形式上讲，向量即是一种一维数组，而矩阵是一种二维数组。从这一理解出发，创建一维数组和二维数组的方法已经在前面两节讲过了，因此，本小节只准备介绍三种三维及以上数组的创建方法。多维数组和矩阵创建的方法类似，在矩阵创建的基础上考虑到增加页数维的表达，创建的方法也有下标赋值法、工具阵函数法、拼接和变形函数法。

1．下标赋值法

对多维数组的下标赋值法采用全下标方式，以三维为例，在全下标方式下，在原有行列下标表示的基础上，再增加页下标，针对每一页下标赋值一个二维数组即可构成一个三维数组。

【例 2.35】下标赋值法创建数组。

```
>>A=[1 2 3;4 5 6;7 8 9],B=reshape([10:18],3,3).'    %创建两个二维数组
C(:,:,1)=A;C(:,:,2)=B;                              %将A、B分别赋给三维数组C的页下标
A =
     1     2     3
     4     5     6
     7     8     9
B =
    10    11    12
    13    14    15
    16    17    18
>> C
C(:,:,1) =
     1     2     3
     4     5     6
     7     8     9
C(:,:,2) =
    10    11    12
    13    14    15
    16    17    18
```

2．工具矩阵生成函数

在表 2.7 中，曾经给出了常用工具矩阵的生成函数，这些函数中除了 eye( )函数以外，不但能生成矩阵，而且还能生成多维数组，现举例如下：

【例 2.36】工具矩阵生成函数。

```
>>zeros(2,3,3)
ans(:,:,1) =
     0     0     0
     0     0     0
ans(:,:,2) =
     0     0     0
     0     0     0
ans(:,:,3) =
     0     0     0
```

```
     0     0     0
>> ones(2,3,2,2)          %生成一个四维数组
ans(:,:,1,1) =
     1     1     1
     1     1     1
ans(:,:,2,1) =
     1     1     1
     1     1     1
ans(:,:,1,2) =
     1     1     1
     1     1     1
ans(:,:,2,2) =
     1     1     1
     1     1     1
>> rand(2,3,2)
ans(:,:,1) =
    0.8147    0.1270    0.6324
    0.9058    0.9134    0.0975
ans(:,:,2) =
    0.2785    0.9575    0.1576
    0.5469    0.9649    0.9706
```

3. 拼接和变形函数法

拼接函数和变形函数法构建矩阵在 2.3.1 节已经介绍，现说明这两类函数创建数组的方法。

(1) cat 函数：

格式：cat(维,p1,p2,…)

说明：第一个参数“维”是指沿着第几维连接数组 p1、p2 等。

(2) repmat 函数：

格式：repmat(p，行 列 页…)

说明：第一个输入变量 p 是用来放置的模块数组，后面的变量是要放在指定的各维。

(3) reshape 函数：

格式：reshape(p，行 列 页…)

说明：第一个变量是待重组的数组 p，后面的变量是重新生成数组的行数、列数、页数。

【例 2.37】拼接和变形函数法生成数组。

```
>>A=[1 2 3;4 5 6;7 8 9]
A =
     1     2     3
     4     5     6
     7     8     9
>>B= A'
```

```
B =
     1     4     7
     2     5     8
     3     6     9
>> cat(3,A,B)        %数字3表示在页面上拼接，形成有两页的三维数组
ans(:,:,1) =
     1     2     3
     4     5     6
     7     8     9
ans(:,:,2) =
     1     4     7
     2     5     8
     3     6     9
>> B = repmat(A,[2 3 2])      %第2个数字2代表在页方向放置两个矩阵repmat(A,[2 3])
B(:,:,1) =
     1     2     3     1     2     3     1     2     3
     4     5     6     4     5     6     4     5     6
     7     8     9     7     8     9     7     8     9
     1     2     3     1     2     3     1     2     3
     4     5     6     4     5     6     4     5     6
     7     8     9     7     8     9     7     8     9
B(:,:,2) =
     1     2     3     1     2     3     1     2     3
     4     5     6     4     5     6     4     5     6
     7     8     9     7     8     9     7     8     9
     1     2     3     1     2     3     1     2     3
     4     5     6     4     5     6     4     5     6
     7     8     9     7     8     9     7     8     9
>> A=1:8;
>> reshape(A,2,2,2)        %体会三维数组的存放次序
>>ans(:,:,1) =
    1     3
    2     4
>>ans(:,:,2) =
    5     7
    6     8
```

2.4.3 数组的运算

1．数组的加减乘除法

数组的加减法和矩阵的加减法完全统一，而在乘除法中，数组的对应元素间运算的特点，

使数组运算中的乘除法与矩阵的乘除法有相当大的区别。数组的乘除法是指两个同维数组间对应元素之间的乘除法，它们的运算符为“.*”和“./”或“.\”。

【例 2.38】数组的加减乘除法。

```
>> a1=[1 2 3;2 3 4;3 4 5 ];
>> b1=[1 1 1;2 2 2;3 3 3];
>> a1. \b1
ans =
    1.0000    0.5000    0.3333
    1.0000    0.6667    0.5000
    1.0000    0.7500    0.6000
>> a1.*b1
ans =
     1     2     3
     4     6     8
     9    12    15
```

数组与常数之间的数加和数减运算还存在，在算符上可以加“.”，也可以不加“.”，但要注意加“.”时要把常数写在前面。

【例 2.38 续】

```
>> 3.+b1
ans =
      4  4  4
      5  5  5
      6  6  6
```

在矩阵的运算中，与常数之间的除法是有限制的，常数只能做除数。在数组运算中，由于有了“对应关系”的规定，因此与常数之间进行除法运算时形式上没有任何限制。

【例 2.38 续】

```
>> b1. \9
ans =
    9.0000  9.0000  9.0000
    4.5000  4.5000  4.5000
    3.0000  3.0000  3.0000
```

2. 数组的转置

前面介绍过，A'表示矩阵 A 的转置，如果矩阵 A 为复数矩阵，则为共轭转置。而对于数组，A.'表示数组 A 的转置，即使数组 A 为复数数组，也只是单纯转置而不具备共轭的功能。

【例 2.39】数组的转置。

```
>> A=[1 2 3;4 5 6;7 8 9];
>> B=eye(3);
>> C=A+B*i
C =
    1.0000 + 1.0000i      2.0000                3.0000
```

```
    4.0000              5.0000 + 1.0000i    6.0000
    7.0000              8.0000              9.0000 + 1.0000i
>> C.'
ans =
    1.0000 + 1.0000i    4.0000              7.0000
    2.0000              5.0000 + 1.0000i    8.0000
    3.0000              6.0000              9.0000 + 1.0000i
```

3. 数组的幂运算

数组的幂运算算符为“.^”，它表示每个数组元素的幂运算，这是与矩阵的幂运算不同的，看下面的例子。

【例 2.40】数组的幂运算。

```
>> A=[1 2 3;2 3 4;3 4 5 ]
A =
     1     2     3
     2     3     4
     3     4     5
>> A.^3
ans =
     1     8    27
     8    27    64
    27    64   125
>> A^3
ans =
    132   192   252
    192   279   366
    252   366   480
```

可见，矩阵的幂运算和数组的幂运算所得的结果有很大的差别，与矩阵运算相比，数组运算中指数运算符、对数运算符和开方运算符都有所简化，它们分别是 exp、log 和 sqrt。数组的运算符和数字运算时的运算符作用完全相同。有了“对应元素”的规定，数组的运算实质上就是针对于数组内部的每个元素进行的，表 2.11 列出了矩阵和数组运算对比情况。

表 2.11 矩阵和数组运算对比情况

数组运算		矩阵运算	
命令	含义	命令	含义
A+B	对应元素相加	A+B	与数组运算相同
A-B	对应元素相减	A-B	与数组运算相同
S.*B	标量 S 分别与 B 元素的积	S*B	与数组运算相同
A.*B	数组对应元素相乘	A*B	内维相同矩阵的乘积
S./B	右除，标量 S 分别被 B 的元素除	S\B	左除，B 矩阵的元素分别被标量 S 除
A.\B	左除，B 的元素被 A 的对应元素除	A\B	左除，inv(A)* B

(续)

数组运算		矩阵运算	
命令	含义	命令	含义
A./B	右除，A 的元素被 B 的对应元素除	A/B	右除，A* inv(B)
A.^S	A 的每个元素自乘 S 次	A^S	A 矩阵为方阵时，自乘 S 次
A.^S	S 为小数时，对 A 各元素分别求非整数幂，得出矩阵	A^S	S 为小数时，方阵 A 的非整数乘方
S.^B	分别以 B 的元素为指数求标量 S 的幂值	S^B	B 为方阵时，标量 S 的矩阵乘方
A.'	非共轭转置，相当于 conj(A')	A'	共轭转置(A 的元素可以为实数也可以为复数)
exp(A)	以自然数 e 为底，分别以 A 的元素为指数求幂	expm(A)	A 的矩阵指数函数
log(A)	对 A 的各元素求对数	logm(A)	A 的矩阵对数函数
sqrt(A)	对 A 的各元素求平方根	sqrtm(A)	A 的矩阵平方根函数
f(A)	求 A 各个元素的函数值	funm(A,'FUN')	矩阵的函数运算

注意：funm(A, 'FUN')要求 A 必须是方阵，FUN 为矩阵运算的函数名。以矩阵 A 的开方运算为例，其通用形式是：funm(A，'sqrt')，其中借用了数组函数 sqrt，它的结果与 sqrtm(A)相互等效。依此类推，矩阵 A 的对数函数可表达为 funm(A，'log')。

2.4.4 数组的关系与逻辑运算

在 2.1.6 节介绍 MATLAB 的运算符时已经指出，关系与逻辑运算尽管可以将其视为矩阵的运算，但认真分析关系与逻辑运算的规则，不难发现，它们更多地体现了数组运算的特征，例如，两个矩阵的关系逻辑运算是元素一对一的关系比较或逻辑运算，这一点与数组的各种代数运算法则是一脉相承的。又如，参与关系与逻辑运算的两矩阵必须同阶(行、列数分别相同)，所以本书将关系与逻辑运算放到数组运算中，但也不排斥将其视为矩阵的运算，并且不论是视为数组运算，还是矩阵运算，它们的运算结果将根据应用场合的不同，既可视为数组，也可视为矩阵。

1. 数组关系运算

关系操作符有<、<=、>、>=、 = =(等于)、 ~=(不等于)，数组关系符由表 2.4 所列关系运算符实现，关系运算规则也在表中做了详细说明。

【例 2.41】数组关系运算。

```
>> A=reshape(-4:4,3,3)
A =
    -4    -1    2
    -3    0     3
    -2    1     4
>> A>=0
ans =
     0    0    1
     0    1    1
     0    1    1
```

2. 数组逻辑运算

逻辑操作符一共有&(与)、|(或)、~(非)、&&(先决与)、||(先决或)和 xor(异或)六种，表 2.6 列出五种，异或运算没有列入表中，是因为它没有运算符只有运算函数 xor()。

在逻辑运算中，非 0 元素表示真(1)，0 元素表示假(0)，逻辑运算的结果为 0 或 1，逻辑运算法则如表 2.12 所列。

表 2.12 逻辑运算

a	b	a & b	a|b	~a	xor(a,b)
0	0	0	0	1	0
0	1	0	1	1	1
1	0	0	1	0	1
1	1	1	1	0	0

【例 2.42】数组逻辑运算。

```
>> a=eye(3)
a =
     1     0     0
     0     1     0
     0     0     1
>> b=a;b(3,1)=1
b =
     1     0     0
     0     1     0
     1     0     1
>> a&b
ans =
     1     0     0
     0     1     0
     0     0     1
>> a|b
ans =
     1     0     0
     0     1     0
     1     0     1
>> xor(a,b)
ans =
     0     0     0
     0     0     0
     1     0     0
```

3. 逻辑关系函数运算

逻辑关系的函数运算中，大部分函数是 MATLAB 所特有的，它们给用户带来了很大的方便，因此掌握并运用它们是必要的。主要的逻辑关系函数见表 2.13，表中：

```
a=
     1      Inf
     0      2
b=
     0      1
     1      0
```

表 2.13 关系逻辑函数

函数名	功能	例子	
		输入	结果
all(A，n)	分行、列判断 A 中，每行、列元素是否全非 0，是则该行、列取 1，非则取 0。n=1 时，表达列向判断；n=2 时，表达行向判断；如果不标明 n，则 n=1	all(a)	ans = 0 1
any(A)	分行、列判断 A 中，每行、列元素是否有非 0，是则该行、列取 1，非则取 0。n=1 时，表达列向判断；n=2 时，表达行向判断；如果不标明 n，则 n=1	any(a)	ans = 1 1
isequal(A,B)	判断 A、B 对应元素是否全相等，相等为 1	isequal(a,b)	ans = 0
isempty(A)	判断 A 是否为空矩阵，为空则为 1，否则为 0	isempty(a)	ans = 0
isfinite(A)	判断 A 的各元素值是否有限，是则为 1	isfinite(a)	ans = 1 0 1 1
isinf(A)	判断 A 的各元素值是否无穷大，是则为 1	isinf(a)	ans = 0 1 0 0
isnan(A)	判断 A 的各元素值是否为 NaN，是则为 1	isnan(a)	ans = 0 0 0 0
isnumeric(A)	判断数组 A 的元素是否全为数值型数组	isnumeric(a)	ans = 1
isreal(A)	判断数组 A 的元素是否全为实数，是则为 1	isreal(a)	ans = 1
isprime(A)	判断 A 的各元素值是否为质数，是则为 1	isprime(b)	ans = 0 0 0 0
isspace(A)	判断 A 的各元素值是否为空格，是则为 1	isspace(a)	ans = 0 0 0 0
find(A)	查询矩阵 A 中非零元素的位置，若 A 是行向量，则返回位置行向量；否则，返回位置列向量	find(b)	ans = 2 3

这里所提供的逻辑关系运算函数并非全部，特殊专业的用户可以很方便地查找到相应的特殊函数，而对大多数的用户而言是用不到的，这里不再冗述。

2.4.5 数组和矩阵函数的通用形式

在 MATLAB 中，除了少数由运算符定义的矩阵或数组运算以外，还有大量的运算是通过函数实现的，如前面已经提到的矩阵和数组的开方、指数、对数运算等。但是 MATLAB 的函数远不止这些，依靠函数实现的运算几乎涵盖了 MATLAB 所有可能的应用领域或各种可能的工具箱。

据前所知，矩阵的开方、指数、对数运算使用的函数分别是 sqrtm( )、expm( )、logm( )，而对应数组操作的上述函数则是 sqrt( )、exp( )、log( )。如果照此下去，那么 MATLAB 必须为矩阵和数组的函数运算提供两套函数符号，果真如此，这种开销实属多余。因为矩阵函数运算大多数情况下真正的作用对象是数组而非矩阵，因为大多数情况下是针对矩阵中的每一个元素的函数运算，而非矩阵整体。如此一来，只需定义一套针对数组的运算函数符号就可以了。若真需要针对矩阵的运算时，则在利用数组函数的基础上，采用通用形式即可。

实际上，MATLAB 仅有少数几个针对矩阵的函数，如 sqrtm( )、expm( )、logm( )，而绝大多数函数运算采用通用形式。矩阵函数运算的通用形式，就是借用数组函数名来实现针对矩阵整体的运算。以矩阵 $\boldsymbol{A}$ 的开方运算为例，其通用形式是 funm(A，'sqrt')，其中借用了数组函数 sqrt。它的结果与 sqrtm(A)相互等效。依此类推，矩阵 $\boldsymbol{A}$ 的对数函数可表达为 funm(A,‘log’)。

因为上面讨论过数组与矩阵函数的统一性，所以下面只给出一组针对数组的常用数学运算函数，如表 2.14 和表 2.15 所列。如果需要，这些函数都可用通用格式完成对矩阵整体的运算。

表 2.14 基本数学函数

函数名	含义	函数名	含义
abs	绝对值或者复数模	floor	向最接近-∞取整
sqrt	平方根	ceil	向最接近+∞取整
real	实部	sign	符号函数
imag	虚部	rem	求余数留数
conj	复数共轭	exp	自然指数
mod	模除求余	log	自然对数
round	4 舍 5 入到整数	log10	以 10 为底的对数
fix	向最接近 0 取整		

表 2.15 基本三角函数

函数名	含义	函数名	含义
sin	正弦	atan	反正切
cos	余弦	atan2	第四象限反正切
tan	正切	sinh	双曲正弦
asin	反正弦	cosh	双曲余弦
acos	反余弦	tanh	双曲正切

【例 2.43】使用数组的算术运算函数。

```
>>t=linspace(0,2*pi,6)
t =
     0    1.2566    2.5133    3.7699    5.0265    6.2832
>> y=sin(t)                          %计算正弦
y =
     0    0.9511    0.5878   -0.5878   -0.9511   -0.0000
>> y1=abs(y)                         %计算绝对值，将正弦曲线变成全波整流
y1 =
     0    0.9511    0.5878    0.5878    0.9511    0.0000
>> y2=1-exp(-t).*y                   %计算按指数衰减的正弦曲线
y2 =
    1.0000    0.7293    0.9524    1.0136    1.0062    1.0000
```

2.4.6 数组有关的信息的获取

1. 直接给出数组的维数

语法：ndims (p)

2. 给出数组各维的大小

语法：[m,n,…]=size(p)   %得出各维的大小

m=size(p,x)   %得出某一维的大小

说明：p 为需要得出大小的多维数组；m 为行数，n 为列数……；当只有一个输出变量时，x=1 返回第一维(行数)，x=2 返回第二维(列数)，依此类推。

3. 返回行数或列数的最大值

语法：length(p)

说明：length(p)等价于 max(size(p))。

【例 2.44】矩阵信息获取。

```
>> A=[1 2 3 2;3 4 5 6 ]
A=
     1     2     3     2
     3     4     5     6
>> size(A,1)                  %得出行的大小
ans =
     2
>> size(A,2)                  %得出列的大小
ans =
     4
>> ndims(A)                   %得出维数
ans =
     2
>> length(A)                  %返回行数或列数的最大值
```

```
ans =
    4
```

2.5　字符串数组的创建与运算

字符串数组主要用于可视化编程内容，如界面设计和图形绘制。

2.5.1　字符串变量的创建

在 MATLAB 中，字符串是作为一个一维字符数组来引入的，一个字符串由多个字符组成，用单引号(' ')来界定。注意，该“单引号对”必须在英文状态下输入，这“单引号对”是 MATLAB 用来识别字符串变量所必需的。

1．字符串赋值

用一个赋值语句即可完成字符串的赋值操作。

【例 2.45】字符串赋值。

```
>> a='I believe I can .'
a =
I believe I can .
>> b = 'You''re right!'            %创建带单引号的字符串
b =
You're right!
>> C='更高，更快，更强'
C =
    更高，更快，更强
```

2．一维字符数组的生成

因为向量的生成方法就是一维数组的生成方法，而一维字符数组也是数组，与数值数组的不同是字符数组中的元素是一个个字符而非数值。因此，原则上生成向量的方法就能生成字符数组，当然最常用的还是直接输入法。

【例 2.46】一维字符数组生成。

(1) 直接输入法：

```
A=['Do one thing at a time, ' 'and do well.' ' Never forget to say "thanks"']
A =
    Do one thing at a time, and do well. Never forget to say "thanks"
```

(2) 冒号法：

```
>> B=char('b':3:'x')
B =
    behknqtw
```

(3) 函数法：

```
>> char(linspace('a','x',12))
ans =
    acegikmoqsux
```

2.5.2 字符串数组的标识

字符串变量的每个字符(英文字母、空格和标点都是平等的)占据一个元素位，在数组中，元素所处的位置用自然数标识。

【例 2.47】字符串数组的标识。

```
>> a='I believe I can .'
a =
    I believe I can .
>> b=a(1:9)                        % 提取一个子字符串，空格也占据一个位置
b =
    I believe
>> dp=a(end:-1:1)                  % 字符串的倒排
dp =
   . nac I eveileb I
```

又如：

```
>> A='没有翻不过的山！'
A =
    没有翻不过的山！
>> B=size(A)                       % 符号数组 A 的“大小”，标点也占据一个位置
B =
    1     8
>>C=A([5 6])                       % 单下标方式提出一个子字符串
C =
    过的
```

2.5.3 字符串操作

1. 字符串和一维数值数组的转化

字符串的存储是用 ASCII 码实现的，指令 abs 和 double 都可以用来获取串数组所对应的 ASCII 码数值数组，指令 char 和 setstr 可把 ASCII 码数组变为串数组。

【例 2.48】字符串和一维数值数组的转化。

```
>> a='I believe I can .';
>> d=double(a)                     %字符串转化为对应的 ASCII 码数值数组
d =
    Columns 1 through 8
    73    32    98   101   108   105   101   118
    Columns 9 through 17
    101    32    73    32    99    97   110    32    46
>> f=char(d)                       %ASCII 码数值数组转化为字符串
f =
    I believe I can .
```

【例 2.48 续】对字符串 ASCII 码数组的操作，使字符串中字母全部大写。

```
>> A='I believe I can .';
>> D=double(A);
>> w=find(A>='a'&A<='z')
w =
    Columns 1 through 10
     3     4     5     6     7     8     9    13    14    15
>> D(w)=D(w)-32
D =
    Columns 1 through 9
    73    32    66    69    76    73    69    86    69
    Columns 10 through 17
    32    73    32    67    65    78    32    46
>> char(D)
ans =
    I BELIEVE I CAN .
```

2．字符串数组的连接

```
>> A='没有翻不过的山！ ';
>> a='I believe I can .';
>> Aa=[A,a]
Aa =
    没有翻不过的山！ I believe I can .
```

(1) strcat 函数：横向连接字符串。

注意：

① 在同一行输出。

② strcat 连接的两个 string 都是直接连在一起的，中间不能加入空格。不过可以在定义字符时，在字符中加空格。

```
>> name = strcat('张三',' 李四',' 王五') %连接两个字符串,每个字符串最右边的空格被裁切
name =
    张三 李四 王五
```

(2) strvcat 函数：纵向连接字符串。

注意：可连接多行字符串,每行长度可不等，自动在非最长字符串最右边补空格，使与最长字符串相等，会忽略空字符串。

```
>> D=strvcat('Never say die.','Believe in yourself.','Where there is life, there is hope.','The shortest answer is doing.')
D =
    Never say die.
    Believe in yourself.
    Where there is life, there is hope.
    The shortest answer is doing.
```

3. 字符串替换和查找

(1) strrep：进行字符串替换，区分大小写。

```
>>strrep(str1,str2,str3)          %在 str1 中找到 str2，替换成 str3
>> str1 = 'This is a good example.';
>>str2 = 'good';
>>str3 = 'great';
>>str = strrep(str1, str2,str3)
str =
    This is a great example.
```

(2) strfind(str,patten)：查找 str 中是否有 pattern，返回出现位置，没有则出现返回空数组。

```
>> strfind('right','he who seize the right moment, is the right man.')
ans =
     []
>> strfind('he who seize the right moment, is the right man.','right')
ans =
        18    39
```

(3) findstr(s1,s2)：在较长的字符串中查找较短的字符串出现的次数，并返回其位置，没有则出现返回空数组,因此无论 s1,s2 哪个为长字符串，位置在前在后都没有关系，这与 strfind 函数不同。

```
>> findstr('he who seize the right moment, is the right man.','right')
ans =
    18    39
>> findstr('right','he who seize the right moment, is the right man.')
ans =
    18    39
```

(4) 其他常用函数：

```
    strmatch(patten,str)          %检查 patten 是否与 str 最左侧部分一致
    strtok(str,char)              %返回 str 中由 char 指定的字符串前的部分和之后的部分
>> str1 = 'This is a good example.';
>> strtok(str1,'g')
ans =
This is a
```

4. 常用字符串操作函数

blanks(n)：创建由 n 个空格组成的字符串。

deblank(str)：裁切字符串的尾部空格。

strtrim(str)：裁切字符串的开头和尾部的空格，制表，回车符。

lower(str)：将字符串中的字母转换成小写。

upper(str)：将字符串中的字母转换成大写

sort(str)：按照字符的 ASCII 值对字符串排序。

num2str：将数字转换为数字字符串。

str2num：将数字字符串转换为数字。

mat2str：将数组转换成字符串。

int2str：把数值数组转换为整数数字组成的字符数组。

5．其他字符串操作函数

strcmp：比较两个字符串是否完全相等，是，返回真；否则，返回假。

strncmp：比较两个字符串前 *n* 个字符是否相等，是，返回真；否则，返回假。

strcmpi：比较两个字符串是否完全相等，忽略字母大小写。

strncmpi：比较两个字符串前 *n* 个字符是否相等，忽略字母大小写。

isletter：检测字符串中每个字符是否属于英文字母。

isspace：检测字符串中每个字符是否属于格式字符(空格、回车、制表、换行符等)。

isstrprop：检测字符每一个字符是否属于指定的范围。

6．字符串的显示和打印

disp( )是一个原样输出其中内容的函数，它经常在程序中做提示说明用，其用法见下例。

```
>> disp('请输入 2*2 的矩阵 a:')
请输入 2*2 的矩阵 a:
```

函数 fprintf 经常是函数 disp 的一个有用替换，由于它提供了对结果更多的控制。当准备把格式化的数据写到一个文件中去时，按默认它在命令窗口显示结果，例如：

```
>> fprintf(' See what this does ')
 See what this does >>
>> fprintf(' See what this does\n ')
 See what this does
```

在上面第一个例子里，fprintf 显示字符串，然后立即给出 MATLAB 提示符。相反，在第二个例子里，\n 插入一个新行字符，在 MATLAB 提示符出现之前创建一个新行。

无论 fprintf 还是 sprintf，都以同样方式处理输入参量，但 fprintf 把输出送到显示屏或文件中，而 sprintf 把输出返回到一个字符串中。

```
>> rad=2.5;  area=pi*rad^2;
>> t=sprintf(' A circle of radius %.4g has an area of %.4g. ', rad, area)
t =
   A circle of radius 2.5 has an area of 19.63.
>> disp(t)
   A circle of radius 2.5 has an area of 19.63.
>> fprintf(' A circle of radius %.4g has an area of %.4g. \n ' , rad, area)
   A circle of radius 2.5 has an area of 19.63.
```

这里，%.4g 中的 g 用来指定数据输出时采用的格式，它是自动选择%f 和%e 两种格式中较短的格式输出，并且不输出数字后面没有意义的零，其中的数字 4 代表只显示至 4 位数字。除了%g 格式以外，%d 指数据输出时采用的格式为整数，%e 指数据输出时采用的格式是实数(科学计算法形式)，%f 指数据输出时采用的格式是小数形式，%s 指数据输出时采用的格式是字符串。表 2.16 表明在各种不同格式转换下，如何显示 pi 结果。

表 2.16 数值格式转换例子

命令	结果	命令	结果
fprintf(' %.0e\n ',pi)	3e+00	fprintf(' %.1g\n ',pi)	3
fprintf(' %.1e\n ',pi)	3.1e+00	fprintf(' %.3g\n ',pi)	3.14
fprintf(' %.5e\n ',pi)	3.14159e+00	fprintf(' %.10g\n ',pi)	3.141592654
fprintf(' %.0f\n ',pi)	3	fprintf(' %.8.0g\n ',pi)	3
fprintf(' %.1f\n ',pi)	3.1	fprintf(' %.8.1g\n ',pi)	3
fprintf(' %.10f\n ',pi)	3.1415926536	fprintf(' %.8.3g\n ',pi)	3.14
fprintf(' %.0g\n ',pi)	3	fprintf(' %.8.10g\n ',pi)	3.141592654

注意，对 e 和 f 格式，小数点右边的十进制数就是小数点右边要显示的多少位数字。相反，在 g 的格式里，小数点右边的十进制数指定了显示数字的总位数。另外，注意最后的五行，其结果指定为 8 个字符长度，且是右对齐。在最后一行，8 被忽略，因为指定超过了 8 位。

2.6 多项式及其运算

在工程及科学分析上，多项式常用来模拟一个物理现象的解析函数。之所以采用多项式，是因为它很容易计算，多项式运算是数学中最基本的运算之一。

2.6.1 多项式的表达与创建

1．多项式的表达

MATLAB 用行向量表达多项式系数，各元素按变量的降幂顺序排列，如多项式为

$$P(x)=a_0x^n+a_1x^{n-1}+a_2x^{n-2}+\cdots+a_{n-1}x+a_n$$

则其系数向量为 $P=[a_0\ a_1\ \ldots\ a_{n-1}\ a_n]$。

如将根向量表示为 $ar=[\ ar_1\ ar_2\ \ldots\ ar_n]$，则根向量与系数向量之间关系为

$$(x-ar_1)(x-ar_2)\ \ldots\ (x-ar_n)=a_0x^n+a_1x^{n-1}+a_2x^{n-2}+\ldots+a_{n-1}x+a_n$$

2．多项式的创建

1) 系数向量的直接输入法

利用 poly2sym 函数直接输入多项式的系数向量，就可方便地建立符号形式的多项式，缺省情况下自变量符号为 x，也可以指定自变量。

【例 2.49】 创建多项式 $x^4-4x^3+3x^2+2x+4$。

```
>> poly2sym([1 -4 3 2 4])
ans =
   x^4 - 4*x^3 + 3*x^2 + 2*x + 4
>> poly2sym([1 -4 3 2 4],'t')    %指定自变量为 t
ans =
   t^4 - 4*t^3 + 3*t^2 + 2*t + 4
```

2) 由根向量创建多项式

通过调用函数 poly 产生多项式的系数矢量，再利用 poly2sym 函数就可方便的建立符号形式的多项式，若根矢量元素为 n，则多项式系数矢量元素为 n+1。

【例 2.50】由根向量创建多项式，将多项式$(x-6)(x-3)(x-8)(x-4)$表示为系数形式。

```
>> a=[6 3 8 4]                                    %根向量
a =
    6     3     8     4
>> pa=poly(a)                                     %求系数向量
pa =
    1   -21   158  -504   576
>> ppa=poly2sym(pa)                               %以符号形式表示原多项式
ppa =
    x^4 - 21*x^3 + 158*x^2 - 504*x + 576
>> ezplot(ppa,[-50,50])                           %绘制符号多项式曲线
```

ezplot 绘图如图 2.1 所示。

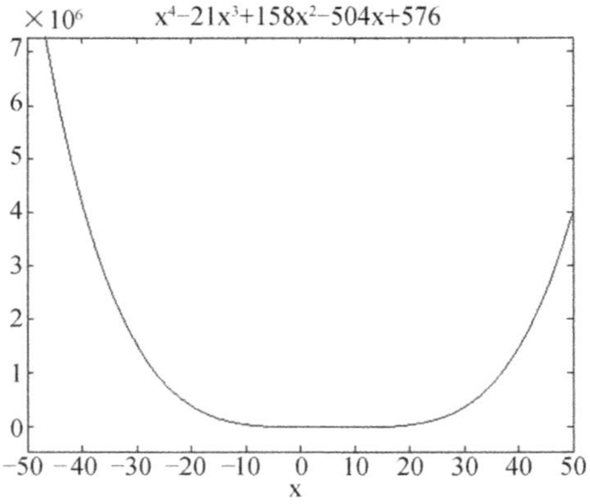

图 2.1 ezplot 绘图

含复数根的根向量所创建的多项式要注意：

(1) 要形成实系数多项式，根向量中的复数根必须共轭成对。

(2) 含复数根的根向量所创建的多项式系数向量中，可能带有很小的虚部，此时可采用取实部的命令(real)把虚部滤掉。

(3) 进行多项式的求根运算时，有两种方法：一是直接调用求根函数 roots (poly 和 roots 互为逆函数)；另一种是先把多项式转化为伴随矩阵，然后再求其特征值，该特征值即是多项式的根。

【例 2.50 续】由给定复数根向量求多项式系数向量。

```
>> r=[-0.5  -0.3+0.4i  -0.3-0.4i];   %根向量
p=poly(r)
p =
    1.0000    1.1000    0.5500    0.1250
>> pr=real(p)
pr =
```

```
    1.0000    1.1000    0.5500    0.1250
>> ppr=poly2sym(pr)
ppr =
    x^3 + (11*x^2)/10 + (11*x)/20 + 1/8
```

3) 特征多项式输入法

用 poly 函数可实现由矩阵的特征多项式系数创建多项式，但是特征多项式系数向量的第一个元素必须为 1。

【例 2.51】 求三阶方阵 ***a*** 的特征多项式系数，并转换为多项式形式。

```
>> a=[6  3  8;7  5  6; 1  3  5]
a =
    6     3     8
    7     5     6
    1     3     5
>> Pa=poly(a)
Pa =
    1.0000  -16.0000   38.0000  -83.0000
>> Ppa=poly2sym(Pa)
Ppa =
    x^3 - 16*x^2 + 38*x - 83
```

2.6.2 多项式的四则运算

1. 多项式的加减法

直接将多项式相加、减即可。

2. 多项式的乘除运算

多项式乘法用函数 c=conv(a,b)实现，a 和 b 为待乘多项式的系数向量，c 是多项式 a 和 b 的乘积多项式。多项式除法用函数[q,r]=deconv(a,b)实现，除法不一定会除尽，会有余子式，多项式 a 被 b 除的商为多项式 q，而余子式是 r。

【例 2.52】 $a(s)=s^2+2s+3$，$b(s)=4s^2+5s+6$，计算 $a(s)$与 $b(s)$的乘积。

```
>> a=[1 2 3];  b=[4 5 6];
>> c=conv(a,b)
c =
     4    13    28    27    18
>> cs=poly2sym(c,'s')             %'s'是指定变量为 s
cs =
    4*s^4 + 13*s^3 + 28*s^2 + 27*s + 18
```

【例 2.52 续】 展开$(s^2+3s+2)(s^3+s+5)(s+1)$(多个多项式相乘)。

```
>> c=conv([1,3,2],conv([1,0,1,5],[1,1]))
c =
    1     4     6    11    25    27    10
>> cs=poly2sym(c,'s')
```

```
cs =
     s^6 + 4*s^5 + 6*s^4 + 11*s^3 + 25*s^2 + 27*s + 10
```

【例 2.52 续】 求多项式 s^4+7*s^3+16*s^2+18*s+8 分别被(s^2+4)，(s+3)除后的结果。

```
>> c=[1  7  16  18  8];
>> [q1,r1]=deconv(c,[1,0,4])                     %q1: 商向量, r: 余数向量
q1 =
     1     7    12
r1 =
     0     0     0   -10   -40
>> [q1,r1]=deconv(c,[1,4])
q1 =
     1     3     4     2
r1 =
     0     0     0     0     0
>> [q2,r2]=deconv(c,[1,3])
q2 =
     1     4     4     6
r2 =
     0     0     0     0   -10
>> cc=conv(q2,[1,3])                             %对除(s+3)结果检验
cc =
     1     7    16    18    18
>> test=((c-r2)==cc)
test =
     1     1     1     1     1
```

2.6.3 多项式的求值、求根和部分分式展开

1. 多项式求值

函数 polyval 可以用来计算多项式在给定变量时的值，是按数组运算规则进行计算的。

语法：polyval(p,s)，其中 p 为多项式, s 为给定矩阵。

【例 2.53】 计算 $p(x)= x^3+21x^2+20x$ 多项式的值。

```
>> p1=[1 21 20 0];
>> polyval(p1,3)                    %计算 x=2，时多项式的值
ans =
      276
>> x=0:0.5:3;
>> polyval(p1,x)                    %计算 x 为向量时多项式的对应值
ans =
      0   15.3750   42.0000   80.6250  132.0000  196.8750  276.0000
```

2. 多项式求根

函数 roots 用来计算多项式的根。

语法：r=roots(p)，其中 p 为多项式；r 为计算的多项式的根，以列向量的形式保存。与函数 roots 相反，根据多项式的根来计算多项式的系数可以用 poly 函数来实现。

【例 2.54】 计算多项式 $p_1(x)=x^3+21x^2+20x$ 的根以及由多项式的根得出多项式系数。

```
>> p1=[1 21 20 0];
>> roots(p1)
r =
   0
   -20
   -1
```

MATLAB 约定，多项式系数向量用行向量表示，根向量用列向量表示。

```
>> poly(r)
ans =
    1    21    20     0
```

3．部分分式展开

格式：[r,p,k]=residue(b,a)，其中 b、a 分别是分子分母多项式系数向量，r、p、k 分别是留数、极点和直项行向量。

对于多项式 $b(s)$与不重根的 n 阶多项式 $a(s)$之比，其部分分式展开为

$$\frac{b(s)}{a(s)}=\frac{r_1}{s-p_1}+\frac{r_2}{s-p_2}+L+\frac{r_n}{s-p_n}+k(s)$$

假如 $a(s)$含有 m 重根 p_j，则相应部分应写成

$$\frac{r_j}{s-p_j}+\frac{r_{j+1}}{(s-p_j)^2}+\cdots+\frac{r_{j+m-1}}{(s-p_j)^m}$$

【例 2.55】 将表达式 $\dfrac{100(s+2)}{\mathrm{s}(s+1)(s+20)}$ 进行部分分式展开。

```
>> p1=conv([1,0],conv([1,1],[1,20]))
p1 =
     1    21    20     0
>> p3=[100 200];
>> [r,p,k]=residue(p3,p1)
r =
   -4.7368
   -5.2632
   10.0000
p =
   -20
    -1
    0
k =
     []
```

程序分析：表达式$\dfrac{100(s+2)}{s(s+1)(s+20)}$展开结果为$\dfrac{-4.7368}{s+20}+\dfrac{-5.2632}{s+1}+\dfrac{10}{s}$。

2.6.4 多项式的求导和积分

多项式的求导由 polyder 函数实现：k=polyder(p)，返回多项式 p 的导数。

多项式的积分由 polyint 函数实现：polyint(p,k)，返回多项式 p 的积分，设积分的常数项为 k；polyint(p)，返回多项式 p 的积分，设积分的常数项为 0。

【例 2.56】求多项式的导数和积分。

```
>> p=[3 1 9 8 7];                    %多项式 p(x)=3x^4+x^3+9 x^2+8x+7
>> q=polyder(p)                      %多项式求导
q =
    12     3    18     8
>> p1=polyint(q)                     %多项式积分，常数项为 0
p1 =
     3     1     9     8     0
>> p3=polyint(q,8)                   %多项式积分，常数项为 8
p3 =
     3     1     9     8     8
```

2.7 多项式拟合和插值

许多工程问题，常常需要根据两个变量的几组实验数值——实验数据，来找出这两个变量的函数关系的近似表达式，通常把这样得到的函数的近似表达式称为经验公式。经验公式建立以后，就可以把生产或实验中所积累的某些经验提高到理论上加以分析。根据实验描述对象的不同，常用来确定经验函数的方法有差值和拟合。

2.7.1 多项式拟合

曲线拟合是指给定平面上的 n 个点(x_i, y_i)，i=1，2，…，n，找出一条曲线使之与这些点相吻合，这个过程称为曲线拟合。最常见的曲线拟合是使用多项式来作拟合曲线，曲线拟合最常用的方法是最小二乘法，其原理是求$f(x)$，使$\delta=\sum_{i=1}^{n}[f(x_i)-y_i]^2$达到最小。

MATLAB 提供了基本的多项式曲线拟合函数命令 polyfit，语法：p=polyfit(x,y,n)。

说明：x、y 向量分别为 N 个数据点的横、纵坐标；n 是用来拟合的多项式阶次，p 为拟合的多项式，p 为 n+1 个系数构成的行向量。

【例 2.57】对一组实验数据进行多项式最小二乘拟合。

```
>> x=[1  2  3  4  5];                                %实验数据
>> y=[5.5  43.1  128  290.7  498.4];
>> p=polyfit(x,y,3)                                  % 三阶多项式拟合
p =
   -0.1917   31.5821  -60.3262   35.3400
```

```
>> x2=1:.1:5;
>> y2=polyval(p,x2);                         %根据给定值计算多项式结果
>>plot(x,y,'o',x2,y2)
```

实验数据最小二乘拟合曲线如图 2.2 所示。

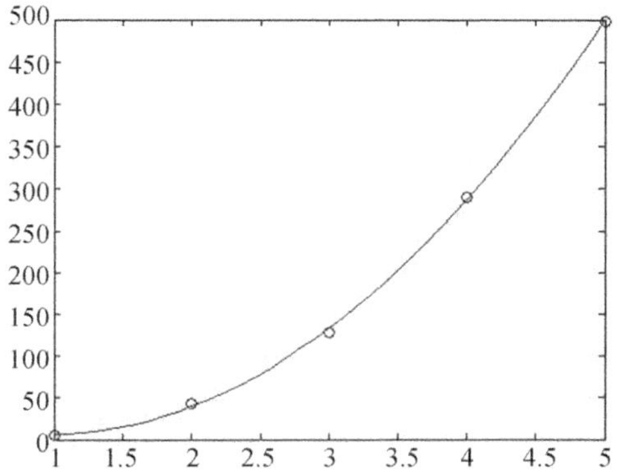

图 2.2 实验数据最小二乘拟合曲线

【例 2.58】用五阶多项式对[0，π/2]上的正弦函数进行最小二乘拟合。

```
>> x=0:pi/20:pi/2;
>> y=sin(x);
>> a=polyfit(x,y,5);
>> x1=0:pi/30:pi*2;
>> y1=sin(x1);
>> y2=a(1)*x1.^5+a(2)*x1.^4+a(3)*x1.^3+a(4)*x1.^2+a(5)*x1+a(6);
>> plot(x1,y1,'b-',x1,y2,'r*')
>> legend('原曲线','拟合曲线')
>> axis([0,7,-1.2,4])
```

所得图形如图 2.3 所示。由于拟合是在[0，π/2]进行的，故所得曲线在此区间内与原曲线拟合得很好,而在区间外，两曲线差别较大。

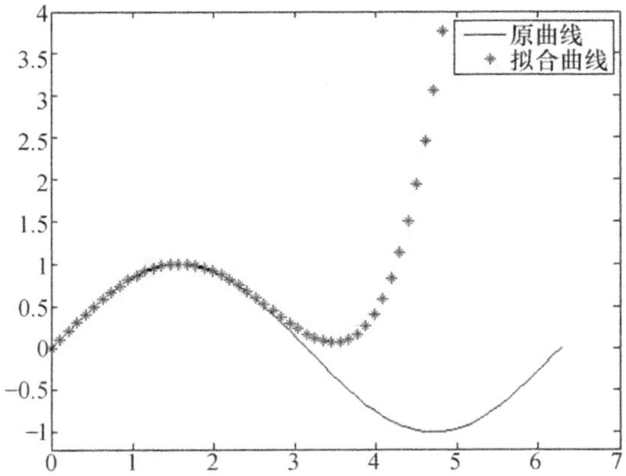

图 2.3 正弦函数的最小二乘拟合曲线

2.7.2 多项式插值

插值和拟合有很多相似之处，但二者最大的区别在于拟合需要找出一个曲线方程式，而插值仅要求求出插值数值即可。插值要求求得的函数在节点(即每一个观测点)处的函数值一定要满足 yi=f(xi)，而拟合不一定有此要求，它考虑到观测数据受随机误差的影响，寻求整体误差最小。

MATLAB 的插值方法有：'nearest' (最邻近插值)、'linear' (线性插值)、'spline' (三次样条插值)、'cubic' (立方插值)。其中'nearest'执行速度最快，输出结果为直角转折；'linear'是默认值，在样本点上斜率变化很大；'spline'最花时间，但输出结果也最平滑；'cubic'最占内存，输出结果与'spline'差不多。如果数据变化较大，以'spline'函数内插所形成的曲线最平滑，效果最好。

用来作插值计算的函数有一维插值函数 interp1、快速一维线性插值函数 interlq，二维插值的 interp2 函数、griddata 函数和三维插值的 interp3 函数等。

1．一维插值函数 interp1

interp1 函数所有的插值方法都要求 x 是单调的，并且 xi 的取值不能超过 x 的范围，其调用格式为：yi=interp1(x,y,xi,'method')。其中 x，y 为插值点，yi 为在被插值点 xi 处的插值结果，x、y 为向量，method 表示插值方法。

【例 2.59】在一天的 24h 内，从零点开始每间隔 2h 测得的环境温度数据分别为(℃)：12、9、9、10、18、24、28、27、25、20、18，15、13，推测下午 1 点的环境温度。

```
>> x=0:2:24;
>>y=[12,9,9,10,18,24,28,27,25,20,18,15,13];
>>x1=13;
>>y1=interp1(x,y,x1,'spline')
y1 =
    27.8725
```

输出的 y1 即为所求。如要得到一天 24h 的温度曲线，只需继续键入：

```
>> xi=0:1/3600:24;yi=interp1(x,y,xi,'spline');
>>plot(x,y,'o',xi,yi)
```

实验数据一维插值曲线如图 2.4 所示。

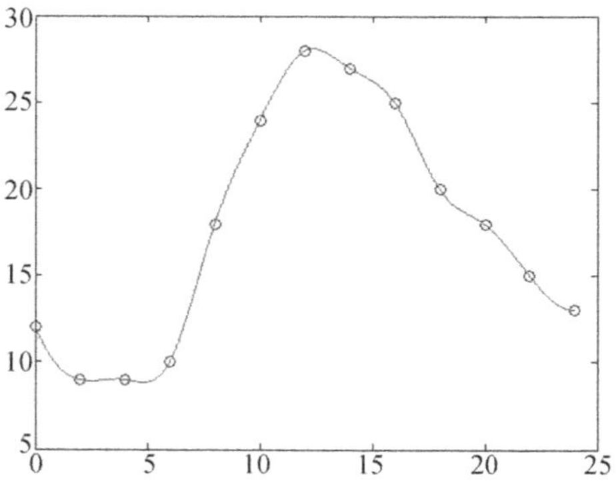

图 2.4 实验数据一维插值曲线

【例 2.60】在 0 到 10 的区间内等矩取余弦曲线上 11 个点的自变量和函数值点作为已知数据，再按 0.25 的步长取自变量插值点，分别用分段线性插值、三次方程式插值和样条插值三种方法计算确定插值函数的值。

```
>> x=0:10;
>>y=cos(x);
>>xi=0:.25:10;
>>y0=cos(xi);
>>y1=interp1(x,y,xi);                          %线性 linear 插值
>>y2=interp1(x,y,xi, 'cubic');                 %三次方程式插值
>>y3=interp1(x,y,xi,'spline');
>>plot(xi,y0,'o',xi,y1,xi,y2,'g.',xi,y3)       %三种插值方法比较
>>hold on
>>subplot(3,1,1);plot(xi,y1-y0)                %分段插值与精确值之差
>>title('分段插值与精确值之差')
>>subplot(3,1,2);plot(xi,y2-y0)                %三次方程式插值与精确值
>>title('三次方程式插值与精确值之差')
>>subplot(3,1,3);plot(xi,y3-y0)                %样条插值与精确值之差
>>title('样条插值与精确值之差')
```

三种插值方法比较曲线如图 2.5 所示。将三种插值结果分别减去直接由函数计算的值，得到其误差曲线如图 2.6 所示，从图 2.6 可以看出，样条插值和三次方程式插值效果较好，而分段线性插值效果则较差。

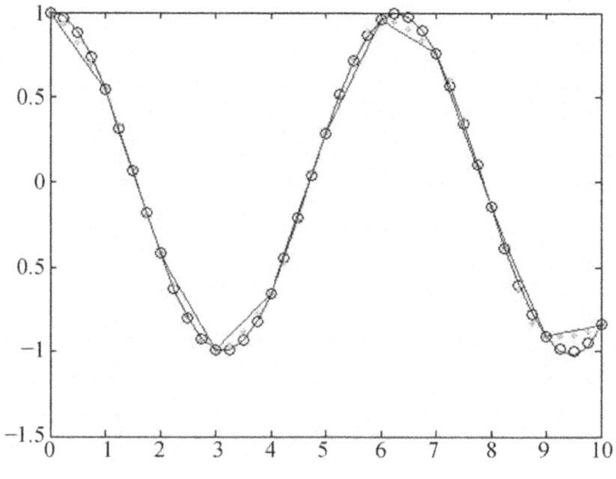

图 2.5　三种插值方法比较曲线

2. 二维插值函数

二维插值是指对两个自变量的插值，interp2 函数和 griddata 函数二者均是常用的二维插值方法，两者的区别：interp2 的插值数据必须是矩形域(X,Y 必须分别是单调向量)，即已知数据点(x,y)组成规则的矩阵，或称之为栅格，可使用 meshgid 生成；griddata 函数的已知数据点(X,Y)不要求规则排列，特别是对实验中随机没有规律采取的数据进行插值具有很好的效果。

语法：zi=interp2(x,y,z,xi,yi,'method')和 zi=griddata(x,y,z,xi,yi,'method')

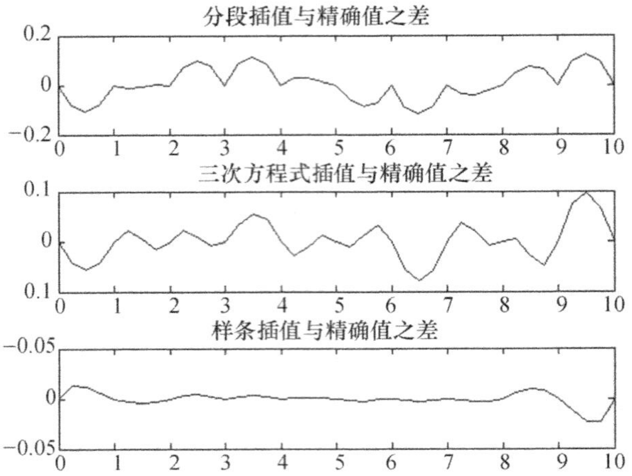

图 2.6　三种插值方法的误差曲线

【例 2.61】 griddata 函数插值举例。

```
>> x=[129.0 140.0 103.5 88.0 185.5 195.0 105.5 157.5 107.5 77.0 81.0 162.0 162.0 117.5];
>>y=[7.5 141.5 23.0 147.0 22.5 137.5 85.5 60.5 121.0 3.0 56.5 116.5 84.0 43.5];
>>plot(x,y,'o')
>>hold on
>>Z=[4 8 6 8 6 8 8 9 9 8 8 9 4 9];
>>h=-Z;
>>xi=70:3:200;yi=0:3:150;
>>[X,Y]=meshgrid(xi,yi);
>>H=griddata(x,y,h,X,Y,'cubic');
>>mesh(X,Y,H);
>>view(-60,30);
```

例 2.6.1 插值结果如图 2.7 所示。

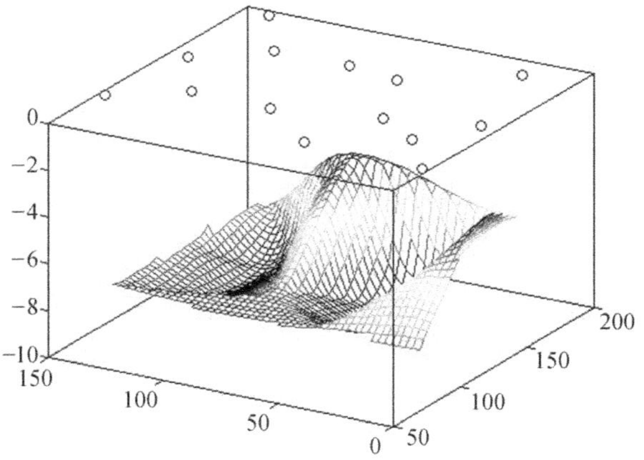

图 2.7　griddata 函数二维插值

【例 2.62】 interp2 函数插值举例。

```
>> [X,Y] = meshgrid(-3:.25:3);
>>Z = peaks(X,Y);
>>[XI,YI] = meshgrid(-3:.125:3);
>>ZZ = interp2(X,Y,Z,XI,YI);
>>surfl(X,Y,Z);hold on;
>>surfl(XI,YI,ZZ+15)
>>axis([-3 3 -3 3 -5 20]);
>>hold off
```

例 2.6.2 插值结果如图 2.8 所示。

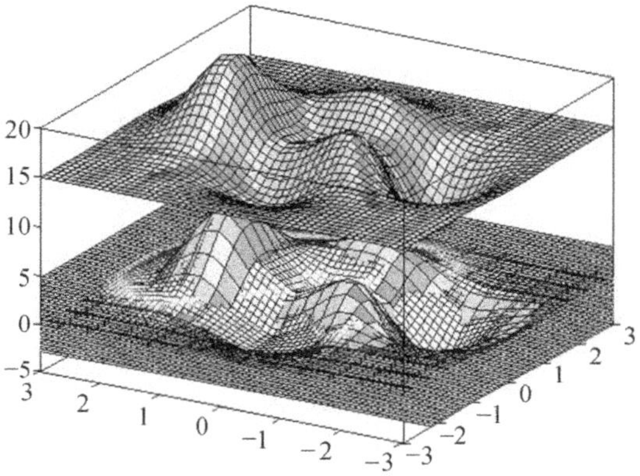

图 2.8　interp2 函数二维插值

2.8　稀疏矩阵

一个矩阵中如果包含很多元素值为 0，则此矩阵可以只存储少量的非 0 元素，这个矩阵称为稀疏矩阵(Sparse Matrix)。

2.8.1　稀疏矩阵的建立

稀疏矩阵大部分的元素都是 0，因此只需储存非零元素的下标和元素值，这种特殊的存储方式可以节省大量的存储空间和不必要的运算。

1．使用 sparse 函数产生稀疏矩阵

sparse 函数用于创建稀疏矩阵，或将一个全元素矩阵直接转换成稀疏矩阵。

语法一：sparse(i,j,s,m,n)　　　%直接创建稀疏矩阵

语法二：sparse(p)　　　%由全元素矩阵 p 转换为稀疏矩阵

说明：i、j 是非 0 元素的行、列下标；s 是非 0 元素所形成的向量；m、n 是 s 的行、列维数，可省略；i、j、s 都是长度相同的向量，生成矩阵的元素 s(k)下标分别是 i(k)和 j(k)；p 为全元素矩阵。

与 sparse 函数相反，full 函数可将稀疏矩阵转变为全元素矩阵。

语法：full(p)　　　%将稀疏矩阵 p 转变为全元素矩阵

【例 2.63】产生稀疏矩阵。

```
>> A = [2 0 0 0; 0 0 0 1; 0 4 0 0]
A=
    2    0    0    0
    0    0    0    1
    0    4    0    0
>> B=sparse(A)                              %创建稀疏矩阵
B =
    (1,1)        2
    (3,2)        4
    (2,4)        1
>> i=[1 3 2];j=[1 2 4];s=[2 4 1];           %创建和矩阵 B 相同的稀疏矩阵
C=sparse(i,j,s)
C=
    (1,1)        2
    (3,2)        4
    (2,4)        1
>> full(C)                                  %将稀疏矩阵 C 转变为全元素矩阵
ans =
    2    0    0    0
    0    0    0    1
    0    4    0    0
```

2．用 spdiags 函数创建稀疏矩阵

spdiags 函数是用对角线元素来构建一个稀疏矩阵，格式如下：

格式一：[B,d] = spdiags(A)　%从矩阵 A 中提取所有非零对角元素，这些元素保存在矩阵 B 中，向量 d 表示矩阵 A 非零元素的对角线位置。

格式二：B=spdiags(A,d)　%从矩阵 A 中提取由向量 d 指定的对角线元素，并存放在矩阵 B 中。

格式三：A=spdiags(B,d,A)　%用 B 中的列替换 A 中由 d 指定的对角线元素，输出稀疏矩阵。

格式四：A=spdiags(B,d,m,n)　%产生一个 m×n 稀疏矩阵 A，其元素是 B 中的列元素放在由 d 指定的对角线位置上。

【例 2.64】用 spdiags 函数创建稀疏矩阵。

```
>>A = [11 0 13 0; 0 22 0 24; 0 0 33 0; 41 0 0 44; 0 52 0 0; 0 0 63 0; 0 0 0 74]
A =
    11     0    13     0
     0    22     0    24
     0     0    33     0
    41     0     0    44
     0    52     0     0
     0     0    63     0
     0     0     0    74
```

【例 2.64 续】格式一[B,d] = spdiags(A) 举例。

```
>> [B,d] = spdiags(A)     %表示提取 A 的所有对角线的元素
B =
    41    11     0
    52    22     0
    63    33    13
    74    44    24
d =
    -3        %表示 B 的第 1 列元素在 A 中主对角线下方第 3 条对角线上
    0         %表示 B 的第 2 列在 A 的主对角线上
    2         %表示 B 的第 3 列在 A 的主对角线上方第 2 条对角线上
```

【例 2.64 续】格式二 B =spdiags(A,d) 举例。

```
>> C =spdiags(A,2)   %表示提取 A 的第 2 列主对角线的元素
C=
     0
     0
     13
    24
```

【例 2.64 续】格式三 A =spdiags(B,d,A)举例。

```
>> D=[3 2 5 9;2 4 6 9;1 1 7 4;5 6 3 6]
D =
    3    2    5    9
    2    4    6    9
    1    1    7    4
    5    6    3    6
>> A =spdiags(D,d,A)
A =
    (1,1)        2
    (4,1)        3
    (2,2)        4
    (5,2)        2
    (1,3)        7
    (3,3)        1
    (6,3)        1
    (2,4)        3
    (4,4)        6
    (7,4)        5
```

【例 2.64 续】格式四 A = spdiags(B,d,m,n)举例。

```
>>E=[3 2 9;2 4 9;1 1 4]
E =
    3    2    9
```

```
     2     4     9
     1     1     4
>> d=[0 1 2]
d =
     0     1     2
>> s=spdiags(E,d,4,3)
s =
   (1,1)        3
   (1,2)        4
   (2,2)        2
   (1,3)        4
   (2,3)        1
   (3,3)        1
>> full(s)
ans =
     3     4     4
     0     2     1
     0     0     1
     0     0     0
```

程序分析：可以看出矩阵 s 的三个非零对角线向量分别是 E 的三个列向量。主对角线为“3 2 1”；向上位移一单位的次对角线为“2 4 1”，但其中“2” 被移掉了；向上位移两单位的次对角线为“9 9 4”，但其中“9 9” 都被移掉了。

3. 用 spconvert 函数从外部文件输入稀疏矩阵

可以将 load 命令和 spconvert 函数结合，将文本文件(如*.txt)调用到内存，然后将文本文件内容转换成稀疏矩阵。也可以直接用 save 或 load 命令将稀疏矩阵保存到 MAT 文件中或从 MAT 文件调用到内存中。

【例 2.65】 用 load 命令和 spconvert 函数结合转换稀疏矩阵。

用文本编辑器生成 ASCⅡ文本文件，ty1h.txt 的内容如下：

```
1 1 1
2 3 3
3 3 6
3 2 7
4 3 8
```

其中：第 1 列、第 2 列分别代表稀疏矩阵的行、列下标，第 3 列则是元素值。

```
>> load ty1h.txt                    %装载文本文件
>> b= spconvert(ty1h)               %转换成稀疏矩阵
b =
   (1,1)        1
   (3,2)        7
   (2,3)        3
```

```
    (3,3)        6
    (4,3)        8
>> save b                          %保存 b.mat 文件
>> clear
>> load b                          %装载 b.mat 文件
>> b
b =
    (1,1)        1
    (3,2)        7
    (2,3)        3
    (3,3)        6
    (4,3)        8
>> full(b)
ans =
    1     0     0
    0     0     3
    0     7     6
    0     0     8
```

2.8.2 稀疏矩阵的存储空间

MATLAB 提供了得出稀疏矩阵元素个数的函数：

(1) nnz：可返回稀疏矩阵的非零元素个数。

(2) nonzeros：返回一个包含所有非零元素的列向量。

(3) nzmax：返回最大的非零元素个数，当 nnz>nzmax 时，MATLAB 会动态调整增加内存给 nzmax，以储存新增的非零元素。

(4) spy：用图形观看稀疏矩阵的非零元素分布情况。

【例 2.66】 查看稀疏矩阵的非零元素。

```
>> nnz(b)
ans =
    5
>> nonzeros(b)
ans =
    1
    7
    3
    6
    8
>> nzmax(b)
ans =
    5
>> spy(b)
```

图 2.9 所示为例 2.66 用 spy 函数得出的稀疏矩阵分布。

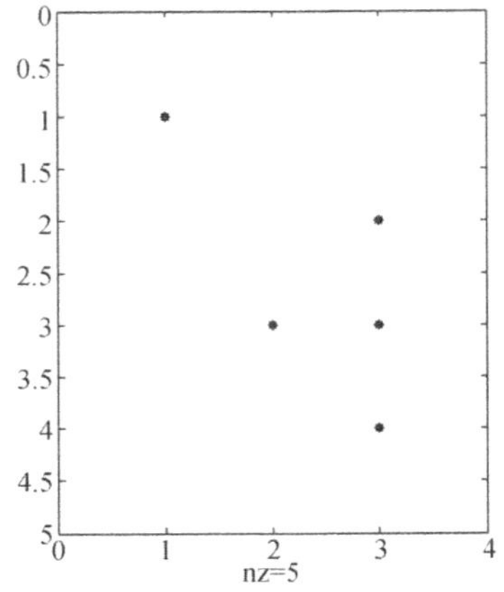

图 2.9　稀疏矩阵分布

2.8.3　稀疏矩阵的运算

稀疏矩阵的标准数学运算遵循以下原则：

(1) 如果函数的输入参数是向量或标量，输出的参数为矩阵，则输出参数为全元素矩阵。

(2) 如果函数的输入参数是矩阵，输出的参数为矩阵，则输出参数以输入矩阵的方式来表示，即当输入参数为稀疏矩阵时，输出参数也是稀疏矩阵。

(3) 如果二元运算的两个操作数中有一个是全元素矩阵一个是稀疏矩阵，则对于“+”“-”“*”“\”运算结果为全元素矩阵，而“&”“.* ”运算结果为稀疏矩阵。

(4) 用“cat”函数或“[]”连接混合矩阵将产生稀疏矩阵。

【例 2.67】稀疏矩阵和普通矩阵之间进行运算。

```
>> A = [2 0 0 0; 0 0 0 1; 0 4 0 0];
>> S = sparse (A)
S =
    (1,1)        2
    (3,2)        4
    (2,4)        1
>> A+S
ans =
    4     0     0     0
    0     0     0     2
    0     8     0     0
```

【例 2.68】稀疏矩阵和稀疏矩阵之间进行运算。

```
>> B=[0 0 3 0;1 0 0 0;0 5 0 0];
>> T=sparse(B)
T =
    (2,1)        1
    (3,2)        5
    (1,3)        3
```

```
>> S+T
ans =
    (1,1)        2
    (2,1)        1
    (3,2)        9
    (1,3)        3
    (2,4)        1
```

2.9 数据统计和处理

MATLAB 数据分析遵循以下原则：如果输入是向量，则按整个向量进行运算；如果输入是矩阵，则按列进行运算。

2.9.1 数据统计和相关分析

相关分析包括计算协方差和相关系数，相关系数越大，说明相关性越强。

例如，用某年一月份中连续四天的温度数据构成 4×3 的矩阵 ***a***，包括最高温度、最低温度和平均温度，如表 2.17 所列。列按最高温度、最低温度和平均温度进行分类，而行是每天的温度数据样本。

表 2.17 四天的温度

平均温度/℃	最高温度/℃	最低温度/℃	平均温度/℃	最高温度/℃	最低温度/℃
5.30	13.00	0.40	3.70	8.10	0.60
5.10	11.80	−1.70	1.50	7.70	−4.50

对该矩阵进行简单数据统计分析，MATLAB 函数如表 2.18 所列。

表 2.18 数据统计分析函数

函数名	功 能	例子结果
max(X)	矩阵中各列的最大值	5.3000 13.0000 0.6000
min(X)	矩阵中各列的最小值	1.5000 7.7000 -4.5000
mean(X)	矩阵中各列的平均值	3.9000 10.1500 -1.3000
std(X)	矩阵中各列的标准差，即各列元素方差的算术平方根。	1.7512 2.6489 2.3735
median(X)	矩阵中各列的中间元素	4.4000 9.9500 -0.6500
var(X)	矩阵中各列的方差（标准差的平方），即矩阵各列元素与期望值之差平方和的平均数	3.0667 7.0167 5.6333
C=cov(X)	矩阵中各列间的协方差，以三维为例： $C=\begin{pmatrix}\mathrm{cov}(x,x) & \mathrm{cov}(x,y) & \mathrm{cov}(x,z)\\ \mathrm{cov}(y,x) & \mathrm{cov}(y,y) & \mathrm{cov}(y,z)\\ \mathrm{cov}(z,x) & \mathrm{cov}(z,y) & \mathrm{cov}(z,z)\end{pmatrix}$ $\mathrm{cov}(x,y)=E(xy)-E(x)E(y)$	3.0667 4.0867 3.0667 4.0867 7.0167 2.7100 3.0667 2.7100 5.6333
S=corrcoef(X)	返回从矩阵 X 形成的一个相关系数矩阵，S 中的第 i 行第 j 列的元素表示的就是 X 第 i 列和第 j 列的相关系数，与协方差 C 的关系为：$S(i,j)=C(i,j)/\sqrt{C(i,i)C(j,j)}$。显然，对角线的自相关系数等于 1。	1.0000 0.8810 0.7378 0.8810 1.0000 0.4310 0.7378 0.4310 1.0000

(续)

函数名	功 能	例子结果
sort	数据排序	sort(a,1)= 1.5000 7.7000 -4.5000 3.7000 8.1000 -1.7000 5.1000 11.8000 0.4000 5.3000 13.0000 0.6000

补充说明：

(1) sort 函数排序说明。

sort(X)：如果 X 是数组，将数组中的元素按升序排列；如果 X 是向量，将向量中的元素按升序排列；如果 X 是字符串，将 X 中的元素按其对应的 ASCII 码进行升序排列；如果 X 是矩阵，将矩阵的各列按升序排列；当 X 的数据类型为复数时，将按各元素的模 abs(X)进行排序。

sort(X,n)：升序排列矩阵 X 的第 n 维。n=1：升序排列矩阵 X 的列；n=2：升序排列矩阵 X 的行。

sort(X,n,mode)：用 mode 选择排序方式，'ascend'为升序，'descend'为降序。

(2) median 中值函数说明。中值是指一组数据的中间值，假设这组数据是排好序的。如果数据的个数为奇数，中值就是中间位置的那个数，如果数据的个数为偶数，中值就是中间两个数的平均值。

2.9.2 数值积分和数值微分

在工程实践与科学应用中，经常要计算函数的积分与微分。当已知函数形式求函数的积分时，理论上可以利用牛顿—莱布尼兹公式来计算。但在实际应用中，经常接触到的许多函数都找不到其积分函数，或者函数难于用公式表示(如只能用图形或表格给出)，或者有些函数在用牛顿—莱布尼兹公式求解时非常复杂，有时甚至计算不出来。微分也存在相似的情况，此时，需考虑这些函数的积分和微分的近似计算。

MATLAB 可以通过函数对矩阵的差分和积分等进行方便的运算。

1．数值积分

定积分常用的计算方法是利用牛顿—莱布尼茨公式：$\int_a^b f(x)\mathrm{d}x = F(x)\ \Big|_a^b$ ($F(x)$为被积函数的原函数)，但在实用上有一些定积分不宜或者不能用上述方法来计算。例如，有些被积函数难于用公式表示，而是用图形或表格给出的；有些被积函数虽然能用公式表示，但要计算出它的原函数却很困难，或者它的原函数不能用初等函数表示。因此，就需要考虑定积分的近似计算问题。

我们知道，定积分$\int_a^b f(x)\mathrm{d}x f(x)\geqslant 0)$，不论实际问题中的意义如何，在数值上都等于曲线 $y=f(x)$，直线 $x=a$、$x=b$ 与 x 轴所围成的曲边梯形的面积。因此，不论 $y=f(x)$是以什么形式给出的，只要近似地算出相应的曲边梯形的面积，就得到所给定积分的近似值。这就是定积分近似计算法的基本思想，也就是以求和近似代替积分。

MATLAB 提供了在有限区间内，数值计算某函数积分的函数，它们分别是矩形法数值积分(cumsum)、梯形法数值积分(trap2)抛物线法数值积分(quad)、牛顿—柯特斯法(quad8)和二重定积分的数值求解函数(dblquad)等。

1) 矩形法数值积分

在 MATLAB 中，cumsum 函数通常用于计算一个数组各行的累加值，以下是调用格式及说明。

格式一：B = cumsum(A)

这种用法返回数组不同维数的累加和。如果 A 是一个向量，cumsum(A) 返回一个向量，该向量中第 i 个元素是向量 A 的前 i 个元素的和；如果 A 是一个矩阵，cumsum(A) 返回一个和 A 同行同列的矩阵，矩阵中第 m 行第 n 列元素是 A 中第 1 行到第 m 行的所有第 n 列元素的累加和；如果 A 是一个多维数组，cumsum(A)只对 A 中第一个非奇异维进行计算。

格式二：B = cumsum(A,dim)

这种调用格式返回 A 中由标量 dim 所指定的维数的累加和。例如：cumsum(A,1)返回的是沿着第一维(各列)的第 1 行至第 m 行的累加和（按列计算），cumsum(A,2)返回的是沿着第二维(各行)的第 1 列至第 n 列的累加和（按行计算）。

相关函数有 cumprod、prod 和 sum，具体用法参考程序示例或 MATLAB 的帮助文档。

【例 2.69】矩形法数值积分。

```
>> B=1:5                              % B 是一个向量
B =
    1     2     3     4     5
>> cumsum(B)
ans =
    1     3     6    10    15
>> C = [1 2 3; 4 5 6]                 %C 是一个矩阵
C =
    1     2     3
    4     5     6
>> cumsum(C,1)
ans =
    1     2     3
    5     7     9
>> cumsum(C,2)
ans =
    1     3     6
    4     9    15
>> D = zeros(3, 3, 3);                %构造一个多维数组
>> D(:,:,2) = [1,2,3;4,5,6;7,8,9];    %给数组第二页赋值
>> D(:,:,3) = ones(3,3)               %给数组第三页赋值
D(:,:,1) =
     0     0     0
     0     0     0
     0     0     0
```

```
D(:,:,2) =
     1     2     3
     4     5     6
     7     8     9
D(:,:,3) =
     1     1     1
     1     1     1
     1     1     1
>> cumsum(D)
ans(:,:,1) =
     0     0     0
     0     0     0
     0     0     0
ans(:,:,2) =
     1     2     3
     5     7     9
    12    15    18
ans(:,:,3) =
     1     1     1
     2     2     2
     3     3     3
```

【例 2.69 续】 利用矩形法计算积分 $\int_0^{\pi}\sin(x)\mathrm{d}x$ (该积分的精确值为 2)。

```
>> X=0:pi/1000:pi;
>>Y=sin(X);
>>Z=cumsum(Y)*pi/1000;
>>I=Z(1000)
I =
    2.0000
```

2) 梯形法数值积分

trapz 函数是 MATLAB 中的内置函数，是基于梯形法则的数值积分公式，trapz 其实就是 Trapezoidal(梯形的简写)，调用格式如下。

格式一：T=trapz(Y)　%用等距复合梯形求积公式近似计算 Y 的积分，若 Y 是一向量，则 trapz(Y)为 Y 的积分；若 Y 是一矩阵，则 trapz(Y)为 Y 每一列的积分。

格式二：T = trapz(X,Y)　%用复合梯形求积公式计算 Y 在 X 点上的积分，X 和 Y 可以是负数。若 X 为一列向量，Y 为矩阵，且 size(Y,1) = length(X)，则 trapz(X,Y)通过 Y 的第一个非单元集方向进行计算。

格式三：T = trapz(…,dim)　%沿着 dim 指定的方向对 Y 进行积分，dim=1，T 为每一列的积分；若 dim=2，T 为每一行的积分。若参量中包含 X，则应有 length(X)=size(Y,dim)。

【例 2.70】 梯形法数值积分。

```
>>y=[0 1 2;3 4 5];
>> trapz(y,1)
ans =
    1.5000    2.5000    3.5000
>> trapz(y,2)
ans =
    2
    8
```

【例 2.70 续】利用梯形法计算$\int_0^{\pi}\sin x\mathrm{d}x$的数值积分。

```
>>X = 0:pi/100:pi;
>>Y = sin(X);                   %函数调用
>>T = trapz(X,Y)
>>T=
    1.9998
```

或者

```
>>T = pi/100*trapz(Y)           %等同于矩形积分
>>T=
    1.9998
```

对于非均匀间隔的情况，例如：

```
>> X=sort(rand(1,101)*pi);
>> Y=sin(X);
>> Z=trapz(X,Y)
Z =
    1.9981
```

3) 抛物线法数值积分

抛物线法数值积分也称辛普(Simpson)数值积分，MATLAB 用 quad 函数来实现，该函数的调用格式解释如下：

格式一：q = quad(fun,a,b)　%近似地从 a 到 b 计算函数 fun 的数值积分，相对误差在10^{-3}内。若给 fun 输入向量 x，应返回向量 y，即 fun 是一单值函数。

格式二：q = quad(fun,a,b,tol)　%用指定的绝对误差 tol 代替默认误差。tol 越大，函数计算的次数越少，速度越快，但结果精度变小。

格式三：q = quad(fun,a,b,tol,trace)　%trace 控制是否展现积分过程，若取非 0 则展现积分过程，取 0 则不展现，默认时取 trace=0，其他参数同上。

格式四：q = quad(fun,a,b,tol,trace,p1,p2，…)　%将可选参数 p1,p2,…传递给函数 fun(x，p1，p2，…)，再作数值积分。当使用默认值进行计算时，需输入 tol=[]或 trace=[]。

格式五：[q,n] = quad(fun,a,b,…)　%同时返回函数计算的次数 n。

【例 2.71】计算积分$\int_0^2\frac{1}{x^3-2x-5}\mathrm{d}x$。

```
>> Q = quad('1./(x.^3-2*x-5)',0,2)
```

```
Q =
    -0.4605
```

【例 2.71 续】 求定积分 $\int_0^{3\pi} e^{-0.5x}\sin(x+\pi/6)dx$。

方法 1

```
>> f='exp(-0.5*x).*sin(x+pi/6)';
>> [S,n]=quad(f,0,3*pi)
S =
    0.9008
n =
77
```

方法 2

(1) 建立被积函数文件 fesin.m。

```
function f=fesin(x)
f=exp(-0.5*x).*sin(x+pi/6);
```

(2) 调用数值积分函数 quad 求定积分。

```
>> [S,n]=quad('fesin',0,3*pi)
S =
    0.9008
n =
    77
```

4) 牛顿—柯特斯法

基于牛顿—柯特斯法，MATLAB 给出了 quadl 函数来求定积分。

函数的调用格式：[I,n]=quadl('fname',a,b,tol,trace)。其中参数的含义和 quad 函数相似，只是 tol 的默认值取 10^{-6}。该函数可以更精确地求出定积分的值，且一般情况下函数调用的步数明显小于 quad 函数，从而保证能以更高的效率求出所需的定积分值。

【例 2.72】 计算积分 $\int_0^2 \frac{1}{x^3-2x-5}dx$。

```
>> [ Q ,n]= quadl('1./(x.^3-2*x-5)',0,2)
Q =
    -0.4605
n =
    78
```

5) 二重定积分的数值求解

使用 MATLAB 提供的 dblquad 函数就可以直接求出上述二重定积分的数值解。该函数的调用格式为 I=dblquad(f,a,b,c,d,tol,trace)，用来求 $f(x, y)$在$[a, b]\times[c, d]$区域上的二重定积分，参数 tol，trace 的用法与函数 quad 完全相同。

【例 2.73】 求 $\int_{-1}^{1}\int_{-2}^{2} e^{-x^2/2}\sin(x^2+y)dxdy$ 二重定积分。

```
>> f='exp(-x.^2/2).*sin(x.^2+y)';
>>I=dblquad(f,-2,2,-1,1)
```

```
I =
    1.5745
```

2．数值微分

某函数$f(x)$的导数定义为一个函数$f'(x)$，它等于$f(x)$关于x的变化率。导数可以表示为一个比值，如果用$\mathrm{d}f(x)$表示$f(x)$的变化量，用$\mathrm{d}x$表示x的变化量，则$f'(x)=\dfrac{\mathrm{d}f(x)}{\mathrm{d}x}$。

在许多物理过程中，都需要测量某变量的变化率。例如，速度就是位移的变化率，而加速度是速度的变化率。

导数$f'(x)$可以用图形描述(即导数的几何意义)为函数$f(x)$的斜率，而$f(x)$的斜率定义为函数在某个特定点的切线的斜率。因此，$f'(x)$在点a的值为$f'(a)$，而且等于在点a的切线的斜率，即$f'(a)=\tan\alpha$，α是在点a的切线的倾角。

1) 差分表达式

数值微分技术通过使用在x_k附近的函数值来近似函数在x_k点的切线的斜率，从而估算函数在某一点x_k的导数，切线的斜率的近似值可以用若干种方法求出，分别为向后差分近似、向前差分近似和中心差分近似，这里只介绍向前差分近似。

假设通过计算$f(x_k)$和$f(x_{k+1})$之间的连线的斜率来估算在点x_k处的导数，也就是$f'(x_k)=\dfrac{f(x_{k+1})-f(x_k)}{x_{k+1}-x_k}$，这种类型的导数近似称为向前差分近似。

用这几种方法计算出的导数的精确度取决于用于估算导数的点之间的距离；两点之间的距离越小，对导数的估算越精确。

函数$f(x)$的二阶导数是函数的一阶导数的导数：$f''(x)=\dfrac{\mathrm{d}f'(x)}{\mathrm{d}x}$，该函数可以通过使用一阶导数的斜率来估值。因此，如果使用向前差分，则得出$f''(x_k)=\dfrac{f'(x_{k+1})-f'(x_k)}{x_{k+1}-x_k}$。对于计算更高阶的导数，可以推导出类似的表达式。

2) diff 函数

diff 函数用于计算一个向量中的相邻元素的差，其结果是一个比原向量少一个元素的向量。如果将 diff 函数应用于一个矩阵，默认状态下它将作用于矩阵的各列，就好像每一列是一个向量一样。

格式一：diff(X)　　　　%对于一个向量 X，diff 返回[X(2)−X(1) X(3) −X(2) … X(n) −X(n−1)]；对于一个矩阵 X，diff 返回矩阵的列元素之差。

格式二：diff(X,n)　　　%计算向量 X 的 n 阶向前差分，如 diff(X,2)=diff(diff(X))。

格式三：diff(X,n,dim)　%计算矩阵 X 的 n 阶差分。dim=1(可省略)时，分别计算每一列元素的差分（按列计算）；dim=2，分别计算每一行元素的差分（按行计算）。

【例 2.74】 diff 函数举例。

```
>> x=[0 1 2 3 4 5];
>> y=[2 3 1 5 8 10];
>> z=[1 3 5;1 5 10]
z =
    1    3    5
```

```
    1     5    10
>> diff(x)
ans =
    1     1     1     1     1
>> diff(y)
ans =
    1    -2     4     3     2
```

【例 2.74 续】如果执行两次 diff 函数，则返回的向量长度为 4。

```
>> diff(y,2)
ans =
   -3     6    -1    -1
```

【例 2.74 续】diff 函数可以用于矩阵 *z* 的任意一个维度。

```
>> diff(z,1,1)
ans =
    0     2     5
>> diff(z,1,2)
ans =
    2     2
    4     5
```

【例 2.74 续】求矩阵 *z* 的列元素的 1 阶差分，下面两种表达方式都可以。

```
>> diff(z)
ans =
    0     2     5
>> diff(z,1)
ans =
    0     2     5
```

3) 可以通过 diff(y)./diff(x)求近似导数 d*y*

【例 2.75】计算多项式 $y=x^5-3x^4-8x^3+7x^2+3x-5$ 在[-4，5]区间的微分。

```
>> x=linspace(-4,5);
>>p=[1 -3 -8 7 3 -5];
>>f=polyval(p,x);
>>subplot(2,1,1);plot(x,f)
>>title('多项式方程');
>>dfb=diff(f)./diff(x);
>>xd=x(2:length(x));              %只有 99 个近似微分，向前差分
>>subplot(2,1,2);plot(xd,dfb);
>>title('多项式方程的微分图');
```

多项式方程及其微分如图 2.10 所示。

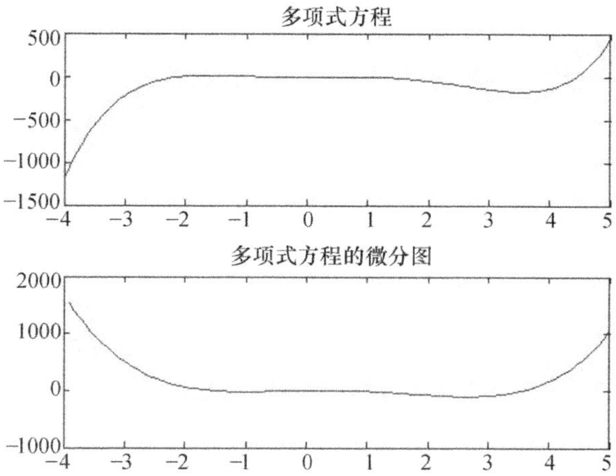

图 2.10　多项式方程及其微分

常用的差分和累计的数据处理函数如表 2.19 所列。其中

```
a = 5.3000    13.0000    0.4000
    5.1000    11.8000   -1.7000
    3.7000     8.1000    0.6000
    1.5000     7.7000   -4.5000
```

表 2.19　差分和累计的数据处理函数

函数名	功能	例子	
		输入	结果
diff(X,m,n)	沿第 n 维求 m 阶差分	diff(a,1,1) %沿第一维求一阶差分	−0.2000　−1.2000　−2.1000 −1.4000　−3.7000　2.3000 −2.2000　−0.4000　−5.1000
[fx,fy]=gradient(Z)	对 Z 求 x、y 方向的数值梯度	gradient(a) %对列求数值梯度	7.7000　−2.4500　−12.6000 6.7000　−3.4000　−13.5000 4.4000　−1.5500　−7.5000 6.2000　−3.0000　−12.2000
sum(X)	矩阵各列元素的和	sum(a)	15.6000　40.6000　-5.2000
cumsum(X,n)	沿第 n 维求累计和	cumsum(a,2) %沿列求累计和	5.3000　18.3000　18.7000 5.1000　16.9000　15.2000 3.7000　11.8000　12.4000 1.5000　9.2000　4.7000
cumprod(X,n)	沿第 n 维求累计乘积	cumprod(a,2) %沿列求累计乘积	5.3000　68.9000　27.5600 5.1000　60.1800　−102.3060 3.7000　29.9700　17.9820 1.5000　11.5500　−51.9750

(续)

函数名	功能	例子	
		输入	结果
trapz(X,Y)	梯形法求积分近似于求元素和，把相邻两点数据的平均值乘以步长表示面积。X 为自变量，Y 为函数	trapz(a)	12.2000 30.2500 -3.1500
cumtrapz(X,Y,n)	用梯形法沿第 n 维求函数 Y 对自变量 X 累计积分	cumtrapz(a)%用梯形法沿列向积分	0 0 0 5.2000 12.4000 -0.6500 9.6000 22.3500 -1.2000 12.2000 30.2500 -3.1500

2.10 线性方程组的数值解

线性方程组的求解不仅在工程技术领域涉及到，而且在其他的许多领域也经常碰到，因此这是一个应用相当广泛的课题。关于线性方程组的数值解法一般分为两类：一类是直接法，就是在没有舍入误差的情况下，通过有限步四则运算求得方程组准确解的方法。直接法主要包括矩阵相除法和消去法。另一类是迭代法，就是先给定一个解的初始值，然后按一定的法则逐步求出解的近似值。

2.10.1 直接解法

矩阵相除法前面在 2.3.3 节已经讲过，这里只介绍消去法。方程的个数和未知数不相等，用消去法，利用 MATLAB 中的 rref 函数可以将方程的增广矩阵化为行简化阶梯形。如果系数矩阵的秩不等于增广矩阵的秩，则方程组无解；如果系数矩阵的秩等于增广矩阵的秩，则方程组有解，方程组的解就是行简化阶梯形所对应的方程组的解。

【例 2.76】解方程组 $\begin{cases} 2x_1+x_2+x_3-x_4-2x_5=2 \\ x_1-x_2+2x_3+x_4-x_5=4 \\ 2x_1-3x_2+4x_3+3x_4-x_5=8 \end{cases}$。

```
>> a=[2 1 1 -1 -2 2;1 -1 2 1 -1 4;2 -3 4 3 -1 8];
>> rref(a)
ans =
    1     0     0     0     0     0
    0     1     0    -1    -1     0
    0     0     1     0    -1     2
```

由结果看出，x_4、x_5 为自由未知量，方程组的通解为：$x_1=0$；$x_2=x_4+x_5$；$x_3=2+x_5$。

2.10.2 迭代法

迭代法是通过从一个初始估计出发寻找一系列近似解来解决问题的数学过程，是求解大型稀疏矩阵方程组的重要方法。与直接法不同，用迭代法求解问题时，其步骤没有固定的次数，而且只能求得问题的近似解，所找到的一系列近似解会收敛到问题的精确解。会利用审敛法来判别所得到的近似解是否会收敛。一般而言，即使使用无限精度算术的计算方式，迭代法也无法在有限次数内得到问题的精确解。

迭代法求解线性方程组的基本思想：先选取一组近似初值 $\boldsymbol{X}^{(0)}=(x_1^0，x_2^0，\cdots,x_n^0)^{\mathrm{T}}$ 作为方程的解，并按照一定的规则构造一个迭代函数，由迭代函数计算出新的近似解 $\boldsymbol{X}^{(1)}=(x_1^1，x_2^1，\cdots,x_n^1)^{\mathrm{T}}$，类似地由 $\boldsymbol{X}^{(1)}$ 依次得到 $\boldsymbol{X}^{(2)}，\boldsymbol{X}^{(3)},\cdots,\boldsymbol{X}^{(k)}\cdots$ 当收敛时，有 $\lim\limits_{k\to\infty}x^k=\boldsymbol{x}^*$，其中 $\boldsymbol{x}^*$ 为原方程的解向量。

用迭代法求解线性方程组，首先要把线性方程组写成等价的形式：

$$\boldsymbol{Ax}=\boldsymbol{b}\Leftrightarrow \boldsymbol{x}=\boldsymbol{Mx}+\boldsymbol{f} \tag{2.1}$$

式(2.1)的右端称为迭代格式(迭代函数)，由迭代格式(2.1)确定如下的迭代算法：

$$\begin{cases} x_{m+1}=\boldsymbol{M}x_m+\boldsymbol{f} \\ \forall x_0\in R^n \end{cases}\quad ,m=1,2,\cdots \tag{2.2}$$

对于给定的线性方程组，可以写成不同的(无穷多)迭代格式，有意义的(可用的)迭代格式应具有收敛性，即生成的解向量序列 $\{\boldsymbol{x}_n\}$ 收敛于方程组的解；而好的迭代法应具有较高的收敛速度。

在线性方程组求解中常用的迭代法有雅可比(Jacobi)迭代法、高斯—赛德尔(Gauss-Seidel)迭代法、超松弛(SOR)迭代法等，下面将逐一介绍。

1. 雅可比迭代法

1) 雅可比迭代法原理

设线性方程组 $\boldsymbol{Ax}=\boldsymbol{b}$ 的系数矩阵 $\boldsymbol{A}$ 可逆且主对角元素 $a_{11}，a_{22},\cdots,a_{nn}$ 均不为零,令

$$\boldsymbol{D}=\mathrm{diag}(a_{11}，a_{22},\ldots,a_{\mathrm{nn}})$$

并将 $\boldsymbol{A}$ 分解成 $\boldsymbol{A}=(\boldsymbol{A}-\boldsymbol{D})+\boldsymbol{D}$，从而方程可写成 $\boldsymbol{Dx}=(\boldsymbol{D}-\boldsymbol{A})\boldsymbol{x}+\boldsymbol{b}$

令 $\boldsymbol{x}=\boldsymbol{B}_1\boldsymbol{x}+\boldsymbol{f}_1$，其中 $\boldsymbol{B}_1=\boldsymbol{I}-\boldsymbol{D}^{-1}\boldsymbol{A}$，$\boldsymbol{f}_1=\boldsymbol{D}^{-1}\boldsymbol{b}$

以 $\boldsymbol{B}_1$ 为迭代矩阵的迭代法(公式)：$\boldsymbol{x}^{(k+1)}=\boldsymbol{B}_1\boldsymbol{x}^{(k)}+\boldsymbol{f}_1$

称为雅可比迭代法(公式),用向量的分量来表示,则为

$$\begin{cases} \boldsymbol{x}_i^{(k+1)}=\dfrac{1}{\boldsymbol{a}_{ii}}\left[\boldsymbol{b}_i-\sum\limits_{\substack{j=1\\ j\neq i}}^{n}\boldsymbol{a}_{ij}\boldsymbol{x}_i^{(k)}\right] \\ i=1,2,\cdots,n, \qquad k=0,1,2\cdots \end{cases}$$

式中：$\boldsymbol{x}^{(0)}=(\boldsymbol{x}_1^0，x_2^0，\cdots，\boldsymbol{x}_n^0)^{\mathrm{T}}$ 为向量 $\boldsymbol{x}_i(k+1)$ 的初始向量。

由此看出,雅可比迭代法公式简单,每迭代一次只需计算一次矩阵和向量的乘法。在计算时需要两组存储单元,以存放 $\boldsymbol{x}^{(k)}$ 及 $\boldsymbol{x}^{(k+1)}$。

2) 雅可比迭代法实现

根据雅可比迭代法原理，自定义一个函数 Jacobi 实现该算法。

```
function [x,k,index]=Jacobi(A,b,ep,it_max)
% 求解线性方程组的Jacobi迭代法
% A为方程组的系数矩阵
% b为方程组的右端项
```

```
% ep为精度要求，默认值为1e-5
% it_max为最大迭代次数，默认值为100
% x为方程组的解
% k为迭代次数
% index为指标变量，为1时，表示迭代收敛到指定要求；为0时，表示迭代失败
if nargin<4
    it_max=100000;
end
if nargin<3
    ep=1e-5;
end
n=length(A);
k=0;
x=zeros(n,1);
y=zeros(n,1);
index=1;
while 1
    for i=1:n
        y(i)=b(i);
        for j=1:n
            if j~=i
                y(i)=y(i)-A(i,j)*x(j);
            end
        end
        if abs(A(i,i))<1e-10 || k==it_max
            index=0;
            return;
        end
        y(i)=y(i)/A(i,i);
    end
    if norm(y-x,inf)<ep
        break;
    end
    x=y;
    k=k+1;
end
```

【例 2.77】用雅可比迭代法解方程组$\begin{cases}10x_1-x_2+2x_3=-11\\8x_2-x_3+3x_4=-11\\2x_1-x_2+10x_3=6\\-x_1+3x_2-x_3+11x_4=25\end{cases}$。

```
>>A=[10 -1 2 0;0 8 -1 3;2 -1 10 0;-1 3 -1 11];
>>b=[-11 -11 6 25];
>>ep=1e-5;
>>it_max=15;
>>[x,k,index]=Jacobi(A,b,ep,it_max)
x =
    -1.4674
    -2.3587
    0.6576
    2.8424
k =
    12
index =
    1
```

2. 高斯—赛德尔迭代法

1) 高斯—赛德尔迭代法原理

由雅可比迭代公式可知,在迭代的每一步计算过程中是用的全部分量来计算的所有分量，显然，在计算第 i 个分量时，已经算出最新的分量，但没被利用。因此，将最新算出来的第 k+1 次近似加以利用，就得到了高斯—赛德尔迭代法。

将矩阵 $\boldsymbol{A}$ 分解成 $\boldsymbol{A}=\boldsymbol{D}-\boldsymbol{L}-\boldsymbol{U}$，其中，$\boldsymbol{D}$=diag($a_{11}$，$a_{22}$,…，$a_{nn}$) 是 $\boldsymbol{A}$ 的主对角除外的下三角和上三角部分(参见表 2.9LU 分解)，于是 $(\boldsymbol{D}-\boldsymbol{L})\boldsymbol{x}=\boldsymbol{U}\boldsymbol{x}+\boldsymbol{b}$。

令 $\boldsymbol{x}=\boldsymbol{B}_2\boldsymbol{x}+\boldsymbol{f}_2$，其中 $\boldsymbol{B}_2=(\boldsymbol{D}-\boldsymbol{L})^{-1}\boldsymbol{U}$，$\boldsymbol{f}_2=(\boldsymbol{D}-\boldsymbol{L})^{-1}\boldsymbol{b}$。

以 $\boldsymbol{B}_2$ 为迭代矩阵的迭代法 $\boldsymbol{x}^{(k+1)}=\boldsymbol{B}_2\boldsymbol{x}^{(k)}+\boldsymbol{f}_2$ 称为高斯—赛德尔迭代法。用向量的分量来表示,则为

$$\begin{cases}\boldsymbol{x}_i^{(k+1)}=\dfrac{1}{\boldsymbol{a}_{ii}}\left[b_i-\sum\limits_{j=1}^{i-1}\boldsymbol{a}_{ij}\boldsymbol{x}_j^{(k+1)}-\sum\limits_{j=i+1}^{n}\boldsymbol{a}_{ij}\boldsymbol{x}_j^{(k)}\right]\\ i=1,\quad 2,\quad \cdots,\ n,\qquad k=0,\quad 1,\quad 2\cdots\end{cases}$$

式中：$\boldsymbol{x}^{(0)}=(x_1^0,\ x_2^0,\ \cdots,\ x_n^0)^{\mathrm{T}}$ 向量 $\boldsymbol{x}_i(k+1)$ 的初始向量。

2) 高斯—赛德尔迭代法实现

根据高斯—赛德尔迭代法原理，自定义一个函数 Gau_Seid 实现该算法。

```
function [x,sN,xChain]=Gau_Seid(A,b,x0,ep,it_max,c)
%Gau_Seid 迭代法求解线性方程组
%输入：A-系数矩阵；b-右端向量；x0-初始迭代点；ep-近似精度；it_max-最大迭代次数；c 为待求未知数个数。
%输出：x-近似解；sN-迭代次数；xChain-迭代过程的所有值。
step=0;
error=inf;
s=size(A);
```

```
D=zeros(s(1));
vChain=zeros(15,c);      %最多能记录 15 次迭代次数
k=1;
fx0=x0;
fori=1:s(1)
D(i,i)=A(i,i);
end;
L=-tril(A,-1);
U=-triu(A,1);
while error>=errorBound& step<it_max
x0=inv(D)*(L+U)*x0+inv(D)*b;
xChain(k,:)=x0';
k=k+1;
error=norm(x0-fx0);
fx0=x0;
step=step+1;
end
x=x0;
sN=step;
disp('迭代次数为');sN
disp('方程组的解为');x
disp('迭代过程的所有值');xChain
```

【例 2.78】 用高斯—赛德尔迭代法解方程组 $\begin{cases}10x_1 - x_2 + 2x_3 = -11 \\ 8x_2 - x_3 + 3x_4 = -11 \\ 2x_1 - x_2 + 10x_3 = 6 \\ -x_1 + 3x_2 - x_3 + 11x_4 = 25\end{cases}$。

```
>> A=[10 -1 2 0;0 8 -1 3;2 -1 10 0;-1 3 -1 11];
b=[-11; -11; 6 ;25];
x0=[0;0;0;0];
ep =1e-5;
it_max =15;
c=4;
g=Gau_Seid(A,b,x0,ep, it_max,c);
迭代次数为
sN =
    13
方程组的解为
```

```
x =
   -1.4674
   -2.3587
    0.6576
    2.8424
迭代过程的所有值
xChain =
   -1.1000    -1.3750     0.6000     2.2727
   -1.3575    -2.1523     0.6825     2.6023
   -1.4517    -2.2655     0.6563     2.7983
   -1.4578    -2.3423     0.6638     2.8183
   -1.4670    -2.3489     0.6573     2.8394
   -1.4664    -2.3576     0.6585     2.8397
   -1.4675    -2.3576     0.6575     2.8423
   -1.4673    -2.3587     0.6577     2.8421
   -1.4674    -2.3586     0.6576     2.8424
   -1.4674    -2.3587     0.6576     2.8424
   -1.4674    -2.3587     0.6576     2.8424
   -1.4674    -2.3587     0.6576     2.8424
   -1.4674    -2.3587     0.6576     2.8424
```

3. 超松弛迭代法

1）超松弛迭代法原理

超松弛迭代法是在高斯—赛德尔迭代法的基础上将前一步的结果 $\boldsymbol{x}_i^{(k)}$ 和 $\boldsymbol{x}_i^{(k+1)}$ 进行适当的线性组合以加速收敛，松弛因子 ω 的选择是关键，当 $1<\omega<2$ 时，即为超松弛迭代法。其迭代公式如下：

$$\begin{cases} \boldsymbol{x}_i^{(k+1)} = (1-\omega)\boldsymbol{x}_i^{(k)} + \dfrac{\omega}{\boldsymbol{a}_{ii}}\left[\boldsymbol{b}_i - \sum\limits_{j=1}^{i-1}\boldsymbol{a}_{ij}\boldsymbol{x}_j^{(k+1)} - \sum\limits_{j=i+1}^{n}\boldsymbol{a}_{ij}\boldsymbol{x}_j^{(k)}\right] \\ i = 1, 2, Ln, \qquad k = 0, 1, 2L \end{cases}$$

式中：$\boldsymbol{x}^{(0)} = (x_1^0,\ x_2^0,\ \cdots, x_n^0)^{\mathrm{T}}$ 是 $\boldsymbol{x}_i^{(k+1)}$ 的初始向量；ω 称作松弛因子，当 $\omega=1$ 时，它就是高斯赛德尔迭代法。

2）超松弛迭代法实现

根据超松弛迭代法原理，自定义一个函数 SQR 实现该算法。

```
function [n,x]=SQR(A,b,X,it_max,ep,ww)
%用超松弛迭代法求解方程组Ax=b。
%输入：A为方程组的系数矩阵，b为方程组右端的列向量，X为迭代初值构成的列向量，it_max为最大迭代次数，ep为误差精度，ww为松弛因子。
```

```
%输出：x为求得的方程组的解构成的列向量，n为迭代次数。
n=1;
m=length(A);
D=diag(diag(A));           %令A=D-L-U,计算矩阵D
L=tril(-A)+D;               %令A=D-L-U,计算矩阵L
U=triu(-A)+D;              %令A=D-L-U,计算矩阵U
M=inv(D-ww*L)*((1-ww)*D+ww*U);                  %计算迭代矩阵
g=ww*inv(D-ww*L)*b;                             %计算迭代格式中的常数项
      %下面是迭代过程
while n<=it_max
 x=M*X+g;                             %用迭代格式进行迭代
      if norm(x-X,'inf')<ep
 disp('迭代次数为');n
  disp('方程组的解为');x
        return;
 %上面：达到精度要求就结束程序，输出迭代次数和方程组的解
        end
X=x;n=n+1;
end
%下面：如果达到最大迭代次数仍不收敛，输出警告语句及迭代的最终结果（并不是方程组的解）。
disp('在最大迭代次数内不收敛!');
disp('最大迭代次数后的结果为');x
```

【例 2.79】用超松弛迭代法解方程组$\begin{cases}10x_1-x_2+2x_3=-11\\8x_2-x_3+3x_4=-11\\2x_1-x_2+10x_3=6\\-x_1+3x_2-x_3+11x_4=25\end{cases}$。

```
>>A=[10 -1 2 0;0 8 -1 3;2 -1 10 0;-1 3 -1 11];
b=[-11;-11; 6; 25];
ep=1e-5;
it_max=1500;
ww=1.05;
X=[0;0;0;0];
g=SQR(A,b,X,it_max,ep,ww);
迭代次数为
n =
     7
```

方程组的解为

```
x =
    -1.4674
    -2.3587
    0.6576
    2.8424
```

若参数ω选择得当，超松弛迭代法收敛速度比高斯—塞德尔迭代法快。

2.11 常微分方程的数值解

微分方程是描述一个变量关于另一个变量变化率的数学模型，很多基本的物理定律，包括质量、动量和能量的守恒定律，都自然地表示为微分方程。在 MATLAB 中，利用 dsolve 函数可以求解微分方程的解析解。由于在工程实际问题和科学研究中遇到的微分方程比较复杂，很多时候难于用公式表示，这种情况下不易采用高等数学中讨论解析法求解，而只能采用数值解法求解近似解。

常微分方程数值解法的基本思路：用差商近似代替导数，把微分方程进行不同的离散化处理，得到近似方程，最后结合初始条件求解。

常微分方程初值问题的一般提法是求函数 $y(x)$，满足

$$\begin{cases}\dfrac{\mathrm{d}y}{\mathrm{d}x}=y'=f(x,y)\\ y(x_0)=y_0\end{cases}$$

式中：$f(x,y)$ 为已知函数；y_0 为已知值；$x\in[x_0, x_n]$。

初值问题的解 $y=f(x)$ 代表通过点 (x_0,y_0) 的一条称之为微分方程的积分曲线，积分曲线上每一点 (x,y) 的切线的斜率 $y'(x)$ 等于函数 $f(x,y)$ 在这点的值。

2.11.1 欧拉法

1．欧拉公式

1) 欧拉公式原理

欧拉(Euler)法是解初值问题的最简单的数值方法，分为前进欧拉法、后退欧拉法、改进的欧拉法。

欧拉法的基本思想：首先将函数区间 $[x_0, x_n]$ 分成 n 段，那么方程在第 x_k 点有 $y'(x_k)=f(x_k, y(x_k))$，然后用向前差分 $\dfrac{y(x_{k+1})-y(x_k)}{h_k}$ 近似代替微分 $y'(x_k)$，即 $\dfrac{y(x_{k+1})-y(x_k)}{h_k}\approx f(x_k,y(x_k))$，将近似号改等号可得：$y(x_{k+1})=y(x_k)+h_k*f(x_k,y(x_k))$，这就是前向欧拉公式。也可以利用向后差分 $\dfrac{y(x_{k+1})-y(x_k)}{h_k}$ 近似代替微分 $y'(x_{k+1})$，得 $\dfrac{y(x_{k+1})-y(x_k)}{h_k}\approx f(x_{k+1},y(x_{k+1}))$，同样将近似号改等号，得 $y(x_{k+1})=y(x_k)+h_k*f(x_{k+1},y(x_{k+1}))$，

这就是后向欧拉公式，它实际上是从x_{k+1}、$y(x_{k+1})$向后推算$y(x_k)$，需要迭代求解，故后向欧拉公式是隐式格式。

欧拉法简单地取切线的端点作为下一步的起点进行计算，当步数增多时，误差会因积累而越来越大。因此欧拉公式一般不用于实际计算。为了提高精度，需要在欧拉公式的基础上进行改进，采用区间两端的斜率的平均值作为直线方程的斜率，得到梯形公式。

$$y_{k+1}=y_k+\frac{h}{2}[f(x_k,y_k)+f(x_{k+1},y_{k+1})]$$

取这个名称的原因是利用梯形求积公式，该公式也是隐式公式，计算量较大。最常用的方法之一是先用显式欧拉法所得的$\overline{y}_{k+1}$为$y(x_{k+1})$，再用梯形方法改进一次。

$$\begin{cases}\overline{y}_{x+1}=y_k+h_k f(x_k,y_k)\\ y_{k+1}=y_k+\dfrac{h_k}{2}[f(x_k,y_k)+f(x_{k+1},\overline{y}_{k+1})]\\ k=0,1,\cdots,n-1\end{cases}$$

此方法称为预估—校正欧拉法，或改进欧拉法。预估—校正欧拉法还可写成

$$y_{k+1}=y_k+\frac{h_k}{2}[f(x_k,y_k)+f(x_{k+1},y_k+h_k f(x_k,y_k))]$$

2) 前向欧拉公式的实现

实现前向欧拉公式的自定义函数 MyEuler，其代码如下：

```
function [outx,outy]=MyEuler(fun,x0,xt,y0,PointNum)
%MyEuler 用前向差分的欧拉方法解微分方程
%fun 表示f(x, y)
%x0,xt表示自变量的初值和终值
%y0表示函数在x0处的值,其可以为向量形式
%PointNum表示自变量在[x0,xt]上取的点数
if nargin<5 | PointNum<=0            %如果函数仅输入4个参数值，则PointNum默认值为100
    PointNum=100;
end
if nargin<4                          %y0默认值为0
    y0=0;
end
h=(xt-x0)/PointNum;                  %计算步长h
x=x0+[0:PointNum]'*h;                %自变量数组
y(1,:) = y0(:)';                     %将输入存为行向量，输入为列向量形式
for k = 1:PointNum
    f=feval(fun,x(k),y(k,:));        %计算f(x,y)在每个迭代点的值
    f=f(:)';
    y(k+1,:) =y(k,:) +h*f;           %对于所取的点x迭代计算y值
end
outy=y;
outx=x;
```

```
%plot(x,y)                          %画出方程解的函数图
```

【例 2.80】用欧拉方法求初值问题$\begin{cases}\dfrac{\mathrm{d}y}{\mathrm{d}x}=\dfrac{2}{3}\dfrac{x}{y^2}\\ y(0)=1\end{cases}$在区间[0,1]上取 h=0.1 的数值解。

解：首先建立函数文件 myfun01.m：

```
function f=myfun01(x,y)
f=2*x/3/y^2;
>> [x1,y1]= MyEuler ('myfun01',0,1,1,10)
x1 =
         0
    0.1000
    0.2000
    0.3000
    0.4000
    0.5000
    0.6000
    0.7000
    0.8000
    0.9000
    1.0000
y1 =
    1.0000
    1.0000
    1.0067
    1.0198
    1.0391
    1.0638
    1.0932
    1.1267
    1.1634
    1.2028
    1.2443
```

3) 改进欧拉公式的实现

实现改进欧拉公式的自定义函数 MyEulerpro，其代码如下:

```
function [outx,outy]=MyEulerpro(fun,x0,xt,y0,PointNum)
%MyEulerpro 用改进的欧拉方法解微分方程
%fun 表示 f(x, y)
%x0,xt 表示自变量的初值和终值
%y0 表示函数在 x0 处的值,其可以为向量形式
%PointNum 表示自变量在[x0,xt]上取的点数
```

```
if nargin<5 | PointNum<=0                %如果函数仅输入 4 个参数值，则 PointNum 默认值为 100
    PointNum=100;
end
if nargin<4                              %y0 默认值为 0
    y0=0;
end
h=(xt-x0)/PointNum;                      %计算步长 h
x=x0+[0:PointNum]'*h;                    %自变量数组
y(1,:) = y0(:)';                         %将输入存为行向量，输入为列向量形式
for k = 1:PointNum
    f1=feval(fun,x(k),y(k,:));           %计算 f(x,y)在每个迭代点 xk 的值
    f1=f1(:)';
    y1=y(k,:) +h*f1;                     %对于所取的点 xk 迭代计算 y1 值
    f2=feval(fun,x(k+1),y1);             %计算 f(x,y)在每个迭代点 xk+1 的值
    f2=f2(:)' ;
    y2=y(k,:) +h*f2;                     %对于所取的点 xk+1 迭代计算 y2 值
    y(k+1,:) =(y1+y2)/2;                 %对于所取的点 x 迭代计算 y 值
end
outy=y;
outx=x;
%plot(x,y)                               %画出方程解的函数图
```

【例 2.81】 用改进欧拉方法求初值问题 $\begin{cases}\dfrac{\mathrm{d}y}{\mathrm{d}x}=\dfrac{2}{3}\dfrac{x}{y^2}\\ y(0)=1\end{cases}$ 在区间[0,1]上取 h=0.1 的数值解。

```
>> [x2,y2]= MyEulerpro('myfun01',0,1,1,10)
x2 =
         0
    0.1000
    0.2000
    0.3000
    0.4000
    0.5000
    0.6000
    0.7000
    0.8000
    0.9000
    1.0000
y2 =
    1.0000
    1.0033
    1.0132
    1.0292
```

```
1.0508
1.0773
1.1080
1.1422
1.1793
1.2187
1.2599
```

本题的精确解为 $y(x)=\sqrt[3]{1+x^2}$ ，可用来检验数值解的精确度，列出计算结果。使用 Excel 表格进行运算，将欧拉法和精确解的计算值列于表 2.20。从表 2.20 中可以看出，改进欧拉法与精确解几乎完全吻合，而简单欧拉法与精确解还有一定的误差，因此可得，改进欧拉法较之简单欧拉法更为准确。

表 2.20　欧拉法和精确解的比较

n	x	前向欧拉法	改进欧拉法	精确解
0	0	1	1.0000	1
1	0.1	1	1.0033	1.0033
2	0.2	1.0067	1.0132	1.0132
3	0.3	1.0198	1.0292	1.0291
4	0.4	1.0391	1.0508	1.0507
5	0.5	1.0638	1.0773	1.0772
6	0.6	1.0932	1.1080	1.1079
7	0.7	1.1267	1.1422	1.1422
8	0.8	1.1634	1.1793	1.1793
9	0.9	1.2028	1.2187	1.2187
10	1	1.2443	1.2599	1.2599

2.11.2　龙格—库塔方法

在MATLAB 中有几个专门用于求解常微分方程的函数，它们的设计思想基于龙格—库塔(Runge – Kutta)方法。从改进的欧拉方法比欧拉方法精度高的缘由着手，如果在区间[x1, xi+1]多取几个点的斜率值，然后求取平均值，则可以构造出精度更高的计算方法。这些函数主要包括ode45、ode23、ode15s、ode113、ode23s、ode23t、ode23tb。其中最常用的是函数ode45，该函数采用变步长四阶五阶龙格—库塔法求数值解，并采用自适应变步长的求解方法。ode23采用二阶三阶龙格—库塔法求数值解，与ode45类似，只是精度低一些。

1．二三阶龙格—库塔函数(ode23)

函数 ode23 的调用格式如下：

1) [TOUT,YOUT] = ode23(ODEFUN,TSPAN,Y0)

ODEFUN 是函数句柄，可以是函数文件名、匿名函数句柄或内联函数名；TSPAN 是区间[t0 tf]或者一系列散点[t0,t1,...,tf]；Y0 是初始值向量；TOUT 返回列向量的时间点；YOUT 返回对应 T 的求解列向量。

2) [TOUT,YOUT] = ode23(ODEFUN,TSPAN,Y0,OPTIONS)

options 是求解参数设置，可以用 odeset 在计算前设定误差、输出参数、事件等。

3) [TOUT,YOUT,TE,YE,IE] = ode23(ODEFUN,TSPAN,Y0,OPTIONS)

在设置了事件参数后的对应输出，TE 是事件发生时间；YE 是事件解决时间；IE 是事件消失时间。

4) SOL = ode23(ODEFUN,[T0 TFINAL],Y0...)

SOL 表示结构体输出结果。

2．四五阶龙格—库塔函数(ode45)

函数 ode45 的调用格式与 ode23 相同，其差别在于内部算法不同。

【例 2.82】分别用二三阶龙格—库塔法和四五阶龙格—库塔法解常微分方程的初值问题：

$$\begin{cases} y' = (y+3t)/t^2,\ 1 \leqslant t \leqslant 4 \\ y(0) = -2 \end{cases}$$

```
>>%二三阶龙格—库塔法
ODEFUN=@(t,y) (y+3*t)/t^2;                     %定义函数
TSPAN=[1 4];                                   %求解区间
Y0=-2;                                         %初值
[T1,Y1]=ode23(ODEFUN,TSPAN,Y0);
                                               %四五阶龙格—库塔法
>>[T2,Y2]=ode45(ODEFUN,TSPAN,Y0);
>> [AX,H1,H2] = plotyy(T1,Y1,T2,Y2);           %绘制多轴标度图形
>>set(get(AX(1),'Ylabel'),'String','Y1');      %标注左侧纵坐标轴
>>set(get(AX(2),'Ylabel'),'String','Y2');      %标注右侧纵坐标轴
>>title('t^2y''=y+3t,y(1)=-2,1<t<4');          %图形加标题
>>legend('t^2y''=y+3t');                       %图形加标注
>>xlabel('T1(T2)') ;                           %标注横坐标轴
% 精确解
% dsolve('t^2*Dy=y+3*t','y(1)=-2')
% ans =(3*Ei(1) - 2*exp(1))/exp(1/t) - (3*Ei(1/t))/exp(1/t)
```

龙格—库塔法求解结果如图 2.11 所示。

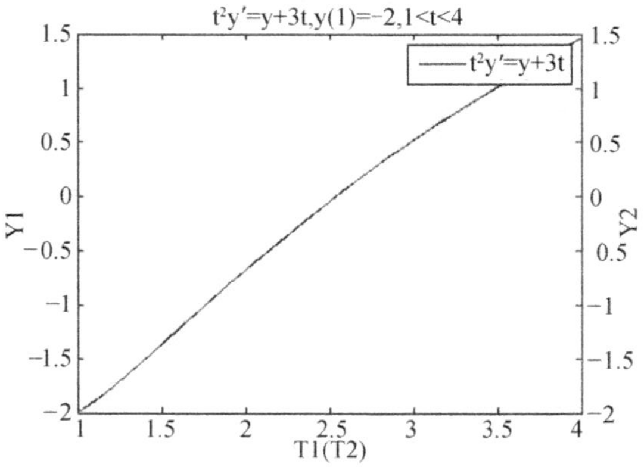

图 2.11　龙格—库塔法求解结果

2.12 细胞数组和结构数组

MATLAB 的细胞数组(Cell Array)和结构数组(Structure Array)都能在一个数组里存放各种不同类型的数据，是 MATLAB 中的两种数据类型和数据组织与管理形式。要在 MALTAB 中实现比较复杂的编程，就不能不用细胞数组和结构数组，而且在 MATLAB 中实现 struct 比 C 语言中更为方便。

2.12.1 细胞数组

细胞数组是把一组类型、维数不同的数据组织在一起，存储在细胞数组中，细胞数组也叫元胞数组。细胞的基本单元是细胞(cell)，每个细胞可以存储不同类型、不同维数的数据，通过下标访问。图 2.12 所示就是一个 2×2 细胞数组，其中(1，1)是字符数组，细胞(1,2)、(2,1)、(2,2)本身也是细胞数组。

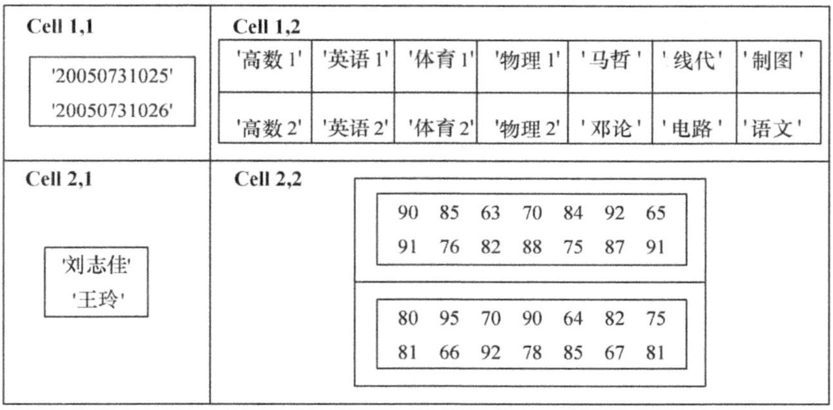

图 2.12 细胞数组

1. 细胞数组的创建

细胞数组中的基本组成是细胞，每一个细胞可以看成是一个单元(Cell)，用来存放各种不同类型的数据。

1）直接赋值法

直接赋值法包括按单元索引法和按内容索引法，二者是完全等效的，可以互换使用，它们的区别也就是将花括号放在等式的右边或是左边，如例 2.83 中给细胞数组 A 和 B 赋值所示。花括号{}和括号( )均可取细胞数组的元素内容，但“按内容索引法{}”能显示完整的单元内容，而“按单元索引法( )”有时无法显示完整的单元内容，如例 2.83 最后分别输入的 B(1,1) 和 B{1,1}所示。

【例 2.83】直接赋值法创建细胞数组。

```
>> A(1,1)={[1 2 3; 4 5 6;7 8 9]};                % 按单元索引法
>>A(1,2)={2+3i};
>>A(2,1)={'A character'};
```

```
>>A(2,2)={12:-2:0};
>> A                                              %要想详细显示A中的内容，可用指令：celldisp(A)
A =
    [3x3 double]    [2.0000 + 3.0000i]
   'A character'          [1x7 double]
>> B{1,1}=[1 2 3;4 5 6;7 8 9];                   % 按内容索引法
>>B{1,2}=2+3i;
>>B{2,1}='A character';
>>B{2,2}=12:-2:0;
>> B
B =
   [3x3 double]    [2.0000 + 3.0000i]
   'A character'          [1x7 double]
>> B(1,1)                                         %括号( )用于标识单元(即不用于访问单元的值)
ans =
   [3x3 double]
>> B{1,1}                                         %花括号{}显示完整的单元内容
ans =
    1     2     3
    4     5     6
    7     8     9
```

2) 利用 cell 函数法

首先用 cell 函数生成一个空的单元数组，然后再向其中添加所需的数据，可以采用“按单元索引法”和“按内容索引法”对其进行赋值。在赋值时，用户一定要注意{}和()的用法。

【例 2.84】用 cell 函数创建细胞数组。

```
>> C=[1 2; 3 4]; str='Matlab';
>>M=cell(1,3);                          %生成一个1行3列的细胞数组
>>M{1,1}=1:4; M{1,2}=C; M{1,3}=str;
>>celldisp(M)
M{1} =
     1     2     3     4
M{2} =
     1     2
     3     4
M{3} =
Matlab
>> C=[1 2; 3 4]; str='Matlab';
>>D={1:4, C, str};
>>N={'hello', D};                       %生成一个1行2列的细胞数组，第2列是一个1行3列的细胞数组
>>celldisp(N);                          %用指令celldisp(A)详细显示N中的内容
```

```
N{1} =
    hello
N{2}{1} =
    1     2     3     4
N{2}{2} =
    1     2
    3     4
N{2}{3} =
    Matlab
>>N
N =
    'hello'    {1x3 cell}
>> T={'hello', D; eye(2),magic(3)}    %生成一个 2 行 2 列的细胞数组
T =
    'hello'          {1x3 cell  }
    [2x2 double]    [3x3 double]
```

2. 细胞数组的操作

在 MATLAB 中，专门用于对细胞数组操作的函数并不多，通过 help datatypes 获取数据类型列表，可以看到与其中的细胞数据类型有关的函数，如表 2.21 所列。

表 2.21　细胞数组的操作的函数

函　数	说　明	函　数	说　明
cell	创建空的细胞数组	num2cell	将数值数组转变成为细胞数组
cellfun	为细胞数组的每个元胞执行指定的函数	deal	将输入参数赋值给输出
celldisp	显示所有元胞的内容	cell2struct	将细胞数组转变成为结构数组
cellplot	利用图形方式显示细胞数组	struct2cell	将结构数组转变成为细胞数组
cell2mat	将细胞数组转变成为普通的矩阵	iscell	判断输入是否为细胞数组
mat2cell	将普通的值矩阵转变成为细胞数组		

1) 细胞数组的内容显示

在 MATALB 命令窗口中输入细胞数组的名称，并不直接显示出细胞数组的各元素内容值，而是显示各元素的数据类型和维数，如例 2.83 中的细胞数组 A 和 B 所示。

```
>> A     %该处细胞数组 A 与例 2.8.2 中的 A 一致
A =
     [3x3 double]     [2.0000 + 3.0000i]
     'A character'              [1x7 double]
```

(1) 使用 celldisp 命令显示细胞数组的内容。

【例 2.84】用 celldisp 函数显示细胞数组。

```
>> celldisp(A)                          %细胞数组 A 与例 2.83 中的一致
A{1,1} =
```

```
    1     2     3
    4     5     6
    7     8     9
A{2,1} =
    A character
A{1,2} =
    2.0000 + 3.0000i
A{2,2} =
    12    10     8     6     4     2     0
>> T{1,2}{1}     %表示 T 中第 1 行第 2 列的细胞元素中存放的细胞数组的第 1 个细胞元素的内容，该处细
                   胞数组 T 与例 2.8.4 中的 T 一致
ans =
    1     2     3     4
>> T{1,2}{2}
ans =
    1     2
    3     4
```

(2) 使用 cellplot 命令以图形显示细胞数组的内容。

【例 2.86】用 cellplot 命令以图形显示元胞数组的内容，如图 2.13 所示。

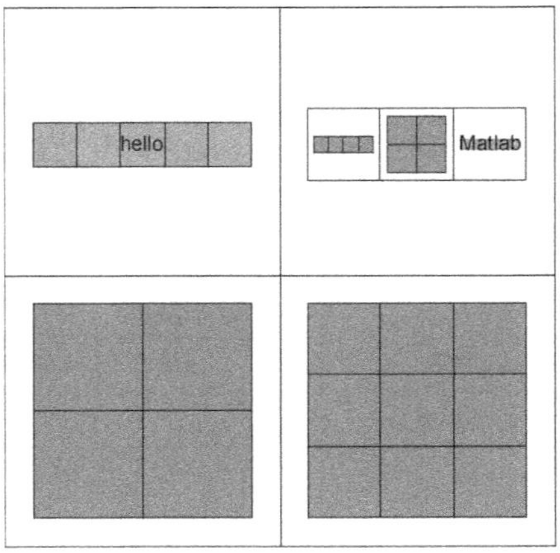

图 2.13　图形显示细胞数组的内容

本例中细胞数组 T 与例 2.8.4 中的 T 一致。

```
>> cellplot(T)
```

2)元胞数组的扩充、收缩和重组

(1) 单元数组的列扩充和行扩充。

【例 2.87】元胞数组的扩充、收缩和重组。

```
>> C=[1 2; 3 4]; str='Matlab';
>>D={1:4, C, str};
>>CD=[C D]                  %利用空格(或逗号)来分隔列
```

```
CD =
    [2x2 double]    [1x4 double]    [2x2 double]    'Matlab'
>> DC=[D C]
DC =
    [1x4 double]    [2x2 double]    'Matlab'    [2x2 double]
>> C_D=[CD;DC]          %利用分号来分隔“行”
C_D =
    [2x2 double]    [1x4 double]    [2x2 double]    'Matlab'
    [1x4 double]    [2x2 double]    'Matlab'        [2x2 double]
```

(2) 单元数组的收缩。

【例 2.87 续】单元数组的收缩。

```
>> C_D(:,3)=[]
C_D =
    [2x2 double]    [1x4 double]    'Matlab'
    [1x4 double]    [2x2 double]    [2x2 double]
```

3) 把 C_D 重组成(2×3)单元数组 R_C_D

```
>> R_C_D=reshape(C_D,3,2)
R_C_D =
    [2x2 double]    [2x2 double]
    [1x4 double]    'Matlab'
    [1x4 double]    [2x2 double]
```

4) 元胞数组转换函数

cell2mat 函数：将细胞数组转变成为普通的矩阵。

【例 2.88】元胞数组转换函数。

```
>> A = {[1] [2 3 4]; [5; 9] [6 7 8; 10 11 12]}
A =
    [              1]    [1x3 double]
    [2x1 double]          [2x3 double]
 >> B = cell2mat(A)          %将细胞数组转变成为普通的矩阵
B =
    1     2     3     4
    5     6     7     8
    9    10    11    12
>> S=num2cell(B)             %将普通的值矩阵转变成为细胞数组
S =
    [1]    [ 2]    [ 3]    [ 4]
    [5]    [ 6]    [ 7]    [ 8]
    [9]    [10]    [11]    [12]
```

5) 获取细胞数组的元素内容

花括号{}、括号()均可取细胞数组的元素内容，但“按内容索引法{}”能显示完整的单元内容，而“按单元索引法()”有时无法显示完整的单元内容，这一点在本节一开始就讨论过。现在讨论使用 deal 函数取多个细胞元素的内容。

【例 2.89】获取细胞数组的元素内容。

```
>>A = {[1] [2 3 4]; [5; 9] [6 7 8; 10 11 12]};
>>[x1,x2,x3]=deal(A{[2,3,4]})
x1 =
     5
     9
x2 =
    2     3     4
x3 =
    6     7     8
    10    11    12
```

2.12.2 结构数组

结构数组把一组彼此相关、数据结构相同但类型不同的数据组织在一起，便于管理和引用，类似于数据库，但其数据组织形式更灵活。例如，学生成绩档案可以用结构数组来表示，如图 2.14 所示。

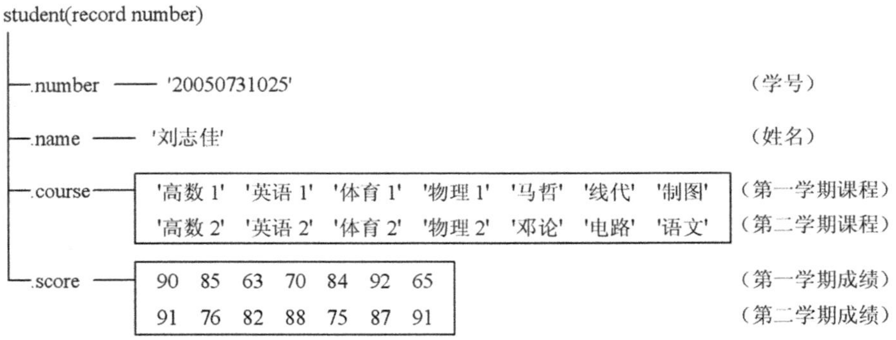

图 2.14 结构数组

其中 student 是结构数组名(Structure)，结构数组元素是结构类型数据，包含结构类型的所有域，类似数据库中的记录；numbe、name、course、score 等为域名(Fields)，类似数据库中的字段名。结构数组名和域名之间以“.”间隔。

1. 结构数组的创建

1) 直接创建

【例 2.90】直接创建结构数组存放图形对象。

```
>> employee.name='tiger';
>> employee.sex='male';
>> employee.age='24';
>> employee.number='12345';
>> employee
```

```
employee =
    name: 'tiger'
    sex: 'male'
    age: '24'
    number: '12345'
```

employee 是一种结构，可以容纳更多的元素，可以自由地向结构中加入元素。

```
>> employee(2).name='lee';
>> employee(2).name='lee';
>> employee(2).sex='female';
>> employee(2).age='32';
>> employee(2).number='82356';
>> employee(2)
ans =
    name: 'lee'
    sex: 'female'
    age: '32'
    number: '82356'
>> employee
employee =
1×2 struct array with fields:
    name
    sex
    age
    number
```

程序分析：employee 是结构数名，name、sex、age 和 number 是域。可以看出 employee 变成 1×2 的结构数组，而且当结构数组包含两个以上的元素时，查看结构数组不显示各个元素的值，而是现实数组的结构信息。

2) 用 struct 函数创建结构数组

使用 struct 函数，可以根据指定的字段及其相应的值创建结构体数组。此函数的一般形式为 s = sturct('field1',values1,'field2',values2,…)。

该函数将生成一个具有指定字段名和相应数据的结构数组，其包含的数据 values1、valuese2 等必须为具有相同维数的数据。对于 struct 的赋值用到了细胞数组，数组 values1、values2 等可以是细胞数组、数值数组或者单个数值，每个 values 的数据被赋值给相应的 field 字段。

【例 2.91】 利用 struct 函数创建结构数组。

```
>> ps(1)=struct('name','曲线 1','color','red','position',[0,0,300,300]);
>> ps(2)=struct('name','曲线 2','color','blue','position',[100,100,300,300])
ps =
1×2 struct array with fields:
    name
```

```
color
position
```

当 value 为细胞数组时，生成的结构数组的维数与细胞数组的维数相同。而在数据中不包含细胞数组时，得到的结构数组的维数是 1×1 的。

【例 2.91 续】

```
>>s = struct('type',{'big','little'},'color',{'blue','red'},'x',{3,4})
s =
    1×2 struct array with fields:
    type
    color
    x
```

得到维数为 1×2 的结构数组 s，包含了 type、color 和 x 共三个字段。这是因为在 struct 函数中，{'big','little'}、{'blue','red'}和{3,4}都是 1×2 的单元数组，可以看到两个数据成分分别如下所示：

【例 2.91 续】

```
>>s(1,1)
ans =
    type: 'big'
    color: 'blue'
    x: 3
>>s(1,2)
ans =
    type: 'little'
    color: 'red'
    x: 4
```

2. 结构数组的操作

MATLAB 中专门用于对结构数组的操作的函数并不多，通过 help datatypes 获取数据类型列表，可以看到其中的结构数据类型的有关的函数，如表 2.22 所列。

表 2.22　结构数组的操作函数

函数名	功能描述
deal	将其参数值(如单元数组)的内容分别输出到一个个独立的变量
fieldnames	获取结构的字段名
getfield	获取结构中指定字段的值
rmfield	删除结构的字段(不是字段内容)
struct	创建结构数组
struct2cell	结构数组转化成单元数组
isfield	判断是否存在该字段
isstruct	判断某变量是否是结构类型
setfield	设置结构数组中指定的字段的值

【例 2.92】结构数组数据的获取。

(1) 使用“.”符号获取：

```
>> x1=employee(1)
x1 =
    name: 'tiger'
    sex: 'male'
    age: '24'
    number: '12345'
>> x2=employee(1).name
x2 =
     tiger
```

(2) 用 getfield 获取结构数组的数据：

```
>> x3=getfield(employee(1),'age')
x3 =
     24
>> x4=getfield(employee(1),'age',{2})
x4 =
     4
```

(3) 用 setfield 设置结构数组的数据：

```
employee(1)=setfield(employee(1),'name','梅西')
employee =
1×2 struct array with fields:
    name
    sex
    age
    number
>> employee(1)
ans =
    name: '梅西'
    sex: 'male'
    age: '24'
    number: '12345'
```

3. 结构数组域的获取

(1) 使用 fieldnames 获取结构数组的所有域：

```
>> x5=fieldnames(employee)
x5 =
    'name'
    'sex'
    'age'
    'number'
```

(2) 获取结构数组域的数据。使用“[]”合并相同域的数据并排成水平向量：

```
>>all_x=[employee.name]
all_x =
    梅西 lee
```

习 题 2

1．在 MATLAB 中如何建立矩阵 $\begin{bmatrix}1&2&3\\4&5&6\\7&8&9\end{bmatrix}$，并将其赋予变量 b？

2．有几种建立矩阵的方法？各有什么优点？

3．数组运算和矩阵运算的运算符有什么区别？

4．求矩阵 $\boldsymbol{A}=\begin{bmatrix}5&7&6&5\\7&10&8&7\\6&8&10&9\\5&7&9&10\end{bmatrix}$ 的行列式、逆矩阵、特征值和特征向量。

5．求 $\boldsymbol{x}=\begin{bmatrix}4+8\mathrm{i}&3+5\mathrm{i}&2-7\mathrm{i}&1+4\mathrm{i}&7-5\mathrm{i}\\3+2\mathrm{i}&7-6\mathrm{i}&9+4\mathrm{i}&3-9\mathrm{i}&4+4\mathrm{i}\end{bmatrix}$ 的共轭转置。

6．计算 $\boldsymbol{x}=\begin{bmatrix}1&4&7\\2&5&8\end{bmatrix}$ 与 $y=\begin{bmatrix}1&3&5\\4&6&8\end{bmatrix}$ 的数组乘积。

7．求解在 x=8 时多项式(x-1)(x-2) (x-3)(x-4)的值。

8．对于 $\boldsymbol{AX}=\boldsymbol{B}$，如果 $\boldsymbol{A}=\begin{bmatrix}4&9&2\\7&6&4\\3&5&7\end{bmatrix}$，$\boldsymbol{B}=\begin{bmatrix}37\\26\\28\end{bmatrix}$，求解 $\boldsymbol{X}$。

9．已知：$\boldsymbol{a}=\begin{bmatrix}1&2&3\\4&5&6\\7&8&9\end{bmatrix}$，分别计算 $\boldsymbol{a}$ 的数组平方和矩阵平方，并观察其结果。

10．$\boldsymbol{a}=\begin{bmatrix}1&2&5\\3&6&-4\end{bmatrix}$，$\boldsymbol{b}=\begin{bmatrix}8&-7&4\\3&6&2\end{bmatrix}$，观察 $\boldsymbol{a}$ 与 $\boldsymbol{b}$ 之间的六种关系运算的结果。

11．$\boldsymbol{a}=[5\quad 0.2\quad 0\quad -8\quad -0.7]$，在进行逻辑运算时，$\boldsymbol{a}$ 相当于什么样的逻辑量。

12．角度 $\boldsymbol{x}=[30\quad 45\quad 60]$，求 $\boldsymbol{x}$ 的正弦、余弦、正切和余切。

13．用四舍五入的方法将数组[2.4568　6.3982　3.9375　8.5042]取整。

14．将矩阵 $\boldsymbol{a}=\begin{bmatrix}4&2\\7&5\end{bmatrix}$、$\boldsymbol{b}=\begin{bmatrix}7&1\\8&3\end{bmatrix}$ 和 $\boldsymbol{c}=\begin{bmatrix}5&9\\6&2\end{bmatrix}$ 组合成两个新矩阵。

15．要求在闭区间 $[0,2\pi]$ 上产生具有 10 个等距采样点的一维数组。试用两种不同的指令实现。(提示：冒号生成法，定点生成法)

第 3 章　MATLAB 符号计算

MATLAB 的强大之处不仅在于其强大的数值运算功能，而且也在于其强大的符号运算功能。MATLAB 的符号运算是通过集成在 MATLAB 中的符号数学工具箱(Symbolic MathToolbox)来实现的。MATLAB 的符号数学工具箱可完成几乎所有的符号运算功能，这些功能主要包括符号表达式的运算、符号表达式的复合与化简、符号矩阵的运算、符号微积分、符号函数画图、符号代数方程求解、符号微分方程求解等。此外，工具箱还支持可变精度运算，即支持符号运算并以指定的精度返回结果。

3.1　符号表达式的建立

3.1.1　创建符号常量

符号常量是不含变量的符号表达式，用 sym 命令来创建。

语法一：S = sym(A)　　　　　　%创建符号常量

语法二：S = sym(A,flag)　　　　%把常量按某种格式转换为符号常量

说明：flag 可以选择为'd'、'f'、'e'或'r'四种格式，也可省略，其作用如表 3.1 所列。

表 3.1　参数设置

参数	作　用
d	返回最接近的十进制数值(默认位数为 32 位)
f	返回该符号值最接近的浮点表示
r	返回该符号值最接近的有理数型(为系统默认方式)，可表示为 p/q、p*q、10^q、pi/q、2^q 和 sqrt(p) 形式之一
e	返回最接近的带有机器浮点误差的有理值

【例 3.1】 创建数值常量和符号常量。

```
>>a1=2*sqrt(5)+pi                         %创建表达式形式数值常量
a1 =
    7.6137                                %双精度数值类型
>> a2=sym('2*sqrt(5)+pi')                 %创建表达式形式的符号常量
a2 =
    pi + 2*5^(1/2)                        %注意符号结果和数值结果在显示上的不同
>> a3=sym(2*sqrt(5)+pi)                   %最接近的有理数型表示符号常量（系统默认方式）
a3 =
    2143074082783949/281474976710656
```

```
>> a4=sym(2*sqrt(5)+pi,'d')                %按最接近的十进制浮点数表示符号常量
a4 =
    7.6137286085893727261009189533307
>> a31=a3-a1                               %数值常量和符号常量的计算
a31 =
    0
```

3.1.2 创建符号变量和表达式

创建符号变量和符号表达式可以使用 sym 和 syms 命令。

1．使用 sym 命令创建符号变量和符号表达式

(1) 语法一：sym('变量',参数)　　　　　　%把变量定义为符号对象

说明：sym 命令一次只能创建一个符号变量。参数用来设置限定符号变量的数学特性，可以选择为'positive'、'real'和'clear'，'positive'表示为“正、实”符号变量；'real'表示为“实”符号变量；'clear'表示为“非实”符号变量，等同于以前版本的'unreal'。如果不限定则参数可省略。

【例 3.2】 创建符号变量，用参数设置其特性。

```
>> a=sym('a')
>>b=sym('b','real')                        %创建实数符号变量
>>c=sym('c','clear')                       %创建“非实”符号变量
a =
    a
b =
    b
c =
    c
```

(2) 语法二：sym('表达式')　　　　　　　%创建符号表达式的同时创建了符号变量

【例 3.3】 创建符号表达式。

```
>> f1=sym('t*x^3-6*t*x^2+12*t*x+y')
f1 =
    t*x^3 - 6*t*x^2 + 12*t*x+y
```

2．使用 syms 命令创建符号变量和符号表达式

(1) 语法一：syms('arg1', 'arg2', …,参数)　　　%把字符变量定义为符号变量

(2) 语法二：syms arg1 arg2 …,参数　　　　　%把字符变量定义为符号变量的简洁形式

说明：syms 用来创建多个符号变量，两种语法方式创建的符号对象是相同的，参数设置也和前面的 sym 命令相同，但在使用语法二时，只能用空格分隔各个变量，不能用逗号来隔开。

【例 3.4】 使用 syms 命令创建符号变量和符号表达式。

```
>> syms t x y                              %创建多个符号变量
>>f2=t*x^3 - 6*t*x^2 + 12*t*x+y            %创建符号表达式
f2 =
    t*x^3 - 6*t*x^2 + 12*t*x + y
>> syms('t','x','y')                       %创建多个符号变量
```

```
>> f3=t*x^3 - 6*t*x^2 + 12*t*x+y                %创建符号表达式
f3 =
    t*x^3 - 6*t*x^2 + 12*t*x + y                %例3.3中的f1和例3.4中的f2、f3相同
```

程序分析：既创建了符号变量 a、b、c、x，又创建了符号表达式，f2、f3 和 f1 符号表达式相同。

3.1.3 符号矩阵

用 sym 和 syms 命令也可以创建符号矩阵，符号矩阵和符号向量中的元素都是符号表达式。

符号矩阵可通过函数 sym 来生成。符号矩阵中的元素是任何不带等号的符号表达式，各符号表达式的长度可以不同；符号矩阵中，以空格或逗号分隔的元素指定的是不同列的元素，而以分号分隔的元素指定的是不同行的元素。

【例 3.4】使用 sym 命令创建符号矩阵。

```
>>syms x;                                              %用 syms 定义符号变量
>>A1=sym([cos(x),sin(x),x;-x+1  x^2+x+1  tan(x)]);     %定义符号矩阵
>> x=sym('x');                                         %用 sym 定义符号变量
>>A2=sym( [cos(x),sin(x),x;-x+1  x^2+x+1  tan(x)]);    %定义符号矩阵
```

用函数 size 可求得符号矩阵的大小(即行、列数)。但是，size 函数返回的是数值或向量，而不是符号表达式。

【例 3.4 续】

```
>> A3=sym(' [cos(x),sin(x),x;-x+1  x^2+x+1  tan(x)]');
>> d=size(A3)
    d =
        2    3
```

A1、A2 和 A3 是相同的符号矩阵。

【例 3.5】使用 sym 命令创建符号常量矩阵。

```
>> C=[1 2  3  4;4  5  6  7];
>> D=sym(C)                        %定义符号常量矩阵
D =
    [ 1, 2, 3, 4]
    [ 4, 5, 6, 7]
```

【例 3.6】使用 sym 命令创建 m 行 n 列符号矩阵。

```
>>A = sym('A',[m n])               %创建m行n列的符号矩阵，自动生成符号矩阵元素A1_1，...，Am_n：
>> E = sym('E',[3 4])              %创建3行4列的符号矩阵
E =
    [ E1_1, E1_2, E1_3, E1_4]
    [ E2_1, E2_2, E2_3, E2_4]
    [ E3_1, E3_2, E3_3, E3_4]
>> E(1)=2;E(5)=6                   %对矩阵单下标元素E(1)和E(5)赋值
E =
```

```
[    2, E1_2, E1_3, E1_4]
[ E2_1,    6, E2_3, E2_4]
[ E3_1, E3_2, E3_3, E3_4]
```

3.2 符号表达式的代数运算及符号数值任意精度控制和运算

符号运算与数值运算的区别主要有以下几点：

(1) 传统的数值型运算因为要受到计算机所保留的有效位数的限制，其内部表示法总是采用计算机硬件提供的 8 位浮点表示法，因此每一次运算都会有一定的截断误差，重复的多次数值运算就可能会造成很大的累积误差。符号运算不需要进行数值运算，不会出现截断误差，因此符号运算是非常准确的。

(2) 符号运算可以得出完全的封闭解或任意精度的数值解。

(3) 符号运算的时间较长，而数值型运算速度快。

3.2.1 符号表达式的代数运算

符号表达式的运算符和基本函数都与数值计算中的几乎完全相同。

1. 符号运算中的运算符

1) 基本运算符

运算符“+”“−”“*”“\”“/”“^”分别实现符号矩阵的加、减、乘、左除、右除、求幂运算；运算符“.*”“./”“.\”“.^”分别实现符号数组的乘、除、求幂，即数组间元素与元素的运算；运算符“'”“.'”分别实现符号矩阵的共轭转置、非共轭转置。

2) 关系运算符

在符号对象的比较中，没有“大于”“大于等于”“小于”“小于等于”的概念，而只有是否“等于”的概念。

运算符“==”“~=”分别对运算符两边的符号对象进行“相等”“不等”的比较。当为“真”时，比较结果用 1 表示；当为“假”时，比较结果则用 0 表示。

2. 函数运算

1) 三角函数和双曲函数

三角函数包括 sin、cos、tan；双曲函数包括 sinh、cosh、tanh；三角反函数除了 atan2 函数仅能用于数值计算以外，其余的 asin、acos、atan 函数在符号运算中与数值计算的使用方法相同。

2) 指数和对数函数

指数函数 sqrt、exp、expm 的使用方法与数值计算的完全相同；对数函数在符号计算中只有自然对数 log(表示 ln)，而没有数值计算中的 log2 和 log10。

3) 复数函数

复数的共轭 conj、求实部 real、求虚部 imag 和求模 abs 函数与数值计算中的使用方法相同。但注意，在符号计算中，MATLAB 没有提供求相角的命令。

4) 矩阵代数命令

MATLAB 提供的常用矩阵代数命令有 diag、triu、tril、inv、det、rank、poly、expm、eig

等，它们的用法几乎与数值计算中的情况完全一样。

【例 3.7】 求矩阵 $\boldsymbol{Z}=\begin{bmatrix} Z_{11} & Z_{12} & Z_{13} \\ Z_{21} & Z_{22} & Z_{23} \\ Z_{31} & Z_{32} & Z_{33} \end{bmatrix}$ 的行列式值、非共轭转置。

```
>> syms Z11 Z12 Z13 Z21 Z22 Z23 Z31 Z32 Z33
>>Z=[Z11 Z12 Z13;Z21 Z22 Z23 ;Z31 Z32 Z33]
Z =
    [ Z11, Z12, Z13]
    [ Z21, Z22, Z23]
    [ Z31, Z32, Z33]
>> det(Z)                  %行列式值
ans =
    Z11*Z22*Z33 - Z11*Z23*Z32 - Z12*Z21*Z33 + Z12*Z23*Z31 + Z13*Z21*Z32 - Z13*Z22*Z31
>> Z.'                     %非共轭转置
ans =
    [ Z11, Z21, Z31]
    [ Z12, Z22, Z32]
    [ Z13, Z23, Z33]
```

【例 3.8】 符号表达式 $f=5x^4+x^2+7x+4$ 与 g=x^2+3x+2 的代数运算。

```
>> f=sym('5*x^4+x^2+7*x+4')
f =
    5*x^4 + x^2 + 7*x + 4
>> g=sym('x^2+3*x+2')
g =
    x^2 + 3*x + 2
>> f+g                     %符号表达式相加
ans =
    5*x^4 + 2*x^2 + 10*x + 6
>> f*g                     %符号表达式相乘
ans =
    (x^2 + 3*x + 2)*(5*x^4 + x^2 + 7*x + 4)
>> f\g                     %符号表达式左除
ans =
    (x^2 + 3*x + 2)/(5*x^4 + x^2 + 7*x + 4)
>> f/g                     %符号表达式右除
ans =
    (5*x^4 + x^2 + 7*x + 4)/(x^2 + 3*x + 2)
>> f^g                     %符号表达式幂运算
ans =
    (5*x^4 + x^2 + 7*x + 4)^(x^2 + 3*x + 2)
```

【例 3.9】 求矩阵 $\boldsymbol{Y}=\begin{bmatrix} Y_{11} & Y_{12} \\ Y_{21} & Y_{22} \end{bmatrix}$ 和 $\boldsymbol{Z}=\begin{bmatrix} Z_{11} & Z_{12} & Z_{13} \\ Z_{21} & Z_{22} & Z_{23} \end{bmatrix}$ 的乘积与商。

```
>> syms Y11 Y12 Y21 Y22 Z11 Z12 Z13 Z21 Z22 Z23
>> Y=[Y11 Y12;Y21 Y22]                          %定义符号矩阵
>>Z=[Z11 Z12 Z13;Z21 Z22 Z23]
Y =
    [ Y11, Y12]
    [ Y21, Y22]
Z =
    [ Z11, Z12, Z13]
    [ Z21, Z22, Z23]
>> Y*Z                                          %符号矩阵乘积
ans =
    [ Y11*Z11 + Y12*Z21, Y11*Z12 + Y12*Z22, Y11*Z13 + Y12*Z23]
    [ Y21*Z11 + Y22*Z21, Y21*Z12 + Y22*Z22, Y21*Z13 + Y22*Z23]
>> Y\Z                                          %符号矩阵除法
ans =
    [ -(Y12*Z21 - Y22*Z11)/(Y11*Y22 - Y12*Y21), -(Y12*Z22 - Y22*Z12)/(Y11*Y22 - Y12*Y21), -(Y12*Z23
- Y22*Z13)/(Y11*Y22 - Y12*Y21)]
    [  (Y11*Z21 - Y21*Z11)/(Y11*Y22 - Y12*Y21),  (Y11*Z22 - Y21*Z12)/(Y11*Y22 - Y12*Y21),
(Y11*Z23 - Y21*Z13)/(Y11*Y22 - Y12*Y21)]
```

【例 3.10】 符号数组的数组运算。

```
>> p=sym('[3,4,9,6;x,y,z,w;a,b,c,d]');
>>q= sym('[x,1/x,x^2,x^3;a,b,c,d;5,2,3,6]');
>>r=q.*p, s=q./p, t=q. \p
r =
     [ 3*x, 4/x, 9*x^2, 6*x^3]
     [ a*x, b*y,   c*z,   d*w]
     [ 5*a, 2*b,   3*c,   6*d]
s =
     [ x/3,  1/(4*x), x^2/9,  x^3/6]
     [ a/x,      b/y,   c/z,    d/w]
     [ 5/a,      2/b,   3/c,    6/d]
t =
     [ 3/x, 4*x, 9/x^2, 6/x^3]
     [ x/a, y/b,   z/c,   w/d]
     [ a/5, b/2,   c/3,   d/6]
```

3.2.2 符号数值任意精度控制和运算

1．Symbolic Math Toolbox 中的算术运算方式

在 Symbolic Math Toolbox 中有三种不同的算术运算。

(1) 数值型：MATLAB 的浮点运算。

(2) 有理数型：Maple 的精确符号运算。

(3) VPA 型：Maple 的任意精度运算。

2．任意精度控制

任意精度的 VPA 型运算可以使用 digits 和 vpa 命令来实现。

语法：digits(n)　　　　　　　　%设定默认的精度

说明：n 为所期望的有效位数。digits 函数可以改变默认的有效位数来改变精度，随后的每个进行 Maple 函数的计算都以新精度为准。当有效位数增加时，计算时间和占用的内存也增加。命令 digits 用来显示默认的有效位数，默认为 32 位。

语法：S=vpa(s,n)　　　　　　%将 s 表示为 n 位有效位数的符号对象

说明：s 可以是数值对象或符号对象，但计算的结果 S 一定是符号对象；当参数 n 省略时，则以给定的 digits 指定精度。vpa 命令只对指定的符号对象 s 按新精度进行计算，并以同样的精度显示计算结果，但并不改变全局的 digits 参数。

【例 3.11】 对表达式 $2\sqrt{5}+\pi$ 进行任意精度控制的比较。

```
>> a=sym('2*sqrt(5)+pi')
a =
    pi + 2*5^(1/2)
>> digits                              %显示默认的有效位数
   Digits = 32
>> vpa(a)                              %用默认的位数计算并显示
ans =
    7.6137286085893726312809907207421
>> vpa(a,20)                           %按指定的精度计算并显示
ans =
    7.6137286085893726313
>> digits(15)                          %改变默认的有效位数
>> vpa(a)                              %按 digits 指定的精度计算并显示
ans =
    7.61372860858937
```

3．Symbolic Math Toolbox 中的三种运算方式的比较

【例 3.11 续】 用三种运算方式表达式比较 2/3 的结果。

```
>> a1 =2/3                             %数值型
a1 =
    0.6667
>> a2 = sym(2/3)                       %有理数型
a2 =
    2/3
>> a3 =vpa('2/3',32)                   %VPA 型
a3 =
    0.66666666666666666666666666666667
```

程序分析：

(1) 三种运算方式中数值型运算的速度最快。

(2) 有理数型符号运算的计算时间和占用内存是最大的，产生的结果是非常准确的。

(3) VPA 型的任意精度符号运算比较灵活，可以设置任意有效精度，当保留的有效位数增加时，每次运算的时间和使用的内存也会增加。

(4) 数值型变量 a1 结果显示的有效位数并不是存储的有效位数，在第 1 章中介绍显示的有效位数由 format 命令控制。如下面修改 format 命令就改变了显示的有效位数：

```
>> format long
>>a1
a1 =
     0.666666666666667
```

3.3 符号表达式的操作

3.3.1 符号表达式中自由变量的确定

1．自由变量的确定原则

MATLAB 将基于以下原则选择一个自由变量：

(1) 小写字母 i 和 j 不能作为自由变量。

(2) 符号表达式中如果有多个字符变量，则按照以下顺序选择自由变量：首先选择 x 作为自由变量；如果没有 x，则选择在字母顺序中最接近 x 的字符变量；如果与 x 相同距离，则在 x 后面的优先。

(3) 大写字母比所有的小写字母都靠后。

2．findsym 函数

如果不确定符号表达式中的自由符号变量，可以用 findsym 函数来自动确定。

语法：findsym(S,N)　　　　　%确定自由符号变量

说明：S 可以是符号表达式或符号矩阵；N 为按顺序得出符号变量的个数，当 N 省略时，则不按顺序得出 S 中所有的符号变量。

【例 3.12】创建符号变量 v、b、x1、z 和 bata，建立函数 F=cos(bata)*b*x1 + 14*z-v，然后求 F 的默认自变量。

```
>> syms v b x1 z bata
F=cos(bata)*b*x1 + 14*z-v
f1=findsym(F,1)              % f 表达式中按最接近 x 顺序排列的 1 个默认自变量
f2=findsym(F,2)              % f 表达式中按最接近 x 顺序排列的 2 个默认自变量
f5=findsym(F,5)              % f 表达式中按最接近 x 顺序排列的 5 个默认自变量
f=findsym(F)                 % f 表达式中按最接近字母顺序排列的全部自变量
F =
    14*z - v + b*x1*cos(bata)
f1 =
    x1
```

```
f2 =
    x1,z
f5 =
    x1,z,v,b,bata
f =
    b,bata,v,x1,z
```

程序说明：符号变量 z 和 v 距离 x 相同，以在 x 后面的 z 为自由符号变量。

3.3.2 符号表达式的化简

MATLAB 符号数学工具箱提供了化简符号表达式的各种函数，如多项式展开(expand)、因式分解(factor)、合并同类项(collect)、化简(simplify 和 simple)、分式通分(numden)以及嵌套形式重写(horner)等。

1．因式分解(factor)

函数 factor 的功能是将符号表达式进行因式分解,其调用格式为 factor(s)。

其中，s 可以是正整数、符号整数、符号表达式或符号矩阵。当 s 为正整数时,因式分解的结果返回的是 s 的质数分解式。在这里，需要注意的是，在整数数组中，有一位元素位数超过 16 位时，必须用 sym 函数创建该元素；当 s 为符号表达式时，结果返回乘积形式。

【例 3.13】 对表达式 $f=x^3-y^3$ 进行因式分解。

```
>> syms x y;
>>factor(x^3-y^3)
ans =
    (x - y)*(x^2 + x*y + y^2)
```

【例 3.14】 对大整数 12345678901234567890 进行因式分解。

```
>>factor(sym( '12345678901234567890' ))
ans =
     (2)*(3)^2*(5)*(101)*(3803)*(3607)*(27961)*(3541)
```

【例 3.15】 对矩阵[a^2-b^2，a^3+b^3，b^3-1，a^4-1]进行因式分解。

```
>> syms a b;
>>factor([a^2 - b^2,a^3 + b^3;b^3-1,a^4-1])
ans =
    [       (a - b)*(a + b), (a + b)*(a^2 - a*b + b^2)]
    [ (b - 1)*(b^2 + b + 1), (a - 1)*(a + 1)*(a^2 + 1)]
```

2．符号表达式的展开

符号表达式的展开函数为 expand(s), 此函数因数展开符号表达式 s，常用于多项式、三角函数、指数函数和对数函数。

【例 3.16】 展开表达式 $f=(x+1)^5$、f=sin(x+y)和 e^{x+y}。

```
>> syms x y
>> f=(x+1)^5;
>> expand(f)
ans =
```

```
    x^5 + 5*x^4 + 10*x^3 + 10*x^2 + 5*x + 1
>> f=sin(x+y);
>>expand(f)
ans =
    cos(x)*sin(y) + cos(y)*sin(x)
>> f=exp(x+y);
>>expand(f)
ans =
    exp(x)*exp(y)
```

3．合并同类项(collect)

符号表达式同类项合并函数 collect，其调用格式有两种。

格式一：R=collect(s)　%将表达式 s 中相同次幂的项合并，其中 s 可以是符号表达式，也可以是符号矩阵。

格式二：R=collect(s,v)　%将表达式 s 中关于 v 的相同次幂项合并，v 的默认值是 x。

【例 3.17】 对于表达式 f=x(x(x-6)+12t)t，分别将自变量 x 和 t 的同类项合并。

```
>> syms x t
>> f=x*(x*(x-6)+12*t)*t
f =
    t*x*(12*t + x*(x - 6))
>> collect(f)
ans =
    12*t^2*x + t*x^3 - 6*t*x^2
>> collect(f,t)
ans =
    (12*x)*t^2 + (x^2*(x - 6))*t
>> f1 = -1/4*x*exp(-2*x)+3/16*exp(-2*x);
>>collect(f1,exp(-2*x))
ans =
     (3/16 - x/4)/exp(2*x)
```

4．符号表达式的化简(simplify 和 simple)

符号表达式化简的函数 simplify 和 simple。

1) simplify 函数

在 MATLAB 中，simplify 函数的具体功能是根据一定规则对符号表达式进行化简，s 代表符号表达式或符号矩阵，r 是化简后的结果，其调用格式为 r=simplify(s)。

【例 3.18】 对表达式 f=$\sin^2$(x)+$\cos^2$(x)进行化简。

```
>> syms x
>>f=sin(x)^2+cos(x)^2;
>>simplify(f)
ans =
    1
```

2) simple 函数

函数 simplify 是一个强大的化简工具，它可以完成对指数、对数、三角函数等各种数学表达式的化简。而函数 simple 将化简结果及所使用的方法均列出来，这些方法中就包括 simplify。

simple 的调用格式一：r=simple(s)

simple 函数使用不同的变换简化规则来对符号表达式进行化简，返回表达式 s 的最简形式。如果 s 是符号表达式矩阵时，则返回表达式矩阵的最短形式，而不一定是使每一项都最短；如果不给定输出参数 r，该函数将显示所有使表达式 s 最短的化简方式，并返回其中最短的一个表达式。

simple 的调用格式二：[r,how]=simple(s)

该格式不显示化简的中间结果,只是显示寻找到的最短形式以及所有可以使用的化简方法。r 表示符号表达式的结果，how 则表示具体使用的方法，how 有以下几种形式：

(1) simplify 函数对表达式进行化简；

(2) radsimp 函数对含根式的表达式进行化简；

(3) combine 函数将表达式中以求和、乘积、幂运算等形式出现的项进行合并；

(4) collet 合并同类项；

(5) factor 函数实现因式分解；

(6) convert 函数完成表达式形式的转换。

【例 3.19】用 simple 命令化简函数 $f=\cos^2(x)-\sin^2(x)$。

```
>>syms x
f=cos(x)^2-sin(x)^2;
>>simple(f)
simplify:
cos(2*x)
radsimp:
cos(x)^2 - sin(x)^2
simplify(100):
cos(2*x)
combine(sincos):
cos(2*x)
combine(sinhcosh):
cos(x)^2 - sin(x)^2
combine(ln):
cos(x)^2 - sin(x)^2
factor:
(cos(x) - sin(x))*(cos(x) + sin(x))
expand:
cos(x)^2 - sin(x)^2
combine:
cos(x)^2 - sin(x)^2
rewrite(exp):
```

```
(1/(2*exp(x*i)) + exp(x*i)/2)^2 - (i/(2*exp(x*i)) - (exp(x*i)*i)/2)^2
rewrite(sincos):
cos(x)^2 - sin(x)^2
rewrite(sinhcosh):
cosh(x*i)^2 + sinh(x*i)^2
rewrite(tan):
(tan(x/2)^2 - 1)^2/(tan(x/2)^2 + 1)^2 - (4*tan(x/2)^2)/(tan(x/2)^2 + 1)^2
mwcos2sin:
1 - 2*sin(x)^2
collect(x):
cos(x)^2 - sin(x)^2
ans =
cos(2*x)
```

程序说明：simple 函数试用了几种可简化表达式的化简方式，并可以看到每次尝试的结果。

5．符号表达式的分式通分(numden)

在 MATLAB 中，numden 函数的功能是对符号表达式进行通分，其调用格式为[n,d]=numden(s)。其中，s 是符号多项式，n(numerator)返回最小分子公因式，d(denominator)返回相应的分母多项式。

【例 3.20】对表达式 f=x/y+y/x 进行通分。

```
>> syms x y
>>f=x/y+y/x;
>>[n,d]=numden(f)
n =
    x^2 + y^2
d =
    x*y
```

【例 3.21】试确定符号矩阵 A=[1/x^2 2/y;1/a^2 3/b]的分子和分母。

```
>> syms a b x y
>>A=[1/x^2 2/y;1/a^2 3/b];
>>[n1,d1]=numden(A)
n1 =
    [ 1, 2]
    [ 1, 3]
d1 =
    [ x^2, y]
    [ a^2, b]
```

6．符号表达式的嵌套形式重写(horner)

在MATLAB中，horner函数的功能是将符号表达式转换成为嵌套形式，其调用格式为r=horner(s)。其中，s是符号多项式矩阵，函数horner将其中每个多项式转换成它们各自的嵌套形式。

【例 3.22】对表达式 $f=x^4+6x^2+11x-6$ 进行嵌套形式重写。

```
>>syms x
>>f=x^4+6*x^2+11*x-6;
>>horner(f)
ans =
    x*(x*(x^2 + 6) + 11) - 6
```

7．书写格式美化(pretty)

为了使表达式的书写形式符合人们的习惯，MATLAB 提供了函数 pretty，该函数能够将由 MATLAB 得到的符号表达式的结果再做一个整理。

【例 3.23】对表达式 $f=x^3+6x^2+11x-6$ 书写格式美化。

```
>> f=sym('x^3-6*x^2+11*x-6')
f =
    x^3 - 6*x^2 + 11*x - 6
>> pretty(f)
    3      2
    x  - 6 x  + 11 x - 6
```

3.3.3 符号表达式的替换

MATLAB 的符号数学工具箱提供了两个符号表达式的替换函数 subexpr 和 subs，可通过符号替换使表达式的输出形式简化。

1．subexpr 函数

subexpr 函数可将表达式中重复出现的字符串用变量代替。其调用格式为 [Y,SIGMA]=subexpr(S,SIGMA)，即用变量 SIGMA 的值代替符号表达式 S 中重复出现的字符串，Y 返回替换后的结果。

【例 3.24】求解并化简三次方程 $ax^3+bx^2+cx+d=0$ 的符号解。

```
>> h = solve('a*x^3+b*x^2+c*x+d = 0');
>>[r,s] = subexpr(h,'s')
r =
s^(1/3) - b/(3*a) - (- b^2/(9*a^2) + c/(3*a))/s^(1/3)
(- b^2/(9*a^2) + c/(3*a))/(2*s^(1/3)) - s^(1/3)/2 +...
(3^(1/2)*(s^(1/3) + (- b^2/(9*a^2) + c/(3*a))/s^(1/3))*i)/2 - b/(3*a)
(- b^2/(9*a^2) + c/(3*a))/(2*s^(1/3)) - s^(1/3)/2 -...
(3^(1/2)*(s^(1/3) + (- b^2/(9*a^2) + c/(3*a))/s^(1/3))*i)/2 - b/(3*a)
s =
((d/(2*a) + b^3/(27*a^3) - (b*c)/(6*a^2))^2 +(- b^2/(9*a^2) + c/(3*a))^3)^(1/2)...
 - b^3/(27*a^3) -d/(2*a) + (b*c)/(6*a^2)
```

2．subs 函数

在 MATLAB 中，subs 函数的功能是使用指定符号替换符号表达式中的某一个特定符号，相对于 subexper 函数，subs 函数是一个通用的替换命令。

调用格式一：R=subs(s)　%使用工作空间中的变量来替换符号表达式 s 中的所有符号变量，如果没有指定某符号变量的值，该符号变量不会被替换。

调用格式二：R=subs(s,new)　%使用新的符号变量 new 来替换原来符号表达式 s 中的默认变量。

调用格式三：R=subs(s,old,new)　%使用新的符号变量 new 来替换原来符号表达式 s 中的变量 old，当 new 是数值形式的符号时，就用数值替换 old，所得结果仍是字符串形式。

【例 3.25】分别用新变量替换表达式 a+b 和 cos(a)+sin(b)中变量。

```
>> syms a b
>> subs(a+b,a,4)
ans =
   b + 4
>> subs(cos(a)+sin(b),{a,b},{sym('alpha'),2})
ans =
   sin(2) + cos(alpha)
```

3.3.4　求反函数和复合函数

1．求反函数(finverse)

在 MATLAB 中 finverse 函数可以求得符号函数的反函数。

语法：finverse(f,v)　　　　%对指定自变量 v 的函数 f(v)求反函数，当 v 省略时，对默认的自由符号变量求反函数。

【例 3.26】求 te^x 的反函数。

```
>> syms t x
>> f=t*exp(x)                  %原函数
f =
   t*exp(x)
>> g=finverse(f)               %对默认自由变量求反函数
g =
   log(x/t)
>> g=finverse(f,'t')           %对 t 求反函数
g =
   t/exp(x)
```

2．求复合函数(compose)

在 MATLAB 中 compose 函数可以求复合函数。

格式一：compose(f,g)　%返回复合函数 f[g(y)]，其中 f=f(x)，g=g(y)，符号 x 为函数 f 中由命令 findsym(f) 确定的符号变量，符号 y 为函数 g 中由命令 findsym(g) 确定的符号变量。

格式二：compose(f,g,z)　%返回复合函数 f[g(z)]，其中 f=f(x)，g=g(y)，符号 x、y 为函数 f、g 中由命令 findsym 确定的符号变量。

格式三：compose(f,g,x,z)　%返回复合函数 f[g(z)]，而令变量 x 为函数 f 中的自变量 f=f(x)。令 x=g(z)，再将 x=g(z)代入函数 f 中。

格式四：compose(f,g,x,y,z)　%返回复合函数 f[g(z)]。令变量 x 为函数 f 中的自变量 f=f(x)，而令变量 y 为函数 g 中的自变量 g=g(y)。令 x=g(y)，再将 x=g(y)代入函数 f=f(x)中，得 f[g(y)]，最后用指定的变量 z 代替变量 y，得 f[g(z)]。

【例 3.27】 求复合函数。

```
>> syms x y z t u v;
>>f = 1/(1 + x^2*y); h = x^t; g = sin(y); p = sqrt(-y/u);
C1 = compose(f,g)            % 令 x=g=sin(y)，再替换 f 中的变量 x=findsym(f)
C2 = compose(f,g,t)          % 令 x=g=sin(t)，再替换 f 中的变量 x=findsym(f)
C3 = compose(h,g,x,z)        % 令 x=g=sin(z)，再替换 h 中的变量 x
C4 = compose(h,g,t,z)        % 令 t=g=sin(z)，再替换 h 中的变量 t
C5 = compose(h,p,x,y,z)      % 令 x=p(y)=sqrt(-y/u)，替换 h 中的变量 x，再将 y 换成 z
C6 = compose(h,p,t,u,z)      % 令 t=p(u)=sqrt(-y/u)，替换 h 中的变量 t，再将 u 换成 z
%计算结果如下：
C1 =
    1/(y*sin(y)^2 + 1)
C2 =
    1/(y*sin(t)^2 + 1)
C3 =
    sin(z)^t
C4 =
    x^sin(z)
C5 =
    ((-z/u)^(1/2))^t
C6 =
    x^((-y/z)^(1/2))
```

3.4　符号与数值间的转换

3.4.1　符号对象与数值对象的转换

sym 命令可以把数值型对象转换成有理数型符号对象，函数 eval 或 numerical 将符号表达式转换成数值表达式。

【例 3.28】 将符号变量 $(\sqrt{5}-1)/2$ 与数值变量进行转换。

```
>> p=sym('(sqrt(5)-1)/2')
p =
    5^(1/2)/2 - 1/2
>> a=eval(p)
a =
    0.6180
```

3.4.2 符号表达式与多项式的转换

构成多项式的符号表达式 f(x)可以与多项式系数构成的行向量进行相互转换，MATLAB 提供了函数 sym2poly 和 poly2sym 实现相互转换。

1．sym2poly 函数

【例 3.29】 将符号表达式 $2x+3x^2+1$ 转换为行向量。

```
>> f=sym('2*x+3*x^2+1')
f =
    3*x^2 + 2*x + 1
>> sym2poly(f)
ans =
     3     2     1
```

【例 3.29 续】

```
>> f1=sym('a*x^2+b*x+c')
f1 =
    a*x^2 + b*x + c
>> sym2poly(f1)
Error using sym/sym2poly (line 22)
Input has more than one symbolic variable.
```

程序分析：只能对含有一个变量的符号表达式进行转换。

2．poly2sym 函数

poly2sym 函数在 2.6 节多项式及其运算中有过介绍。

【例 3.30】 将行向量转换为符号表达式。

```
>> g=poly2sym([1 4 3 2])                    %默认 x 为符号变量的符号表达式
g =
    x^3 + 4*x^2 + 3*x + 2
>> g=poly2sym([1 4 3 2],sym('y'))           %y 为符号变量的符号表达式
g =
    y^3 + 4*y^2 + 3*y + 2
```

3.5 符号极限、微积分和级数求和

3.5.1 符号极限

极限是高等数学的出发点，同时它也是微积分学的基础。在 MATLAB 中，符号极限由函数 limit 来实现。

调用格式一：limit(F,x,a)　%返回符号表达式 F 当 x→a 时的极限。

调用格式二：limit(F,a)　%返回符号表达式 F 由 findsym(F)返回的独立变量趋向于 a 时的极限。

调用格式三：limit(F)　%返回符号表达式 F 由 findsym(F)返回的独立变量在 a＝0 处的极

限值。

调用格式四：limit(F,x,a,'right')或 limit (F,x,a, 'left')　%分别返回符号表达式 F 当 x→a 时的右极限和左极限。

【例 3.31】 分别计算表达式 $\lim\limits_{x \to 0} \dfrac{\sin(x)}{x}$、$\lim\limits_{x \to 0+} \left(\dfrac{1}{x}\right)$、$\lim\limits_{x \to 0\_} \left(\dfrac{1}{x}\right)$ 及 $\lim\limits_{x \to \infty} \left[\left(1+\dfrac{a}{x}\right)^x，\ e^{-x}\right]$

```
>> syms x a;
>> limit(sin(x)/x)
ans =
    1
>> limit(1/x,x,0,'right')
ans =
    Inf
>> limit(1/x,x,0,'left')
ans =
    -Inf
>> v=[(1+a/x)^x,exp(-x)];      %符号向量求极限
limit(v,x,inf)
ans =
    [exp(a), 0]
```

程序分析：当左右极限不相等时，表达式的极限不存在，为 NaN；limit 函数也可以用于符号矩阵，其结果是对矩阵的每一个元素进行极限运算。

采用极限方法也可以用来求函数的导数：$f'(x) = \lim\limits_{t \to 0} \dfrac{f(x+t) - f(x)}{t}$。

【例 3.31 续】极限方法求函数 tan(x)的导数。

```
>> syms t x
>>limit((tan(x+t)-tan(x))/t,t,0)
ans =
    tan(x)^2 + 1
```

3.5.2 符号微分

函数 diff 用来求符号表达式的微分。

调用格式一：diff(f)　　　　%求 f 对自由变量的一阶微分。

调用格式二：diff(f,t)　　　%求 f 对符号变量 t 的一阶微分。

调用格式三：diff(f,n)　　　%求 f 对自由变量的 n 阶微分。

调用格式四：diff(f,t,n)　　%求 f 对符号变量 t 的 n 阶微分。

【例 3.32】已知 $f(x)=ax^2+bx+c$，求 $f(x)$的微分。

```
>> f=sym('a*x^2+b*x+c')
f =
     a*x^2 + b*x + c
>> diff(f)                    %对默认自由变量 x 求一阶微分
```

```
ans =
     b + 2*a*x
>> diff(f,'a')                              %对符号变量 a 求一阶微分
ans =
     x^2
>> diff(f,2)                                %对默认自由变量 x 求二阶微分
ans =
     2*a
```

微分函数 diff 也可以用于符号矩阵，其结果是对矩阵的每一个元素进行微分运算。

【例 3.32 续】 对符号矩阵$\begin{bmatrix} \log(2)x & t^2 & 1/x \\ t\cos(x) & x^t & xe^x \end{bmatrix}$求微分。

```
>> syms t x
>>g=[log2(x) t^2 1/x; t*cos(x)  x^t  x*exp(x)]
g =
     [ log(x)/log(2), t^2,       1/x]
     [      t*cos(x), x^t, x*exp(x)]
>> diff(g)                                      %对默认自由变量 x 求一阶微分
ans =
     [ 1/(x*log(2)),            0,              -1/x^2]
     [    -t*sin(x),    t*x^(t - 1),   exp(x) + x*exp(x)]
>> diff(g,t)                                    %对自由变量 t 求一阶微分
ans =
     [     0,    2*t,       0]
     [ cos(x), x^t*log(x), 0]
```

3.5.3 符号积分

积分有定积分和不定积分，运用函数 int 可以求得符号表达式的积分。

格式一：int(f,'t')　　　　　　　　%求符号变量 t 的不定积分。

格式二：int(f,'t',a,b)　　　　　　%求符号变量 t 的积分。

格式三：int(f,'t','m','n')　　　　%求符号变量 t 的积分。

说明：t 为符号变量，当 t 省略时，为默认自由变量；a 和 b 为数值，[a，b]为积分区间；m 和 n 为符号对象，[m，n]为积分区间；与符号微分相比，符号积分复杂得多。因为函数的积分有时可能不存在，即使存在，也可能限于很多条件，MATLAB 无法顺利得出。当 MATLAB 不能找到积分时，它将给出警告提示并返回该函数的原表达式。

【例 3.33】 求$\int \frac{1}{1+x^2}\mathrm{d}x$、$\int \sin u\alpha \mathrm{d}\alpha$、$\int_2^{\sin t} 4xt\mathrm{d}x$和$\int_{-1}^{+1}\frac{1}{x}\mathrm{d}x$。

```
>> syms x x1 alpha u t;
>> int(1/(1+x^2))
```

```
ans =
     atan(x)
>> int(sin(alpha*u),alpha)
ans =
     -cos(alpha*u)/u
>> int(4*x*t,x,2,sin(t))
ans =
     - 6*t - 2*t*cos(t)^2
>> int(1/x,-1,1)
ans =
     NaN
```

【例 3.33 续】 求符号矩阵$\begin{bmatrix} \log(2)x & t^2 & 1/x \\ t\cos(x) & x^t & xe^x \end{bmatrix}$的积分。

```
>>syms t x
>>g=[log2(x) t^2 1/x; t*cos(x)  x^t  x*exp(x)];
>> int(g)
ans =
     [(x*(log(x)-1))/log(2),  t^2*x,    log(x)]
     [ t*sin(x), piecewise([t = -1, log(x)], [t <> -1, x^(t + 1)/(t + 1)]), exp(x)*(x - 1)]
```

piecewise:分段，此处以 x=-1，x>-1，x<-1 来表达积分表达式。

3.5.4 符号级数

1. 符号级数求和

在 MATLAB 中，表达式的符号级数求和主要是通过函数 symsum 来实现的。

格式一：symsum(S)　　　　%符号表达式 S 对默认的自变量级数求和。

格式二：symsum(S,v)　　　%符号表达式 S 自变量 v 的级数求和。

格式三：symsum(S,a,b)　　%符号表达式 S 对默认的自变量在指定区间[a b]级数求和。

格式四：symsum(S,v,a,b)　%符号表达式 S 对自变量 v 在指定区间[a b]级数求和。

【例 3.34】 分别求两级数$1+\frac{1}{2}+\frac{1}{2^2}+\cdots+\frac{1}{2^n}+\cdots$和$\sum_{n=1}^{30}\frac{(-1)^{n+1}x}{n(n+2)}$的和。

```
>> syms x n
>> s1=symsum(1/2^n,0,inf)
s1 =
     2
>>s2=symsum((-1)^(n+1)*x/(n*(n+2)),n,1,30)    %计算对 n 为自变量的级数和
s2 =
     (495*x)/1984
```

2. 泰勒(taylor)函数

1) 级数展开

解析函数 $f(x)$在点 $x=a$ 的泰勒级数定义：$f(x)=\sum_{n=0}^{\infty}\frac{f^{(n)}(a)}{n!}(x-a)^n$，MATLAB 提供的符号函数 taylor 可以实现一元函数的泰勒级数展开。

格式一：r = taylor(f,n,v)　%返回符号表达式 f、指定的符号自变量 v(若表达式 f 中有多个变量时)的 n-1 阶的 Maclaurin 多项式(即在零点附近 v=0)近似式，其中 v 可以是字符串或符号变量。

格式二：r = taylor(f)　%返回符号表达式 f、符号变量 v 的 5 阶的 Maclaurin 多项式(即在零点附近 v=0)近似式，其中 v=findsym(f)。

格式三：r = taylor(f,n,v,a)　%返回符号表达式 f、指定的符号自变量 v 的 n-1 阶的泰勒级数(在指定的 a 点附近 v=a)的展开式。其中 a 可以是一数值、符号、代表一数字值的字符串或未知变量。需要指出的是，用户可以以任意的次序输入参量 n、v 与 a，命令 taylor 能从它们的位置与类型确定它们的目的。

【例 3.35】 分别计算表达式 $f=\frac{1}{2+\sin(x)}$ 的 5 阶泰勒级数展开式和 $f=\mathrm{e}^{x\cos x}$ 的 5 阶及 9 阶泰载级数展开式。

```
>> syms x
>> f=1/(2+sin(x))
f =
    1/(sin(x) + 2)
>> syms x
>> f=1/(2+sin(x));
>> r=taylor(f)
r =
    (13*x^5)/960 - x^4/96 - x^3/48 + x^2/8 - x/4 + 1/2
>> f=exp(x*cos(x));
>> r=taylor(f)
r =
   - x^5/5 - (11*x^4)/24 - x^3/3 + x^2/2 + x + 1
>> r=taylor(f,10)
r =
    - (58*x^9)/2835 + (193*x^8)/4480 + (13*x^7)/105 + (61*x^6)/720 - x^5/5 - (11*x^4)/24 - x^3/3
    + x^2/2 + x + 1
```

2) 泰勒级数计算器

调用格式一：taylortool　%该命令生成一图形用户界面，显示默认函数 f=x*cos(x)在区间[-2*pi，2*pi]内的图形，同时显示函数 f 的前 N=7 项的泰勒多项式级数和(在 a=0 附近的)图形，如图 3.1 所示。通过更改图形中的 f(x)项可得不同的函数图形。

调用格式二：taylortool('f')　%对指定的函数 f，用图形用户界面显示出泰勒展开式。

【例 3.35 续】 用图形用户界面显示出函数 $e^{x\cos x}$ 的泰勒展开式。

```
>>taylortool('exp(x*cos(x))')
```

输出结果如图 3.2 所示，其中虚线代表原函数曲线，实线代表展开式曲线。

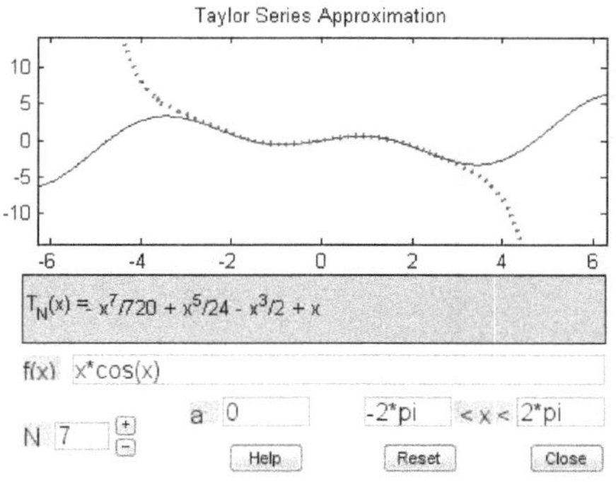

图 3.1　泰勒级数计算器

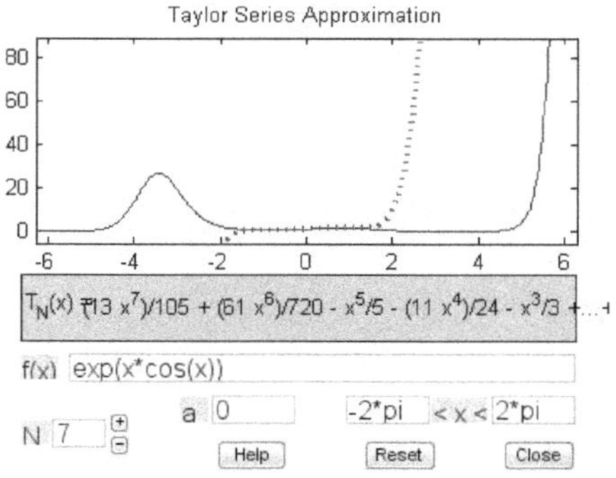

图 3.2　函数 exp(x*cos(x))的 taylortool 界面

3.6　符号积分变换

傅里叶(Fourier)变换、拉普拉斯(Laplace)变换和 Z 变换在许多工程领域和研究领域都有着十分重要的作用，如信号处理、计算机控制系统和系统动态特性研究。傅里叶变换及逆变换就是实现信号的时域表示形式和频域表示形式相互转换；拉普拉斯变换及逆变换是为简化计算而建立的实变量函数和复变量函数间的一种函数变换；Z 变换可以说是针对离散信号和系统的拉普拉斯变换，它在离散时间系统中的地位，如同拉普拉斯变换在连续时间系统中的地位。MATLAB 提供了上述积分变换的函数，使这些复杂的数学计算变得非常简单。

3.6.1　傅里叶变换及其逆变换

1．傅里叶变换

对函数 $f(x)$ 进行傅里叶变换的函数：$f=f(x)\Rightarrow F=F(\omega)$ 的计算公式定义为 $F=F(\omega)=\int_{-\infty}^{\infty}f(x)\mathrm{e}^{-\mathrm{i}\omega x}\mathrm{d}x$。

MATLAB 对符号函数进行傅里叶变换的函数是 fourier。

格式一：F = fourier(f)　　%返回符号函数 f 的傅里叶变换，f 的参数是默认变量 x，返回值 F 的参量为默认变量 ω。若 f = f(ω)，则 fourier(f) 返回变量为 t 的函数：$f=f(\omega)\Rightarrow F=F(t)$。

格式二：F = fourier(f, v)　　%对符号单值函数 f 中的指定变量 v 计算傅里叶变换形式，即 $f=f(x)\Rightarrow F=F(v)=\int_{-\infty}^{\infty}f(x)\mathrm{e}^{-\mathrm{i}vx}\mathrm{d}x$。

格式三：F = fourier(f, u, v)　　%令符号函数 f 为变量 u 的函数，而 F 为变量 v 的函数，即 $f=f(x)\Rightarrow F=F(v)=\int_{-\infty}^{\infty}f(u)\mathrm{e}^{-\mathrm{i}vu}\mathrm{d}x$。

2．逆傅里叶积分变换

对函数 $f(x)$ 进行傅里叶变换的函数：$F=F(\omega)\Rightarrow f=f(x)$ 的计算公式定义为 $f(x)=\dfrac{1}{2\pi}\int_{-\infty}^{\infty}F(\omega)\mathrm{e}^{\mathrm{i}\omega x}\mathrm{d}\omega$。

MATLAB 对符号函数进行傅里叶逆变换的函数是 ifourier。

格式一：f = ifourier(F) %对符号单值函数 F 中的默认变量ω计算 ifourier 变换形式，返回值 f 的参量为默认变量 x。若 F = F(x)，ifourier(F)返回变量 t 的函数：即 $F=F(x)\Rightarrow f=f(t)$ 。

格式二：f = ifourier(F,u) %使函数 f 为变量 u 的函数，即 $f(u)=\dfrac{1}{2\pi}\int_{-\infty}^{\infty}F(w)\mathrm{e}^{\mathrm{i}wx}\mathrm{d}w$ 。

格式三：f = ifourier(F,v,u) %使 F 为变量 v 的函数，f 为变量 u 的函数，即 $f(u)=\dfrac{1}{2\pi}\int_{-\infty}^{\infty}F(v)\mathrm{e}^{\mathrm{i}\omega u}\mathrm{d}v$

【例 3.36】 计算 $f(t)=\dfrac{1}{t}$ 的傅里叶变换 F 以及 F 的傅里叶逆变换。

```
>> syms t w
>>F=fourier(1/t,t,w)                     %傅里叶变换
F =
    pi*(2*heaviside(-w) - 1)*i
>> f=ifourier(F,t)                       %傅里叶逆变换
f =
    1/t
```

上例中函数 Heaviside(t)是单位阶跃函数 $\begin{cases}1 & t\geqslant 0\\ 0 & t<0\end{cases}$，函数名为数学家 Heaviside 的名字。

傅里叶变换和逆变换可以使用 fourier 或 ifourier 函数实现，也可以利用积分函数 int 来实现。

3.6.2 拉普拉斯变换及其逆变换

1．拉普拉斯变换

拉普拉斯变换定义：$L(s)=\int_0^{\infty}F(t)\mathrm{e}^{-st}\mathrm{d}t$ ，MATLAB 实现拉普拉斯变换函数 laplace。

格式一：L = laplace(F) %输出参量 L = L(s)为有默认符号自变量 t 的标量符号对象 F 的拉普拉斯变换。即 $F=F(t)\Rightarrow L=L(s)$ 。若 F = F(s)，则 fourier(F)返回变量为 t 的函数 L。

格式二：L = laplace(F,t) %使函数 L 为变量 t 的函数：$L(s)=\int_0^{\infty}F(x)\mathrm{e}^{-xt}\mathrm{d}x$ 。

格式三：L = laplace(F,w,z) %使 L 为变量 z 的函数，F 为变量 w 的函数：$L(z)=\int_0^{\infty}F(w)\mathrm{e}^{-zw}\mathrm{d}w$ 。

2．拉普拉斯逆变换

拉普拉斯逆变换定义：$F(t)=\int_{c-\mathrm{i}\infty}^{c+\mathrm{i}\infty}L(s)e^{st}\mathrm{d}t$ ，其中 c 为使函数 $L(s)$的所有的奇点位于直线 $s=c$ 左边的实数。

MATLAB 实现拉普拉斯逆变换函数 ilaplace 的调用格式如下：

格式一：F = ilaplace(L) %输出参量 F = F(t)为默认变量 s 的标量符号对象 L 的逆拉普拉斯变换，即 $L=L(s)\Rightarrow F=F(t)$ 。若 L= L(t)，则 ifourier(L)返回变量为 x 的函数 F，即 $L=L(t)\Rightarrow F=F(x)$ 。

格式二：F = ilaplace(L,y) %使函数 F 为变量 y 的函数：$F(y)=\int_{c-\mathrm{i}\infty}^{c+\mathrm{i}\infty}L(y)\mathrm{e}^{sy}\mathrm{d}s$ 。

格式三：F = ilaplace(L,y,x)　%使 F 为变量 x 的函数，L 为变量 y 的函数：$F(x)=\int_{c-i\infty}^{c+i\infty}L(y)e^{xy}dy$。

【例 3.37】求 $e^{-at}\sin\omega t$ 函数的拉普拉斯变换。

```
>>syms a t w
>> F1=laplace(exp(-a*t)*sin(w*t))        %求已知函数的拉普拉斯变换
F1 =
    w/((a + s)^2 + w^2)
>> f1=ilaplace(F1)                       %求F1的拉普拉斯逆变换f1
f1 =
    sin(t*w)/exp(a*t)
```

3.6.3　Z 变换及其逆变换

Z 变换定义：$F(z)=\sum_{n=0}^{\infty}\frac{f(n)}{z^n}$。

1．ztrans 函数

ztrans 是 MATLAB 实现 Z 变换的函数。

格式一：F = ztrans(f)　%对默认自变量为 n(就像由命令 findsym 确定的一样)的单值函数 f 计算 Z 变换。输出参量 F 为变量 z 的函数：$f=f(n)\Rightarrow F=F(z)$。若函数 f = f (z)，则 ztrans(f)返回一变量为 w 的函数：$f=f(z)\Rightarrow F=F(w)$。

格式二：F = ztrans(f,w)　%用符号变量 w 代替默认的 z 作为函数 F 的自变量，$F(w)=\sum_{n=0}^{\infty}\frac{f(n)}{w^n}$。

格式三：F = ztrans(f,k,w)　%对函数 f 中指定的符号变量 k 计算 Z 变换，用符号变量 w 代替默认的 Z：$F(w)=\sum_{n=0}^{\infty}\frac{f(k)}{w^n}$。

2．iztrans 函数

Z 逆变换定义：$f(n)=\frac{1}{2\pi i}\oint_{|z|=R}F(z)z^{n-1}dz$，$n=1,2,3,\cdots$，其中 R 为一正实数，它使函数 F(z)在圆域之外|z|≥R 是解析的。

MATLAB 实现 Z 变换的函数是 iztrans。

格式一：f = iztrans(F)　%输出参量 f = f(n)为有默认变量 z 的单值符号函数 F 的逆 Z 变换，即 $F=F(z)\Rightarrow f=f(n)$。若 F= F(n)，则 iztrans(F)返回变量为 k 的函数 f(k)，即 $F=F(n)\Rightarrow f=f(k)$。

格式二：f = iztrans(F,k)　%使函数 f 为变量 k 的函数 f(k)：

$$f(k)=\frac{1}{2\pi i}\oint_{|z|=R}F(z)z^{k-1}dz\ ,\ k=1,2,3,\cdots。$$

格式三：f = iztrans(F,w,k)　%使函数 F 为变量 w 的函数，f 为变量 k 的函数：

$$f(k)=\frac{1}{2\pi i}\oint_{|w|=R}F(w)w^{k-1}dw,\ k=1,2,3,\cdots。$$

【例 3.38】 求函数$\frac{1}{2^n}$及$\cos(nk)$进行 Z 变换，并用 Z 逆变换验算。

```
>> syms k n w z
>> F1=ztrans(2^n)                    %Z变换
F1 =
     z/(z - 2)
>> f1=iztrans(F1)                    %Z逆变换，验算变换可逆性
f1 =
     2^n
>>F2=ztrans(cos(n*k),k,z)            %Z变换
F2 =
     (z*(z - cos(n)))/(z^2 - 2*cos(n)*z + 1)
>> f2=iztrans(F2,z,k)                %Z逆变换，验算变换可逆性
f2 =
     cos(k*acos(cos(n)))
```

3.7 符号方程的求解

在 2.11 节和 2.12 节讨论了线性方程和常微分方程的数值解，本节讨论方程的解析解，MATLAB 工具箱提供了相关的命令。

3.7.1 符号代数方程(组)的求解

MATLAB 可以用 solve 命令给出符号代数方程(组)的解析解。其调用格式如下：

格式一：g=solve(eq)　%求解符号表达式 eq=0 的代数方程，自变量为默认自变量。

格式二：g=solve(eq,var)　%求解符号表达式 eq=0 的代数方程，自变量为 var。

格式三：g=solve(eq,eq2,…,eqn,var1,var2,…,varn)　%求解符号表达式 q1，eq2，…，eqn 组成的代数方程组，自变量分别为 var1，var2，…，varn。

【例 3.39】分别求解代数方程 $ax^2+bx+c=0$ 和 $\cos(2x)+\sin(x)=1$。

```
>> syms a b c x
  s=a*x^2+b*x+c;
>> solve(s)
ans =
    -(b + (b^2 - 4*a*c)^(1/2))/(2*a)
    -(b - (b^2 - 4*a*c)^(1/2))/(2*a)
>> solve('cos(2*x)+sin(x)=1')
ans =
    0
    pi/6
```

```
(5*pi)/6
```

【例 3.40】 求解代数方程组 $x^2-y^2+z=10$，$x+y-5z=0$，$2x-4y+z=0$。

```
>> syms x y z
>>f=x^2-y^2+z-10
>>g=x+y-5*z;
>>h=2*x-4*y+z;
f =
  x^2 - y^2 + z - 10
>> [x, y, z]=solve(f, g, h)
x =
    (19*2409^(1/2))/240 - 19/80
    - (19*2409^(1/2))/240 - 19/80
y =
    (11*2409^(1/2))/240 - 11/80
    - (11*2409^(1/2))/240 - 11/80
z =
    2409^(1/2)/40 - 3/40
    - 2409^(1/2)/40 - 3/40
>> S=solve(f, g, h)                    %默认情况将方程组的解存放在结构变量中
S =
    x: [2x1 sym]
    y: [2x1 sym]
    z: [2x1 sym]
>> [S.x, S.y, S.z]
ans =
    [(19*2409^(1/2))/240 - 19/80, (11*2409^(1/2))/240 - 11/80, 2409^(1/2)/40 - 3/40]
    [ -(19*2409^(1/2))/240-19/80, - (11*2409^(1/2))/240-11/80, - 2409^(1/2)/40 - 3/40]
```

3.7.2 符号常微分方程

MATLAB 提供了 dsolve 命令，可以用于对符号常微分方程进行求解，其调用格式如下：

r = dsolve('eq1,eq2,…','cond1,cond2,…','v')

函数说明：

(1) 对给定的常微分方程(组)eq1，eq2，…中指定的符号自变量 v，与给定的边界条件和初始条件 cond1，cond2…求符号解(即解析解)r；若没有指定变量 v，则默认变量为 t。

(2) 在微分方程(组)的表达式 eq 中，大写字母 D 表示对自变量(设为 x)的微分算子：$D=dy/dx$，$D2=d^2y/dx^2$，…。微分算子 D 后面的字母则表示为因变量，即待求解的未知函数。

(3) 初始和边界条件由字符串表示：y(a)=b，Dy(c)=d，D2y(e)=f 等，分别表示 $y(x)|_{x=a}=b$，$y'(x)|_{x=c}=d$，$y''(x)|_{x=e}=f$。

(4) 若边界条件少于方程(组)的阶数，则返回的结果 r 中会出现任意常数 C1，C2，…。

(5) dsolve 命令最多可以接受 12 个输入参量(包括方程组与定解条件个数，当然，可以做

到输入的方程个数多于 12 个，只要将多个方程置于一字符串内即可)。若没有给定输出参量，则在命令窗口显示解列表。

(6) 若该命令找不到解析解，则返回一警告信息，同时返回一空的 sym 对象。这时，用户可以用命令 ode23 或 ode45 求解方程组的数值解。

【例 3.41】 求微分方程 $\frac{\mathrm{d}y}{\mathrm{d}x}+2xy=x\mathrm{e}^{-x^2}$ 的通解。

```
>> dsolve('Dy+2*x*y=x*exp(-x^2)')
ans =
    (C2/exp(2*t*x) + 1)/(2*exp(x^2))
```

系统默认的自变量是 t，显然，系统把 x 当做常数，把 y 当做 t 的函数求解。

```
>> dsolve('Dy+2*x*y=x*exp(-x^2)','x')
ans =
    C4/exp(x^2) + x^2/(2*exp(x^2))
```

【例 3.42】 求微分方程 $xy'+y+\mathrm{e}^x=0$ 在初始条件 $y\big|_{x=1}=2\mathrm{e}$ 下的特解。

```
>> dsolve('x*Dy+y-exp(x)=0','y(1)=2*exp(1)','x')
ans =
    (exp(1) + exp(x))/x
```

【例 3.43】 求 $y''+3y'+\mathrm{e}^x=0$ 的通解。

```
>> dsolve('D2y+3*Dy+exp(x)=0', 'x')
ans =
    C8 - exp(x)/4 + C9/exp(3*x)
```

习 题 3

1．创建符号变量有几种方法？

2．用符号函数法求解方程 $at^2+b*t+c=0$。

3．求矩阵 $\boldsymbol{A}=\begin{bmatrix} a_{11} & a_{12} \\ a_{21} & a_{22} \end{bmatrix}$ 的行列式值、逆和特征根。

4．因式分解：$x^4-5x^3+5x^2+5x-6$

5．$f=\begin{bmatrix} a & x^2 & \frac{1}{x} \\ \mathrm{e}^{ax} & \log(x) & \sin(x) \end{bmatrix}$，用符号微分求 d$f$/d$x$。

6．求代数方程组 $\begin{cases} ax^2+by+c=0 \\ x+y=0 \end{cases}$ 关于 x，y 的解。

7．用符号函数绘图法绘制函数 $x=\sin(3t)\cos(t)$，$y=\sin(3t)\sin(t)$的图形，t 的变化范围为$[0, 2\pi]$。

8．用符号计算验证三角等式：$\sin(\varphi_1)\cos(\varphi_2)-\cos(\varphi_1)\sin(\varphi_2)=\sin(\varphi_1-\varphi_2)$

第 4 章　MATLAB 程序设计基础

程序设计=数据结构+算法。

数据结构是计算机存储、组织数据的方式。数据结构是指相互之间存在着一种或多种关系的数据元素的集合和该集合中数据元素之间的关系组成。合理的数据结构可以带来更高的运行或者存储效率。算法的设计取决于数据(逻辑)结构，而算法的实现依赖于采用的存储结构。本书仅涉及常用的程序结构设计，对算法没有展开叙述。

4.1　程序控制结构

MATLAB 中提供了三种流程控制结构，它们是 for 循环、while 循环结构和 if-else-end 条件语句结构。由于这些结构经常包含大量的 MATLAB 命令，故经常出现在 M 文件中，而不是直接加在 MATLAB 提示符下。

4.1.1　条件语句

1．if 语句

很多情况下，命令的序列必须根据关系的检验有条件地执行。在编程语言里，这种逻辑由某种 if-else-end 结构来提供。最简单的 if-else-end 结构是：

```
if  expression
  {commands}
end
```

如果在表达式中的所有元素为真(非零)，那么就执行 if 和 end 语言之间的{commands}。在表达式包含几个逻辑子表达式时，即使前一个子表达式决定了表达式的最后逻辑状态，仍要计算所有的子表达式。

【例 4.1】判断驾照科目 1 成绩是否通过。

```
clc;
clear all;
% 考试科目 1 是否合格，90 分以上含 90 分为合格
score=round(100*rand);
pass=zeros(1);
if score>=90
    pass=1;
end
disp('学生成绩');
score
```

```
disp('学生通过情况')
pass
```

假如有两个选择，if-else-end 结构是：

```
if   expression
    commands evaluated if True
else
    commands evaluated if False
end
```

在这里，如果表达式为真，则执行第一组命令；如果表达式是假，则执行第二组命令。
当有三个或更多的选择时，if-else-end 结构采用形式如下：

```
if   expression1
    commands evaluated if expression1 is True
elseif  expression2
    commands evaluated if expression2 is True
elseif ……
        .
        .
        .
else
    commands evaluated if no other expression  is True
end
```

【例 4.2】 成绩 5 档判断，优秀、良好、中等、及格、不及格。

```
clc;
clear all;
% 判断成绩的档次
score=round(100*rand);
if score>=90
    scoreclass='优秀';
elseif score>=80
      scoreclass='良好';
elseif score>=70
      scoreclass='中等';
elseif score>=60
      scoreclass='及格';
else
      scoreclass='不及格';
end
disp('学生成绩');
score
```

```
disp('学生成绩等级')
scoreclass
```

2. switch 语句

当条件结果表达式为离散值时，通常采用如下形式：

```
switch 表达式
case 表达式1
    语句1                   语句%，当表达式的值等于表达式1时执行语句1
case 表达式2
    statements              语句% 当表达式的值等于表达式2时，执行语句2
    ⋮
    case表达式n          语句n%当表达式的值等于表达式n时，执行语句n
otherwise
    语句n+1              %当表达式的值不等于任何一个case后面所列的表达式n时，执行语句n+1
                         % match any case
end
```

【例4.3】猜单双，判断随机的色子数是单还是双。

```
result=round(6*rand);
switch result
case {1, 3, 5}
     disp('色子为单数')
case {2, 4, 6}
      disp('色子为双数')
otherwise
      disp('色子有问题')
end
```

【例4.4】判断成绩档次，成绩用score来描述，等级遵循如下规则：

(1) score≥90，优秀；

(2) 90>score≥80，良好；

(3) 80>score≥70，中等；

(4) 70>score≥60，及格；

(5) score<60，不及格。

```
score=round(100*rand);
switch fix(score/10)
     case {9, 10}
         scoreclass='优秀';
     case {8}
         scoreclass='良好';
     case {7}
         scoreclass='中等';
     case {6}
```

```
        scoreclass='及格';
    otherwise
        scoreclass='不及格';
end
disp('学生成绩');
score
disp('学生成绩等级')
scoreclass
```

4.1.2 循环语句

1. for 语句

for 循环允许一组命令以固定的和预定的次数重复。for 循环的一般形式：

```
for  x = array
   {commands}
end
```

在 for 和 end 语句之间的{commands}按数组中的每一列执行一次。在每一次迭代中，x 被指定为数组的下一列，即在第 n 次循环中，x=array(:，n)。

【例 4.5】array 为行向量。

```
for n=1:10
  x(n)=sin(n*pi/10);
end


» x
  x =
 Columns 1 through 7
     0.3090     0.5878     0.8090     0.9511     1.0000     0.9511     0.8090
 Columns 8 through 10
     0.5878     0.3090     0.0000
```

【例 4.6】array 为数组。

```
» data=[3  9  45  6;  7  16  -1  5]
 data =
       3      9     45      6
       7     16     -1      5
 for n=data
    x=n(1)-n(2)
 end
    x =
       -4
    x =
      -7
```

```
x =
    46
x =
    1
```

【例 4.7】循环嵌套。

```
for n=1:5
for m=5:-1:1
    A(n,m)=n^2+m^2;
end
end
A
```

运行结果：

```
A =
2    5    10   17   26
5    8    13   20   29
10   13   18   25   34
17   20   25   32   41
26   29   34   41   50
```

【例 4.8】for 语句省写。

当有一个等效的数组方法来解给定的问题时，应避免用 for 循环。

例 4.5 可被重写：

```
» n=1:10;
» x=sin(n*pi/10)
x =
  Columns 1 through 7
    0.3090    0.5878    0.8090    0.9511    1.0000    0.9511    0.8090
  Columns 8 through 10
    0.5878    0.3090    0.0000
```

两种方法得出同样的结果，而后者执行更快、更直观，要求较少的输入。

【例 4.9】变量空间预分配。

程序的运行消耗的时间与空间，都包含在程序的运算效率之内。在 for 循环(while 循环)被执行之前，应预先分配数组，从而可以一次实现空间的申请，便于检索和访问，避免了多次空间的申请操作，降低了检索和访问的时间浪费。为了消去频繁的空间分配操作，例 4.5 应重写:

```
x=zeros(1, 10);     %  预分配 10 个“0”值数据单元
for n=1:10
  x(n)=sin(n*pi/10);
end
```

现在，只有 x(n)的值需要改变。

2. while 语句

与 for 循环以固定次数求一组命令的值相反，while 循环以不定的次数求一组语句的值。

while 循环的一般形式：

```
while expression
    {commands}
end
```

只有在表达式里的所有元素为真时，才执行 while 和 end 语句之间的{commands}。通常，表达式的求值给出一个标量值，但数组值也同样有效。在数组情况下，所得到数组的所有元素必须都为真。考虑下列例子：

【例 4.10】求 $s=1+\frac{1}{2}+\frac{1}{3}+\cdots+\frac{1}{n}$ 的和(直到 $\frac{1}{n}<0.001$ 终止)。

```
clc
sum=0; number=1;EPS=0.001;
while 1/number>=EPS
    sum=sum+1/number;
    number=number+1;
end
    sum, number
```

运行结果：

```
sum =
    7.4855
number =
    1001
```

4.1.3 程序流的控制

在许多程序设计语言中，经常会碰到提前终止循环，跳出子程序，显示出错信息等情况，这时就要用到一些用于控制程序流的语句，在 MATLAB 中提供的控制语句有 break、return、continue、pause 语句。

1. break 语句

break 语句用于终止本层循环结构，转至本层循环结束语句 end 的下一条语句。

【例 4.11】和大于某值时跳出循环。

```
clc; s=0; k=0;
for i=1:100
    if s<100
        s=s+i;
    else
        break;
        disp('会显示这些文字吗');
    end
  k=k+1;
end
disp('加到多少会跳出循环体呢?结出 i 值, s 值, k 值');
```

```
i，s，k
```

运行结果：

加到多少会跳出循环体呢?结出 i 值，s 值，k 值

```
i =
    15
s =
    105
k =
    14
```

2．return 语句

return 语句用于终止被调用函数的运行，转回到函数调用语句。该命令的使用将在 4.3 小节中叙述。

3．continue 语句

在循环 for-end 或者 while-end 结构体中，遇到 continue 语句时，将跳过其后的循环语句，进行下一次的循环。

【例 4.12】 利用 continue 跳过循环体部分语句控制。

```
clc
s=0;i=1;
while s
     s=s+i;
     i=i+1;
       if s<100
           continue;
         end
    disp('计算值超过 100，输出当前 i 值与 s 值');
    i，s
    break;
 end
```

例 4.12 运行结果如下：

计算值超过 100，输出当前 i 值与 s 值

```
i =
    15
s =
    105
```

4．pause 语句

在程序调试时或者输入等待时，可以采用 pause 语句。其调用格式形式如下：

调用格式一：pause　　　　　%暂停程序运行，按任意键继续。

调用格式二：pause(n)　　　　%程序暂停运行 n 秒后继续。

调用格式三：pause on/off　　%允许/禁止其后的程序暂停。

4.2 脚本文件与函数文件

MATLAB 输入命令的常用方式有两种：一是直接在 MATLAB 的命令窗门中逐条输入 MATLAB 命令；二是 M 文件工作方式。当命令行很简单时，使用逐条输入方式还是比较方便的。但当命令行很多时(如几十行乃至全成百上千行命令)，显然再使用这种方式输入 MATLAB 命令，就会显得杂乱无章，不易于把握程序的具体走向，并且给程序的修改和维护带来了很大的麻烦。这时，建议采用 MATLAB 命令的第二种输入形式 M 文件工作方式。

M 文件工作方式，指的是将要执行的命令全部写在一个文本文件中，这样，既能使程序显得简洁明了，又便于对程序的修改与维护。M 文件直接采用 MATLAB 命令编写，就像在 MATLAB 的命令窗口直接输入命令一样，因此调试起来也十分方便，并且增强了程序的交互性。

M 文件与其他文本文件一样，可以在任何文本编辑器中进打编辑、存储、修改和读取。利用 M 文件还可以根据白己的需要编写一些函数，这些函数也可以橡 MATLAB 提供的函数一样进行调用。从某种意义上说，这也是对 MATLAB 的二次开发。

M 文件有两种形式：一种是命令方式或称脚本方式；另一种就是函数文件形式。两种形式的文件扩展名均是.m。

4.2.1 脚本文件

脚本文件没有输入输出，对工作空间(workspace)中的变量进行操作。

任何可执行的 MATLAB 命令都可以写入脚本文件。先来看一个简单的例子。

【例 4.13】 产生一个 20 元素点的余弦函数值，并画出图形。

操作步骤：

(1) 新建一个 M 文件命名为 eg7_12.m。

(2) 在 M 文件中输入如下两行代码：

```
  x=zeros(1, 20);     %  预分配 20 个“0”值数据单元
for n=1:20
   x(n)=cos(n*2*pi/20);
end
    plot(x)
```

(3) 保存后选择 debug/run 菜单或按 F5 键运行，或者在命令窗口提示输入 eg7_15，回车执行。观察工作空间中多出了一个变量 data。

编辑运行显示结果如图 4.1 所示。

脚本文件执行时，就如同将文件中的每一条命令依次输入到 MATLAB 命令行中一样，顺次执行。可以尝试在 command history 窗口中按住 Ctrl 键选择几行执行过的命令并单击鼠标右键在快捷菜单中选择 creat M file 来快速创建一个 M 文件。

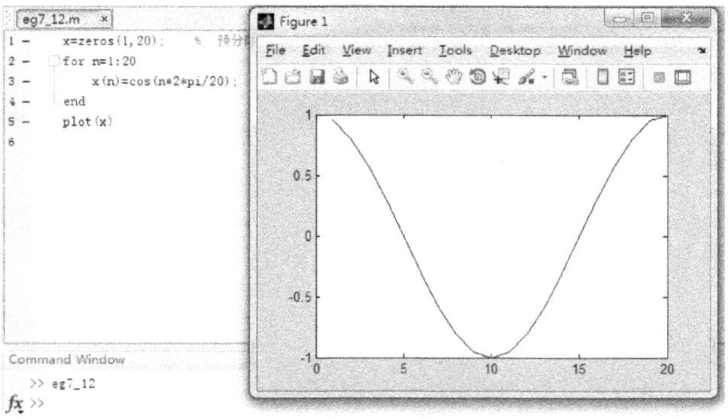

图 4.1 脚本文件结果

4.2.2 函数文件

函数文件是一个特殊的 M 文件，其常见格式如下：

```
function        返回变量列表＝函数名(输入变量列表)
```

函数文件可以接受输入和给出输出，当然也可以没有，它就像 C 语言的函数。MATLAB 函数最大的书写特点(同 C 语言比起来)是它的输出变量定义在函数名前面。

注意：

(1) 函数文件的命名要使用文件内主函数声明的名称，否则出错。例如，function [y1, y2]=myfunc(x, a, b, c)，则该函数文件名必须存为 myfunc.m，而命令文件无此要求。

(2) 函数内部可以嵌套子函数并为该文件的主函数调用，只需将子函数写在主函数代码后面。

(3) 一个函数可以有多个输入输出。例如，function [y1, y2]=myfun(x1, x2, x3)。

(4) 命令文件的变量在文件执行结束以后仍然保存在内存中而不会丢失，而函数文件的变量仅在函数运行期间有效(除非用 global 把变量说明成全局变量，否则函数文件中的变量均为局部变量)，当函数运行完毕后，这些变量也就消失了。

需要说明的是，调用函数时所用的输入输出变量名并不要求与编写函数文件时所用的输入输出变量名相同。

【例 4.14】 已知分段函数 $y=\begin{cases}\sqrt{1-x^2} & (|x|<1)\\ x^2-1 & (|x|\geqslant 1)\end{cases}$，试编写方程函数，并给出曲线图。

(1) 建立函数文件名 eg4_13.m，在编辑框中输入如下代码：

```
function y=eg4_13(x)
if abs(x)<1
    y=sqrt(1-x^2);
else
    y=x^2-1;
end
```

(2) 在命令窗口调用该函数，绘制图形：

```
>>fplot('eg4_13(x)',[-2,2])
```

运行效果如图 4.2 所示。

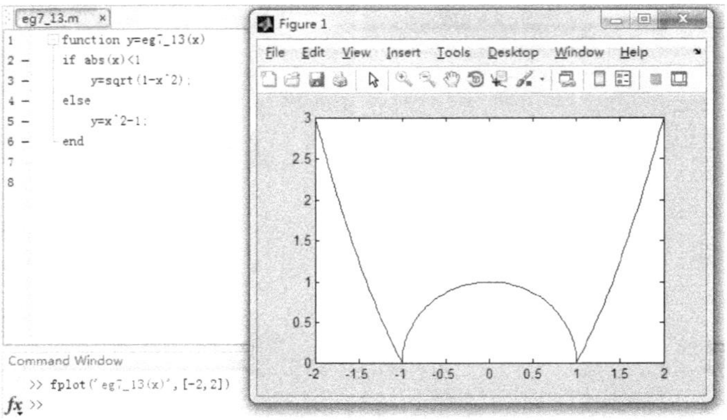

图 4.2　函数文件结果

4.3　数据的输入与输出

4.3.1　数据输入

常用的输入函数有 input()、sscanf()、fscanf()、load()、fgetl 等命令。

1) input 函数

【例 4.15】求和 $s=1+2+\cdots+(n-1)+n$，取 n=38，通过键盘输入 n 的值。

```
n=input('请输入 n 的整数值：');
s=0;
for i=1:n
    s=s+i;
end
n, s
```

例 4.5 运行结果如下：

```
请输入 n 的整数值: 38
n =
    38
s =
   741
```

【例 4.16】判断题。请输入你的判断(Yes=Y/No=N)。

```
answer=input('天下的乌鸦一般黑。对吗？(Y/N)', 's')
switch answer
    case {'Y', 'y'}
        disp('你的答案不正确')
    case {'N', 'n'}
        disp('你的答案正确')
    otherwise
        disp('输入有误')
end
```

2) sscanf 函数

sscanf 是一个运行时函数，原形很简单：

```
int sscanf(const char *buffer, const char *format [, argument ] ... );
```

它强大的功能体现在对 format 的支持上，且可以多个同时输入。

【例 4.17】求平均分。

```
score=input('请输入高数、英语、思政成绩\n', 's')
score=sscanf(score, ' %d %d %d')
avesocre=mean(score)
```

3) fscanf 函数

fscanf 从文件中读取，该命令常与后面的 fprintf 配套使用。

语法：[a，count]=fscanf(fid，format，size)

根据指定的格式从 fid 文件按照格式 format 读出数据并按 size 的格式放入内存。

a　　：读出的数据放入内存的变量名

count ：返回值。0：失败、n>0:成功，n 是读出数据个数。

fid　 ：文件号

size　：a 的数据的格式(N：列向量；[M，N]：读出数据以 M*N 的格式放入变量名 a 内；inf：读出文件全部数据)

format ：读出数据的格式，format 是字符形式，与 C 语言基本相同。字符形式中有“%”与字符集(d，i，o，u，x，e，f，g，s，c，…)搭配构成。

【例 4.18】使用 fscanf 函数从文件中读取。

```
fid=fopen('d: \test.txt', 'rt');
%加 t 表示按 Windows 格式输出换行，即 0x0D 0x0A
%没有 t 表示按 Linux 格式输出换行，即 0x0A
data=fscanf(fid, '%d', [2, 3]);
%把数据读到 data 中。其中 data 是 2*3 的矩阵
s=fscanf(fid, '%s');
d=fscanf(fid, '%X');
%关闭文件
fclose(fid);
disp(data);
disp(s);
disp(d);
```

4.3.2 数据输出

常用的输出函数有 disp、print、sprintf、fprintf、save、fgets、plot、fplot 等命令。

1) disp 函数

disp 函数直接将内容输出在 MATLAB 命令窗口中：

```
disp('下面要进行变量的输入');
```

```
x=input('请输入变量 x 的值');
```

【例 4.19】运算结果输出。

```
%单字符串输出:
disp('Hello!');
%不同类型数据输出:
x = 1;
y = 2;
disp([ num2str(x),' + ',num2str(y),' = ',num2str(x+y)]);
disp(['x=',num2str(x)]);
x
```

运行结果：

```
Hello!
1 + 2 = 3
x=1
x =
    1
```

不采用 disp 显示结果时，会出现结果与变量不在一行。而采用 disp 显示结果时，要转换结果的类型的字符型，多个结果需要加中括号，形成矩阵。

2) print 函数

print 函数可以把函数图形保存成图片。

【例 4.20】输出为图形文件并保存。

```
minbnd = 0;
maxbnd = 2*pi;
t = minbnd:0.1*pi:maxbnd;
plot(t,sin(t),'g','Linewidth',2);
line([minbnd,maxbnd],[0,0]);           %绘制 x 轴
axis([0,8,-2,2])                       %定义显示的坐标区间:x 在(0,8)之间, y 在(-2,2)之间
grid on;
title('sin(x)');
xlabel('x');
ylabel('sin(x)');
print('-djpeg','sin');                 %保存为 jpg 图片，在 MATLAB 当前的工作目录下
```

打开 MATLAB 当前的工作目录下可以看到有 sin.jpg 图片(图 4.3)了。

print('-djpeg', 'sin')表示保存为 jpeg 图片，文件名为 sin.jpg，其中第一个参数可以是：

-dbmp：保存为 bmp 格式；

-djpeg：保存为 jpeg 格式；

-dpng：保存为 png 格式；

-dpcx：保存为 pcx 格式；

-dpdf：保存为 pdf 格式；

-dtiff：保存为 tiff 格式；

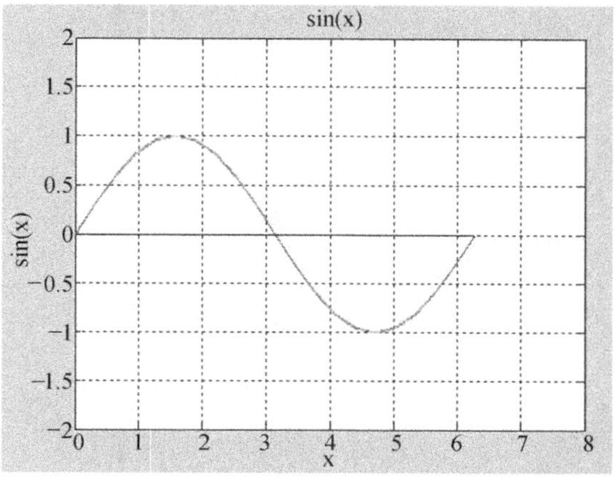

图 4.3　print 输出

3) fprintf 函数

fprintf 函数可以将数据按指定格式写入到文本文件中。

fprintf(fid,format,data)中的 fid 表示由 fopen 函数打开的文件句柄，如果 fid 省略，则直接输出在屏幕上，format 是字符串形式的输出格式，data 是要输出的数据。其中 format 可以为：

%c：单个字符；

%d：有符号十进制数(%i 也可以)；

%u：无符号十进制数；

%f：浮点数(%8.4f 表示对浮点数取 8 位宽度，同时 4 位小数)；

%o：无符号八进制数；

%s：字符串；

%x：小写 a～f 的十六进制数；

%X：大写 a～f 的十六进制数。

【例 4.21】输出到文件。

```
data = [1, 2, 3;7, 8, 9];
[row, col] = size(data);                    %求出矩阵 data 的行数和列数
fid=fopen('test.txt','wt');                 %打开文件
%加 t 表示按 Windows 格式输出换行，即 0x0D 0x0A
%没有 t 表示按 Linux 格式输出换行，即 0x0A
for i=1:row
   for j=1:col
      fprintf(fid,'%d ',data(I,j));         %类似于 C 语言的输出格式
   end
      fprintf(fid,'\n');
end
fprintf(fid, 'This is a string\n');
```

```
fprintf(fid, '%X', hex2dec('ABCD'));
fclose(fid);                                    %最后关闭文件
```

运行结果存入 test.txt：

```
1 2 3
7 8 9
This is a string
ABCD
```

4.4 程序调试

结合前面例 4.18 和例 4.21，会发现例 4.18 读入的结果与实际写入的结果不一致，这时需要改写例 4.18 的程序。

用原来例 4.18 读入后发现：

矩阵 data 的值：

```
    1    3    8
    2    7    9
```

而存入的 data 值是：

```
    1    2    3
    7    8    9
```

为了正确读入原来存入的值，程序段改写如下：

```
clc
fid=fopen('test.txt', 'rt');
%加 t 表示按 Windows 格式输出换行，即 0x0D 0x0A
%没有 t 表示按 Linux 格式输出换行，即 0x0A
data=fscanf(fid, '%d', [2, 3]);
%把数据读到 data 中。其中 data 是 2*3 的矩阵，读入后按列优先分配了，不是按行，答案就不对了
data=reshape(data(:), 3, 2)';
%把矩阵里的值重新赋值，按行优先处理。先转成 3 行 2 列，然后再转置
s=fscanf(fid, '%c', 18)
%写入的时候包含空格，再按%s 读入，空格将会消失，采用%c 读入则需要指定长度
d=fscanf(fid, '%X')
d=dec2hex(d)
%关闭文件
fclose(fid);
```

运行结果：

```
data =
    1    3    8
    2    7    9
data =
    1    2    3
```

```
     7      8      9
s =
This is a string
d =
       43981
d =
ABCD
```

习 题 4

1．试编写一个函数，判断某一年是否为闰年。

2．试编写一个脚本，判断如图 4.4 所示的平面四杆机构(以杆长 1400 构件为机架)，是否存在曲柄？

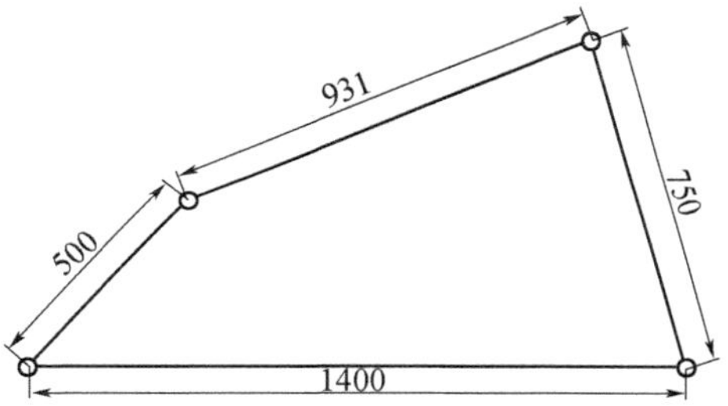

图 4.4

3．试编写一个函数，在铁碳相图中，快速计算 727℃时某一含碳量亚共析钢中的组织铁素体 F 和珠光体 P 相对质量百分比。

4．2012 年 1 月，我国银行存款年利率为 3.5%，若将 10 万元钱于当月存入银行，问多长时间会连本带利翻一番(假定利率保持不变)？

5．已知三角形的三条边的长度为 a、b、c，面积公式为 $A=\sqrt{s(s-a)(s-b)(s-c)}$，其中 $s=\frac{1}{2}(a+b+c)$，试编写程序求三角形的面积。

第 5 章　MATLAB 绘图基础

视觉是人们感受世界、认识自然的最重要依靠。数据可视化的目的在于：通过图形，从一堆杂乱的离散数据中观察数据间的内在关系，感受由图形所传递的内在本质。

MATLAB 语言除了有强大的矩阵处理功能之外，它的绘图功能也是相当强大的。随着版本升级，MATLAB 图形工具箱从简单的点、线、面处理发展到二维图形、三维图形甚至四维图形处理，同时可以进行图形着色、消隐、光照处理、渲染及多视角处理等多项功能。

5.1　二维曲线的绘制

二维图形的绘制是 MATLAB 语言图形处理的基础，也是广大数值计算中广泛应用的图形方式之一。

5.1.1　基本绘图命令 plot

1．plot 的功能

(1) plot 命令自动打开一个图形窗口 Figure。

(2) 用直线连接相邻两数据点来绘制图形。

(3) 根据图形坐标大小自动缩扩坐标轴，将数据标尺及单位标注自动加到两个坐标轴上。

(4) 如果已经存在一个图形窗口，plot 命令则清除当前图形，绘制新图形。

(5) 可单窗口单子图绘图；可单窗口多子图绘图；可多窗口单子图分图绘图；可多窗口多子图绘图。

(6) 可任意设定曲线颜色和线型。

(7) 可给图形加坐标网线和图形加注功能。

2．plot 的调用格式

1) plot(x)——默认自变量绘图格式

x 为向量，以 x 元素值为纵坐标，以相应元素下标为横坐标绘图。如果 x 为复变量，MATLAB 会把 x 的实部作为横轴变量，虚部作为纵轴变量。

【例 5.1】函数 plot(x)应用。

```
>> x1=[0 1 0];
>>plot(x1)
```

输出如图 5.1 所示。

```
>> x2=[0 1+i 2-i 3];
>>plot(x2)
```

输出如图 5.2 所示。

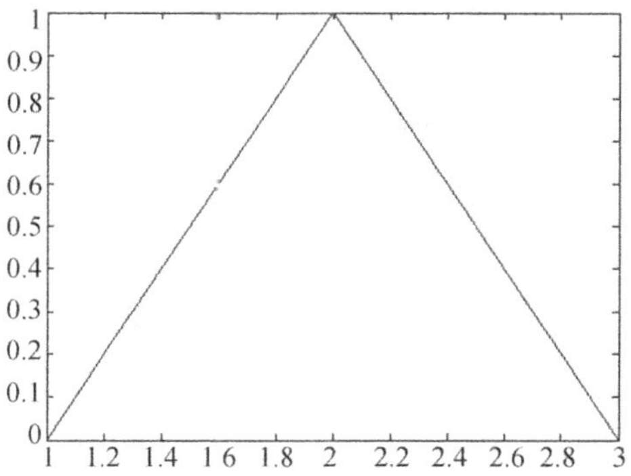

图 5.1 plot 绘制曲线 1

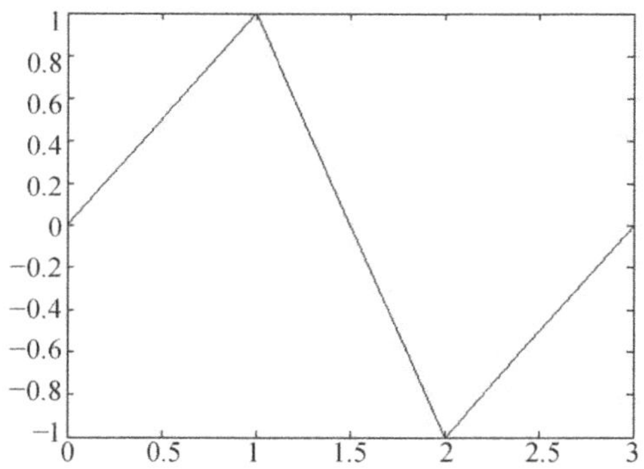

图 5.2 plot 绘制曲线 2

当 x 是一个 m×n 的矩阵时，plot(x)命令为矩阵的每列画出一条线，共 n 条曲线，各曲线自动用不同颜色表示；每条线的横坐标为向量 1:m(m 是矩阵的行数)，绘制方法与向量相同。

【例 5.1 续】

```
>> x3=[3 4 5;6 7 8]
x3 =
     3     4     5
     6     7     8
>> plot(x3)           % n=3，绘制出三条直线
```

输出如图 5.3 所示。

2) plot(x,y)——基本格式

(1) x，y 都是 n 维向量(x，y 的长度必须相等)，以 y(x)的函数关系作出直角坐标图，如果 y 是复变量，虚部将被丢弃。

【例 5.2】 plot(x,y)应用

```
>>t=0:pi/100:2*pi;
>>y1=sin(t);
>>plot(t,y1)
```

输出如图 5.4 正弦曲线。

```
>>y2=sin(t)+i*cos(t);
>>plot(t,y2)
```

输出图 5.4 一样的正弦曲线。

```
Warning: Imaginary parts of complex X and/or Y arguments ignored
```

MATLAB 提示：绘图时，y2 的虚部将被丢弃，虽然 y1 和 y2 明显不等，但二者通过 plot 绘制出图形一样。

(2) 如果 y 为 n×m 的矩阵，则以 n 维向量 x 为自变量，作出 m 条曲线。或者以 m 维向量 x 为自变量，作出 n 条曲线。

【例 5.2 续】

```
>>x1=[1 2 ];
>>y1=[1 2 3;4 5 6]
y1 =
```

```
     1     2     3
     4     5     6
>>plot(x1, y1)
```

输出如图 5.5(a)所示。

```
>>x2=[1 2 3 ];
>>y2=[1 2 3;4 5 6];
>>plot(x2, y2)
```

输出如图 5.5(b)所示。

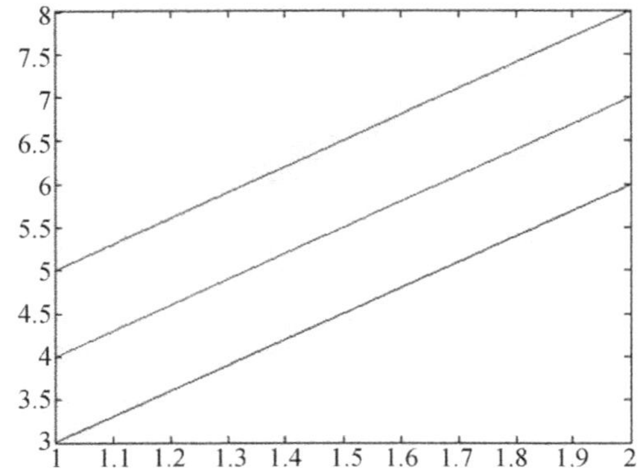

图 5.3　plot 绘制曲线 3

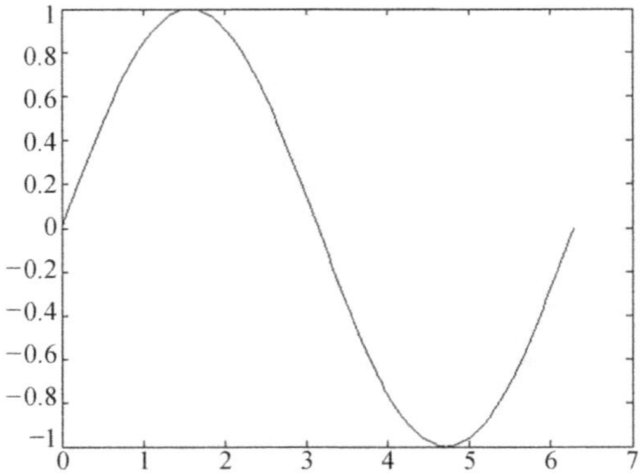

图 5.4　plot 绘制曲线 4

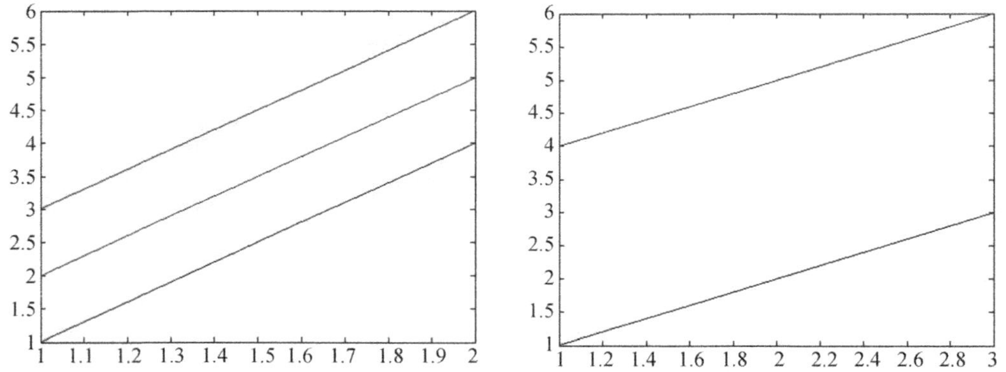

(a)　　　　(b)

图 5.5　plot 绘制曲线 5

(a) y1 曲线；(b) y2 曲线。

(3) 如果 x 是矩阵，而 y 是向量，则 y 的长度必须等于 x 的行数或列数，绘制方法与前一种相似。

【例 5.2 续】

```
>>x=[3 4 5; 6 7 8];
>>y3=[3 4 5];
plot(x, y3)
```

输出如图 5.6(a)所示。

```
>> x=[3 4 5; 6 7 8];
>>y4=[3 5];
plot(x, y4)
```

输出如图 5.6(b)所示。

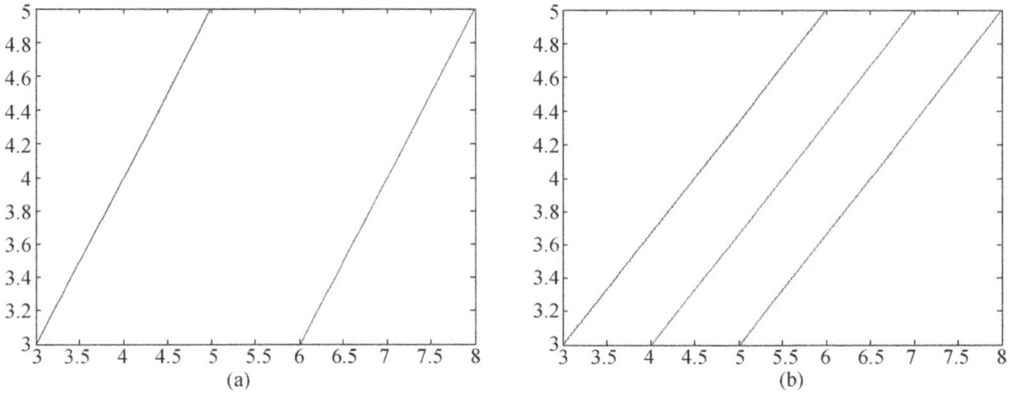

(a)　　　　(b)

图 5.6　plot 绘制曲线 6

(a) y3 曲线；(b) y4 曲线。

(4) 如果 x，y 为 n×m 的矩阵(大小必须相同)，则以 x 第 i 列为自变量，y 第 i 列为因变量，作出 m 条曲线(曲线条数等于矩阵的列数)。

【例 5.2 续】

```
>> x1=linspace(0, 2*pi, 100);
>>x2=linspace(0, 3*pi, 100);
>>x3=linspace(0, 4*pi, 100);
>>y1=sin(x1);
>>y2=1+sin(x2);
>>y3=2+sin(x3);
>>X=[x1;x2;x3]';                %矩阵 X
>>Y=[y1;y2;y3]';                %矩阵 Y
>>plot(X, Y )                   %以 X, Y 对应列元素为横、纵坐标分别绘制曲线
```

输出如图 5.7 所示。

(5) plot(x1,y1,x2,y2,…,xn,yn)

当输入参数都为向量时，x1 和 y1，x2 和 y2，…，xn 和 yn 分别组成一组向量对，每一组向量对的长度可以不同。每一向量对可以绘制出一条曲线，这样可以在同一坐标内绘制出多条曲线。

【例 5.2 续】

```
>> x1=linspace(0,6,100);
>>y1=0.2*x1-1;
>>x2=0:0.05:2*pi;
```

```
>>y2=cos(x2);
>>plot(x1,y1,x2,y2)
```

输出如图 5.8 所示。

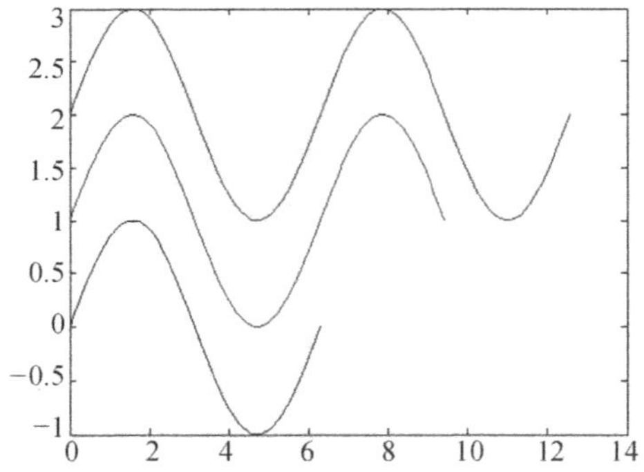

图 5.7　plot 绘制曲线 7

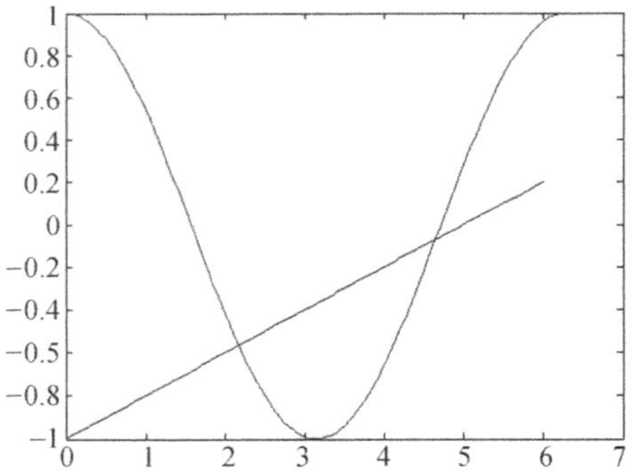

图 5.8　plot 绘制曲线 8

3．fplot 函数——绘制函数图

在实际应用中，用户可能不知道函数随自变量变化的趋势，此时如果采用 plot 绘图，可能会因为自变量的取值间隔不合理而不能反映出自变量在某一区间内函数的变化情况。如果把间隔取小一些，计算量就会变大。fplot 可以很好地解决这个问题。它通过内部的算法来动态决定自变量的取值间隔。fplot 的调用格式如下：

格式一：fplot(fun，lims)　　%在指定的范围 limits 内画出函数名为 fun 的图像。其中 limits 是一个指定 x 轴范围的向量[xmin xmax]或者是 x 轴和 y 轴范围的向量[xmin xmax ymin ymax]。

格式二：fplot(fun,lims,LineSpec)　　%以指定线形绘图。

格式三：fplot(fun,limits,tol,LineSpec)　　%用指定的相对误差值为 tol 和指定的线型 LineSpec 画出函数 fun。

格式四：fplot(fun,limits,n)　　%当 n>=1 时，则至少画出 n+1 个点，默认的 n 为 1。最大步长不超过(1/n)*(xmax-xmin)。

【例 5.3】 绘制函数 $f = 200\sin(1/\tan(\pi x))$ 在区间[-0.1 0.1]的图形。

```
>> fun=@(x)sin(1./tan(pi*x))*200;
   fplot(fun,[-0.1 0.1],'r')
```

输出如图 5.9 所示。

4．双纵坐标图

在 MATLAB 中，如果需要绘制出具有不同纵坐标标度的两个图形，可以使用 plotyy 绘图函数。其调用格式：

plotyy(x1,y1,x2,y2) %左纵轴用于(x1,y1)数据，右纵轴用于(x2,y2)数据来绘制两条曲线。坐标轴的范围、刻度都自动产生。

【例 5.4】 用不同标度在同一坐标内绘制曲线 $y_1 = \mathrm{e}^{-0.3x}\cos 2x$ 及曲线 $y_2 = 10\mathrm{e}^{-1.5x}$ 。

```
>>x=0:pi/180:2*pi
>>y1=exp(-0.3*x).*cos(2*x);
>>y2=10*exp(-1.5*x);
```

```
>>plotyy(x, y1, x, y2)
```

输出如图 5.10 所示。

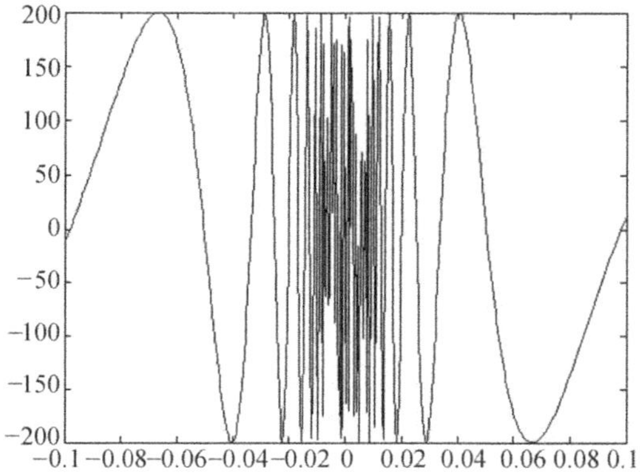

图 5.9 fplot 绘制曲线

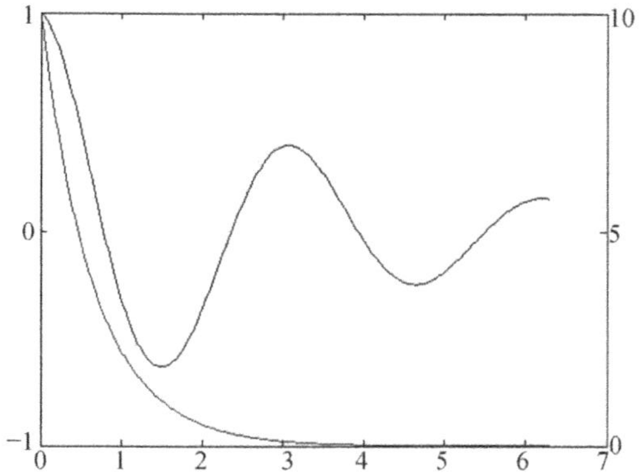

图 5.10 plotyy 绘制曲线

5. 特殊坐标系的图形函数

在使用基本的绘图函数时，它们的坐标轴刻度均为线性刻度。但是当实际的数据出现指数变化时，指数变化就不能直观地从图形上体现出来。假如当函数以极坐标等表示时，就不能用线性刻度来表示。为了解决这些问题，MATLAB 提供了相应的绘图函数。

这里，特殊坐标系是区别于均匀直角坐标系而言的，具体来说就是对数直角坐标系、极坐标系、柱坐标和球坐标等。

1) 对数直角坐标系

MATLAB 语言提供了绘制不同形式的对数坐标曲线的功能，具体实现该功能的函数是 semilogx、semilogy 和 loglog。

Loglog %给出 x，y 轴均为 log10 的对数图。

Semilogx %给出 x 轴为 log10 刻度，y 为线性刻度图。

Semilogy %给出 y 轴为 log10 刻度，x 为线性刻度图。

【例 5.5】对数直角坐标系绘图举例。

```
>> x=[1:0.1:2];
>>y=exp(x);
>>subplot(2,2,1);
>>plot(x,y); title('plot(x,y)')
>> subplot(2,2,2)
>>loglog(x,y);title('loglog(x,y)')
>> subplot(2,2,3)
>>semilogx(x,y); title('semilogx(x,y)')
>> subplot(2,2,4)
semilogy(x,y);title('semilogy(x,y)')
```

输出如图 5.11 所示。

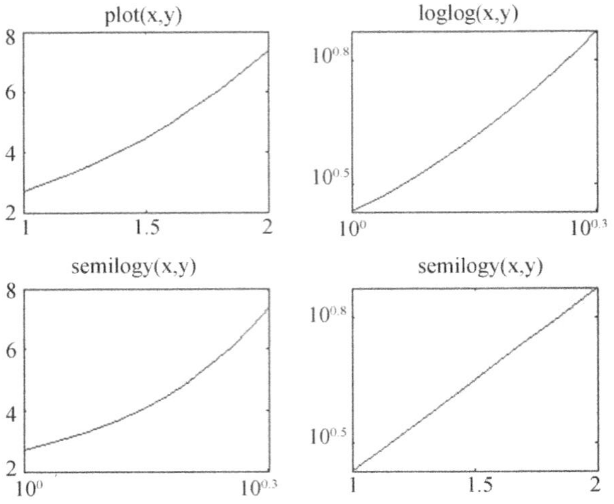

图 5.11　对数直角坐标系输出图

2) 极坐标系

MATLAB 中的 polar 命令用于画极坐标图，它接受极坐标形式的函数 rho=f (θ)，其调用格式：polar (theta,rho,LineSpec)。

用极角 theta 和极径 rho 画出极坐标图形，极角 theta 为从 x 轴到半径的单位为弧度的向量，极径 rho 为各数据点到极点的半径向量，LineSpec 指定极坐标图中线条的线型、标记符号和颜色等。

【例 5.6】极坐标系绘图举例。

```
>>rho0=1;
>>theta=0:pi/20:4*pi;
>>rho=rho0+theta*rho0;
>>polar (theta,rho,'r')
```

输出如图 5.12(a)所示。

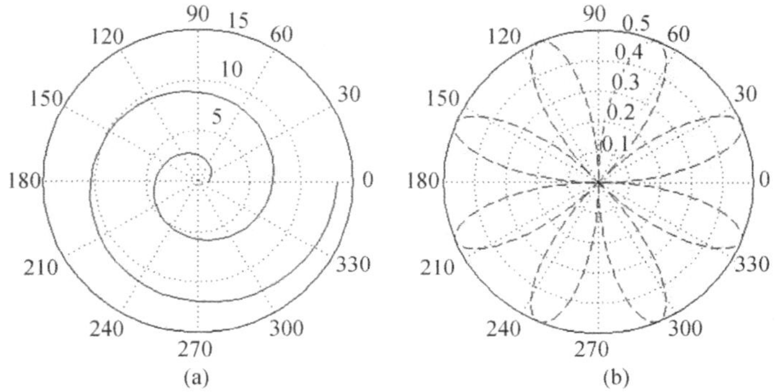

图 5.12　极坐标系绘图

(a) 极坐标图 1；(b) 极坐标图 2。

【例 5.6 续】

```
>>t = 0 : .01 : 2 * pi;
>>polar(t,sin(2 * t) .* cos(2 * t),'--r')
```

输出如图 5.12(b)所示。

3) 柱坐标系和球坐标系

在 MATLAB 中，没有在柱坐标和球坐标下直接绘制数据图形的命令，但 pol2cart 和 sph2cart 命令能够将柱坐标和球坐标值转化为直角坐标系下的坐标值，然后在直角坐标下绘制数据图形。

5.1.2 特殊二维图形

在 MATLAB 中，还有其他绘图函数，可以绘制不同类型的二维图形，如表 5.1 所列。

表 5.1 特殊二维图形绘制

函数	二维图的形状	备注
bar(x，y)	条形图	x 是横坐标，y 是纵坐标
comet(x，y)	绘制彗星曲线	x 是横坐标，y 是纵坐标
stairs(x，y)	阶梯图	x 是横坐标，y 是纵坐标
stem(x，y)	火柴杆图	x 是横坐标，y 是纵坐标
fill(x，y，'b')	实心图	x 是横坐标，y 是纵坐标，'b'代表颜色
scatter(x，y，s，c)	散点图	x 是圆圈标记点的面积，c 是标记点颜色
pie(x)	饼图	x 为向量

【例 5.7】特殊二维图形绘制举例。

1. 绘制二维条形图

```
>>t=0:0.2:2*pi; y=cos(t); bar(t, y)
```

输出结果如图 5.13 所示。

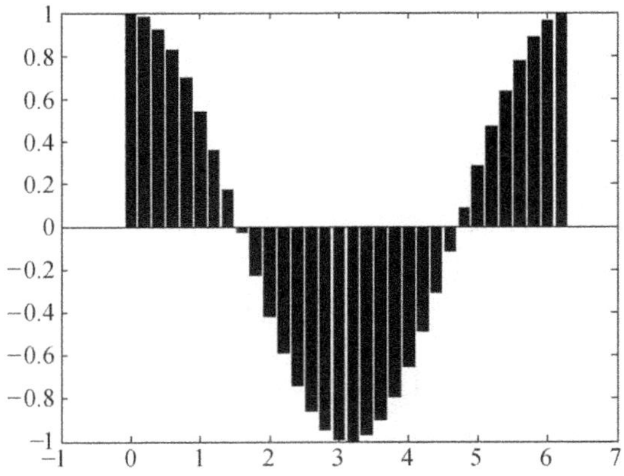

图 5.13 二维条形图

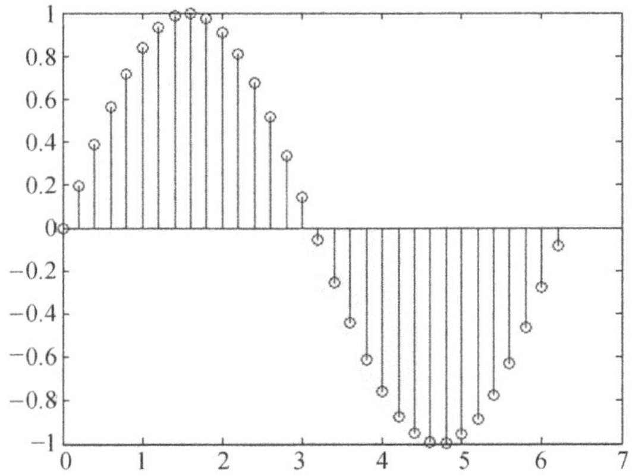

图 5.14 火柴杆图

2. 绘制火柴杆图

```
>>t=0:0.2:2*pi; y=sin(t); stem(t, y)
```

输出结果如图 5.14 所示。

3. 绘制阶梯曲线

```
>>x=0:pi/20:2*pi;y=sin(x);stairs(x, y)
```

输出结果如图 5.15 所示。

4. 绘制彗星曲线图(动态)

```
>>t= -pi:pi/500:pi; y=tan(sin(t))-sin(tan(t)); comet(t, y)
```

输出结果如图 5.16 所示。

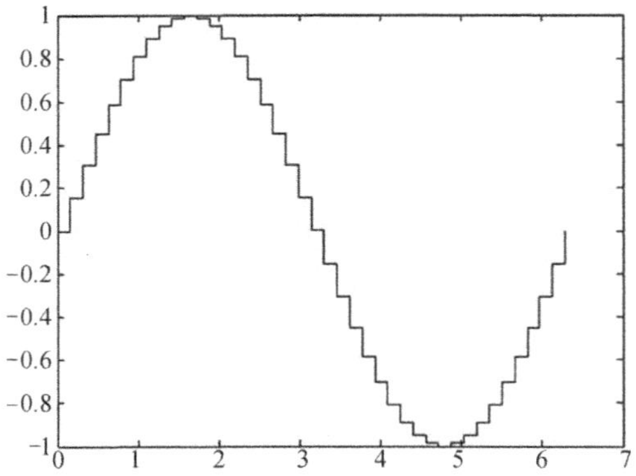

图 5.15　阶梯曲线

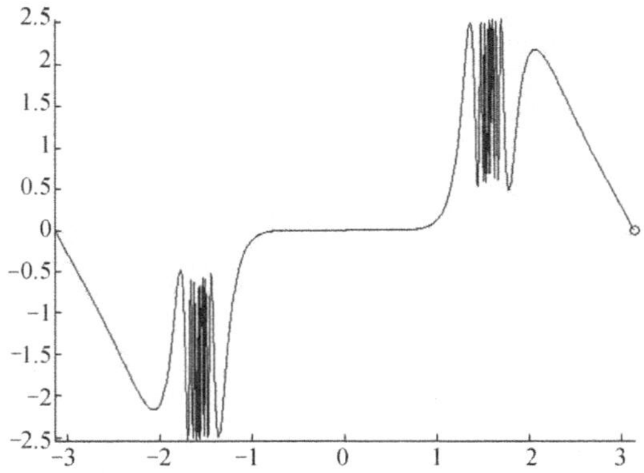

图 5.16　彗星曲线图

5. 绘制饼图

(1) 不分离饼图：

```
>>x=[2 8 3 4 5 6 7]
>>pie(x)
```

输出结果如图 5.17 所示。

(2) 带分离切块的饼图。在向量 x 的后面加一个与 x 相同长度的向量，该向量中所有不为 0 的元素所对应的向量 x 中的切块将被分离出来。

```
>>x=[2 8 3 4 5 6 7];y=[0 0 0 1 0 0 0];
>>pie(x, y)  %分离第 4 块
```

输出结果如图 5.18 所示。

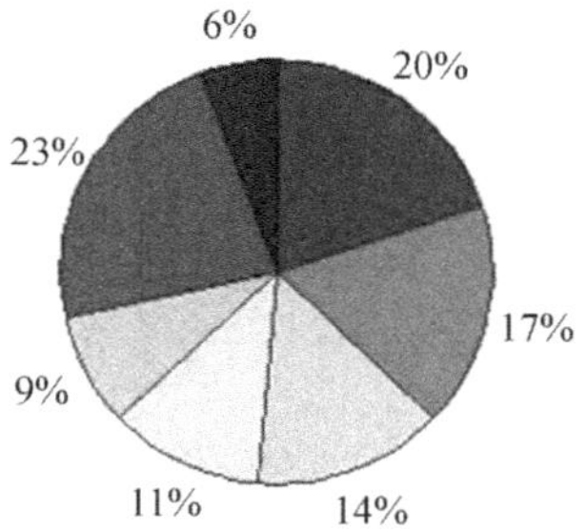

图 5.17　不分离饼图

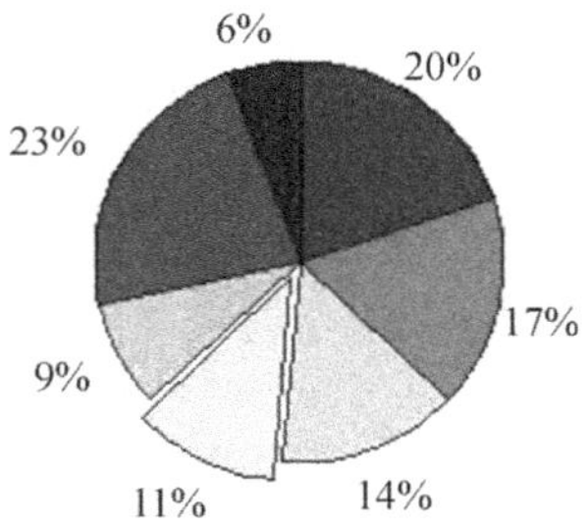

图 5.18　带分离切块的饼图

6. 绘制实心图

```
>>t = (1/16:1/8:1)'*2*pi;
>>x = sin(t);
```

```
>>y = cos(t);
>>fill(x,y,'r');
>>gtext('Believe in yourself','fontsize',30,'color',[1 1 1])
```

输出结果如图 5.19 所示。

7. 绘制面积图

```
>>Y = [1,5,3;3,2,7;1,5,3;2,6,1];
>>area(Y)
```

输出结果如图 5.20 所示。

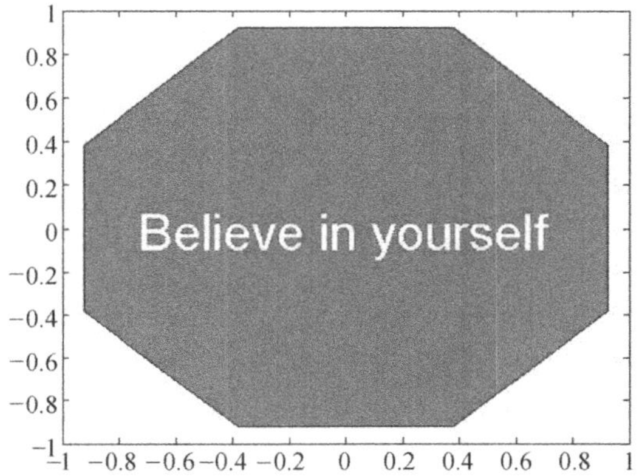

图 5.19　实心图

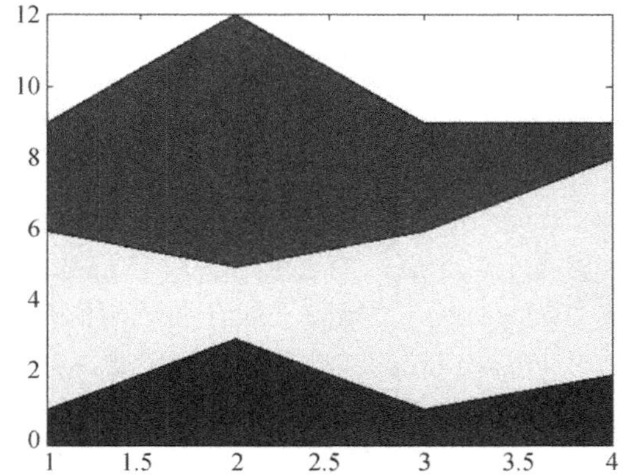

图 5.20　面积图

area 是填充画图区域的命令，对向量 x，y，area(x,y)与 plot(x,y)相同，只是在 0-Y 区域填充了颜色。

8. 用罗盘图和羽毛图绘制复向量

```
>> theta=0:0.2:2*pi;
>>z=sin(theta).*exp(j*theta);
>>compass(z)
```

绘制罗盘图，如图 5.21(a)所示。

```
>>feather(z)
```

绘制羽毛图，如图 5.21(b)所示。

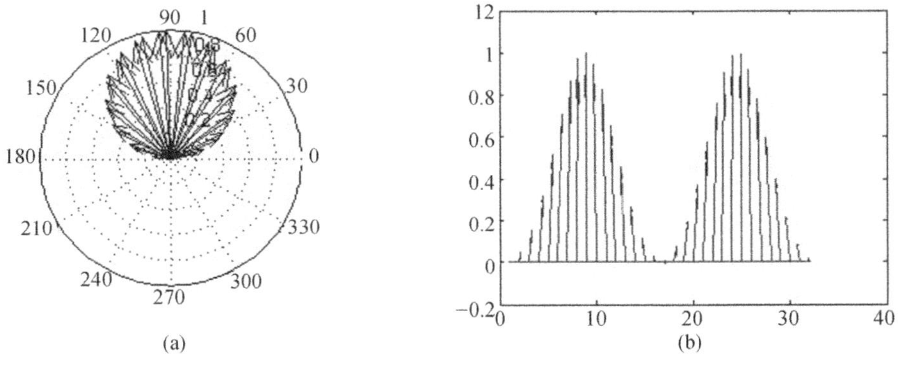

图 5.21　(a)实心图罗盘图和(b)羽毛图

程序分析：羽毛图的绘制起点是(k，0)，k 从 1～n，n 是 Z 向量的元素序号。

5.2　图形的控制与表现

5.2.1　图形窗口

1．图形窗口的创建和选择

figure(n)：用于为当前的绘图创建图形窗口，每运行一次 figure 就会创建一个新的图形窗口，n 表示第 n 个 窗口，如果窗口定义了句柄，也可以用 figure(h)将句柄 h 的窗口作为当前窗口。

2．关闭和清除图形窗口

(1) 执行 close 可以关闭图形窗口，其调用格式有：

① close：关闭当前图形窗口，等效于 close(gcf)。

② close(h)：关闭图形句柄 h 指定的图形窗口。

③ close name：关闭图形窗口名 name 指定的图形窗口。

④ close all：关闭除了隐含图形句柄以外的所有图形窗口。

⑤ close all hidden：关闭包括隐含图形句柄在内的所有图形窗口。

⑥ status = close(...)：调用 close 函数正常关闭图形窗口时，返回 1；否则返回 0。

(2) 清除当前图形窗口中使用如下命令：

① clf：清除当前图形窗口所有可见的图形对象。

② clf reset：清除当前图形窗口所有可见的图形对象，并将窗口的属性设置为默认值(Units、PaperPosition 和 PaperUnits 属性除外)。

3．在一个图形窗口中绘制多个子图形

如果需要在同一个图形窗口中布置几幅独立的子图，可以在 plot 命令前加上 subplot 命令来将一个图形窗口划分为多个区域，每个区域一幅子图。

函数格式：subplot(m,n,p)或者 subplot(mnp) ；当 m，n，p<10 时，可以简化为 subplot(mnp)或者 subplot mnp。其中，m 表示图排成 m 行，n 表示图排成 n 列，即整个 figure 中有 n 个图是排成一行的，一共 m 行，如果第一个数字是 2 就是表示 2 行图。p 是指要把曲线画到 figure 中哪个图上，最后一个如果是 1，表示是从左到右第一个位置。

【例 5.8】 subplot 函数应用举例。

```
>> t=0:pi/20:2*pi; [x,y]=meshgrid(t);
>>subplot(2,2,1);              %分割为 2*2 个子图，左上方为当前图
>>plot(sin(t),cos(t)); axis equal
>>subplot(2,2,2);              %右上方为当前图
>>z=sin(x)+cos(y); plot(t,z); axis([0 2*pi -2 2])
>>subplot(2,2,3);              %左下方为当前图
>>z=sin(x).*cos(y); plot(t,z); axis([0 2*pi -1 1])
>>subplot(224);                %右下方为当前图
>>z=sin(x).^2-cos(y).^2; plot(t,z); axis([0 2*pi -1 1])
```

输出图形如图 5.22 所示。

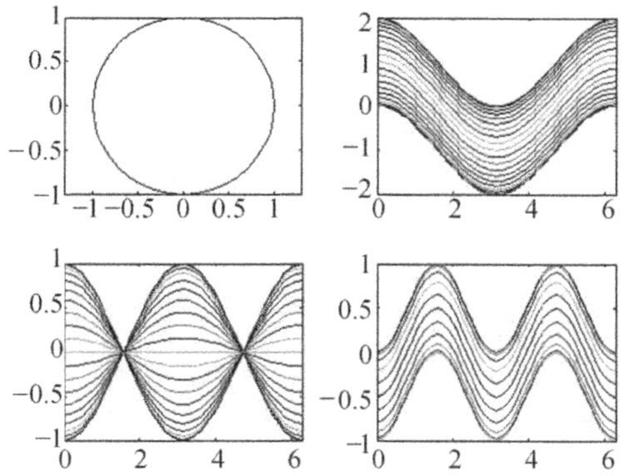

图 5.22　输出图 1

若继续输入以下命令：

```
>> subplot(2,2,3: 4);   %第二行为当前图
>>z=sin(x).*cos(y); plot(t,z); axis([0 2*pi -1 1])
```

输出图形如图 5.23 所示。

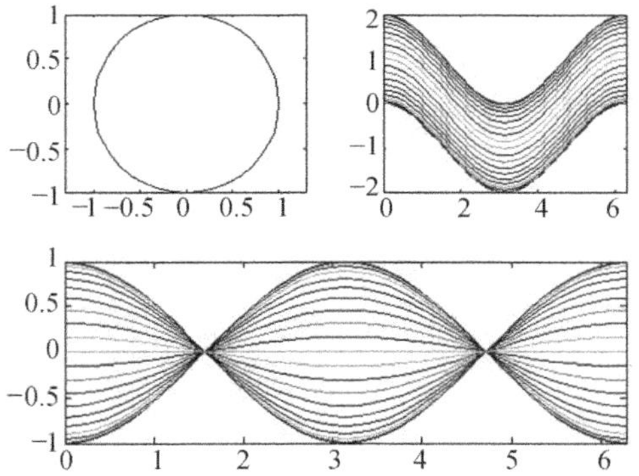

图 5.23　输出图 2

4．在一个已有的图形上绘图

为了在一个坐标系中增加新的图形对象，可以用 hold 命令来保留原图形对象，实现函数格式如下：

```
hold on          %在一个已有的图形上继续绘图
hold off         %命令结束继续绘图
hold             %在以上两个命令中切换
```

说明：在设置了 hold on 后，如果画多个图形对象，则在生成新的图形时保留当前坐标系中已存在的图形对象，MATLAB 会根据新图形的大小，重新改变坐标系的比例。

【例 5.9】 将函数 $y = \sin x$ 和 $y = 2e^{-0.5x}\cos 4\pi x$ 画在一起。

```
>> x1=0:pi/100:2*pi;
>>y1=2*exp(-0.5*x1).*cos(4*pi*x1);
>>plot(x1,y1)
```

```
>>hold on
>> x2=-pi:pi/100:pi;
>>y2=sin(x2);
>>plot(x2,y2)
```

程序分析：坐标系的范围由 0～2π 转变为-π～2π，如图 5.24 所示。

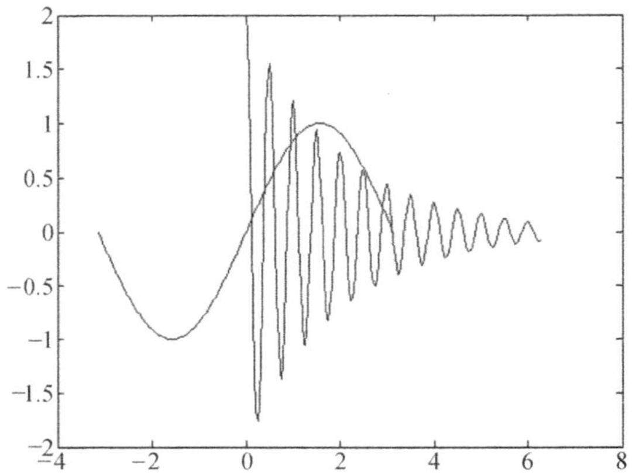

图 5.24　输出图 3

5.2.2　坐标轴控制命令

用坐标控制命令 axis 来控制坐标轴的特性，表 5.2 列出其常用控制命令。

表 5.2　常用的坐标控制命令

命令	含义	命令	含义
axis auto	使用默认设置	axis equal	纵、横轴采用等长刻度
axis manual	使当前坐标范围不变	axis fill	在 manual 方式下起作用，使坐标充满整个绘图区
axis off	取消轴背景	axis image	纵、横轴采用等长刻度，且坐标框紧贴数据范围
axis on	使用轴背景	axis normal	默认矩形坐标系
axis ij	矩阵式坐标，原点在左上方	axis square	产生正方形坐标系
axis xy	普通直角坐标，原点在左下方	axis tight	把数据范围直接设为坐标范围
axis([xmin，xmax，ymin，ymax])	设定坐标范围，必须满足 xmin<xmax，ymin<ymax，可以取 inf 或-inf	axis vis3d	保持高宽比不变，用于三维旋转时避免图形大小变化

1．坐标轴的范围

二维图形坐标轴范围在默认状态下是根据数据的大小自动设置的，如欲改变，可利用 axis(xmin xmax ymin ymax)函数来定义。

【例 5.10】定义坐标轴范围对观察图形的影响。

```
>>x=0:.01:pi/2; figure(1);
>>plot(x,tan(x),'-ro')
```

输出如图 5.25(a)所示。

上例中 ymax=tan(1.57)=1.2558e+003，而其他数据都很小，结果将使图形(图 5.25(a))难于进行观察和判断，因此对坐标轴的范围进行控制就可得到较满意的绘图结果(图 5.25(b))。

```
>>figure(2); plot(x,tan(x),'-ro');
>>axis([0,pi/2,0,5])
```

输出如图 5.25(b)所示。

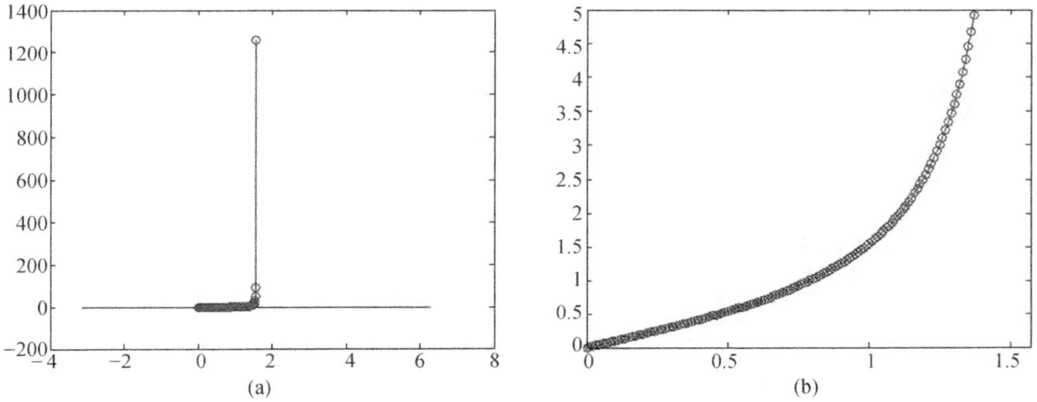

图 5.25　输出图 4

2. 显示比例对绘图结果的影响

【例 5.11】 比较(Default、axis square、axis equal、axis tight)几种不同的显示方式的显示效果。

```
>>t=0:pi/20:2*pi;
>>figure(1);
```

输出如图 5.26(a)所示。

```
>>subplot(2,1,1); plot(sin(t),2*cos(t));              %默认状态下的图形比例
>>grid on                                              %显示坐标网格线
>>subplot(2,1,2); plot(sin(t),2*cos(t)); axis square;  %正方形的显示比例
>>figure(2)
```

输出如图 5.26(b)所示。

```
>>subplot(1,2,1); plot(sin(t),2*cos(t)); axis equal;   %具有相等的刻度比例
>>box off                                              %使当前坐标框呈开启形式
>>subplot(1,2,2); plot(sin(t),2*cos(t)); axis tight ;  %紧缩形式
```

例 5.11 中的 box 命令和 grid 命令解释见表 5.3。

(1) box 命令：

box on　　%使当前坐标框呈封闭形式，为默认状态
box off　　%使当前坐标框呈开启形式
box　　%在以上两个命令间切换

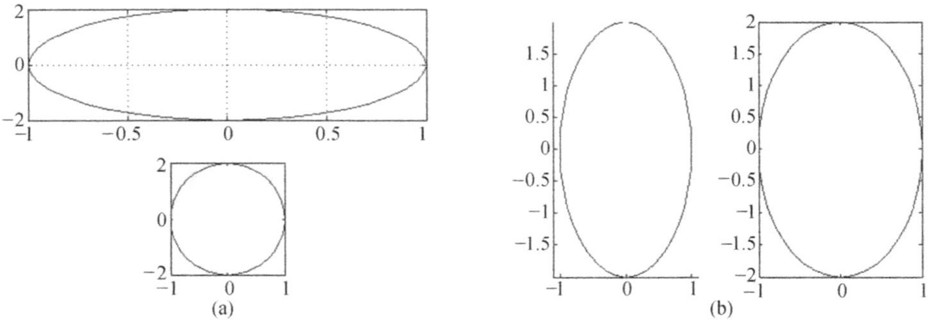

图 5.26 输出图 5

(2) grid 命令：

grid on　　　%图形窗体的轴显示坐标网格线
grid off　　 %图形窗体的轴不显示坐标网格线
grid　　　　 %在以上两个命令间切换

5.2.3 MATLAB 的图形标注方法

MATLAB 的提供了一些图形标注命令，如表 5.3 所列。

表 5.3 MATLAB 的图形标注命令

命令	含义	命令	含义
title('options')	添加图形标题	xlabel('options')	x 轴标注
legent('options')	图形加标注	ylabel('options')	y 轴标注
text(x，y，'string')	在图形中指定的位置(x，y)上标注'string'	grid on/off	显示/取消网格大小
gtext('string')	用鼠标直接在指定的位置上加注文本	box on/off	给坐标加/不加边框线
hold on/off	保持/刷新原有图形		

图形标注可以使用字母、数字、汉字或按规定的方法表示希腊字母，如\pi 表示 π，\leq 表示≤，\rm 表示后面的字恢复为正体字，\it 表示斜体字，FontSize 表示字体的大小，FontName 表示字体的类型等。详情见表 5.4、表 5.5。

表 5.4 图形标识用的希腊字母、数学符号和特殊字符

类别	命令	字符	命令	字符	命令	字符	命令	字符
希腊字母	\ alpha	α	\ eta	η	\ nu	ν	\ upsilon	υ
	\ beta	β	\ theta	θ	\ xi	ξ	\ Upsilon	Υ
	\ epsilon	ε	\ Theta	Θ	\ Xi	Ε	\ phi	φ
	\ gamma	γ	\ iota	ι	\ pi	π	\ Phi	Φ
	\ Gamma	Γ	\ zeta	ζ	\ Pi	Π	\ chi	χ
	\ delta	δ	\ kappa	κ	\ rho	ρ	\ psi	ψ
	\ Delta	Δ	\ mu	μ	\ tau	τ	\ Psi	Ψ
	\ omega	ω	\ lambda	λ	\ sigma	σ		
	\ Omega	Ω	\ Lambda	Λ	\ Sigma	Σ		

(续)

类别	命令	字符	命令	字符	命令	字符	命令	字符
数学符号	\approx	≈	\oplus	≡	\neq	≠	\leq	⩽
	\geq	⩾	\pm	±	\times	×	\div	÷
	\int	∫	\exists	∝	\infty	∞	\in	∈
	\sim	≌	\forall	～	\angle	∠	\perp	⊥
	\cup	∪	\cap	∩	\vee	∨	\wedge	∧
	\surd	√	\otimes	⊗	\oplus	⊕		
箭头	\uparrow	↑	\downarrow	↓	\rightarrow	→	\leftarrow	←
	\leftrightarrow	↔	\updownarrow	↕				

如果需要对文字进行上下标设置，或设置字体大小，则必须在文字标识前先使用表 5.5 中所列的设置值。

表 5.5　文字设置

命令	含　义
\fontname{s}	字体的名称，s 为 Times New Roman 、Courier、宋体等
\fontsize{n}	字号大小，n 为正整数，默认为 10(points)
\s	字体风格，s 可以为 bf(黑体)、it(斜体一)、sl(斜体二)、rm(正体)等
^{s}	将 s 变为上标
_{s}	将 s 变为下标

图形标注可以使用图形窗口的 Insert 菜单，也可以使用属性编辑器，还可以使用函数输入的方法加标注，以下介绍相关函数的使用方法。

1. 加注坐标轴标识和图形标题

加注坐标轴标识命令：xlabel('options')，ylabel('options');

图形标题命令：title('options')

【例 5.12】 采用模型 $\frac{x^2}{a^2}+\frac{y^2}{25-a^2}=1$ 画一组椭圆(要求加注坐标轴标识和图形标题)。

```
>> th = [0:pi/50:2*pi]';
>>a = [0.5:.5:4.5];
>>X = cos(th)*a;
>>Y = sin(th)*sqrt(25-a.^2);
>>plot(X,Y),axis('equal'),xlabel('x'),ylabel('y')
>>title('A set of Ellipses')
```

输出如图 5.27 所示。

2. 图中加注文本标识

图中加注文本函数格式：text(x,y,'string')，其中 x，y 是指所标文本的坐标位置，'string' 是指所标注的文本内容。

【例 5.13】 图中加注文本标识举例。

```
>> t=0:pi/100:2*pi;
>>y=sin(t);
plot(t, y)
axis([0 2*pi, -1 1])
xlabel('0 \leq \itt \rm \leq \pi', 'FontSize', 10)
ylabel('sin(t)', 'FontSize', 10)
title('正弦函数图形', 'FontName', '隶书', 'FontSize', 20)
text(3*pi/4, sin(3*pi/4), '\leftarrowsin(t)=0.707', 'FontSize', 10)
text(pi, sin(pi), '\leftarrowsin(t)=0', 'FontSize', 10)
text(5*pi/4, sin(5*pi/4), 'sin(t)=-0.707\rightarrow', 'FontSize', 10, 'HorizontalAlignment', 'right')
```

输出如图 5.28 所示。

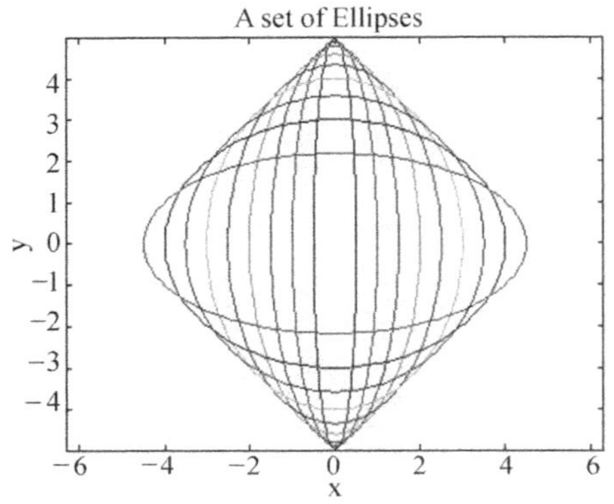

图 5.27　加注坐标轴标识和图形过程

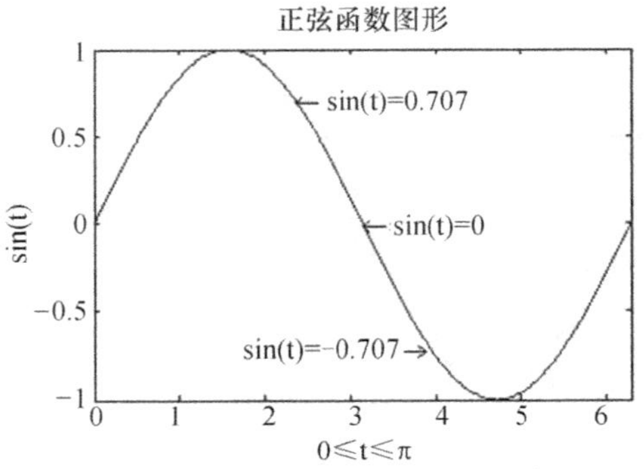

图 5.28　加注文本标识

3. 指定 TeX 字符

在 MATLAB 函数中、除了使用标准的 ASCII 字符以外，还可使用 LaTeX 格式的控制字符，这样就可以在图形上添加希腊字母、数学符号及公式等内容。

【例 5.14】 在标题中标注指定字符：$Ae^{-\alpha t}\sin\beta t\alpha << \beta$(注意所有物理量均为斜体)。

```
>> t=0:pi/100:2*pi;
alpha=-0.8;
beta=15;
y=sin(beta*t).*exp(alpha*t);
plot(t, y)
title('{\itAe}^{-\it\alpha\itt}sin\it\beta{\itt}\it\alpha<<\it\beta')
xlabel('时间\mus.'),
ylabel('幅值')
```

输出如图 5.29 所示。

4. 在图形中添加图例框

函数语法：

legend(s,pos)　　　%在指定位置建立图例
legend off　　　　%擦除当前图中的图例

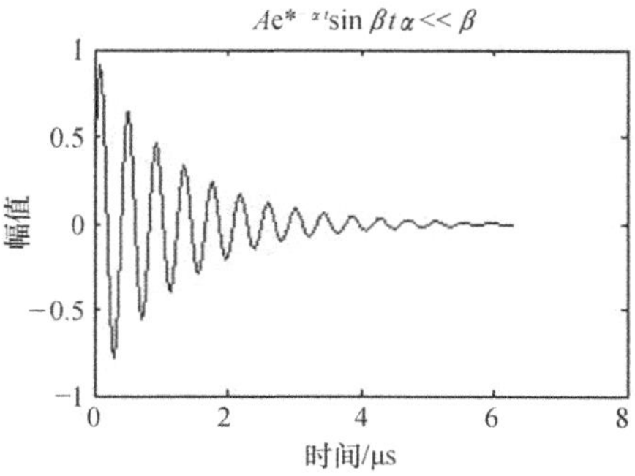

图 5.29　指定 Tex 字符

说明：参数 s 是图例中的文字注释，如果多个注释则可以用's1'，'s2'，…的方式；参数 pos 是图例在图上位置的指定符，它的取值如表 5.6 所列。

表 5.6　pos 取值所对应的图例位置

pos 取值	0	1	2	3	4	−1
图例位置	自动取最佳位置	右上角(默认)	左上角	左下角	右下角	图右侧

用 legend 命令在图形窗口中产生图例后，还可以用鼠标对其进行拖拉操作，将图例拖到满意的位置。

【例 5.15】在图形中添加图例框。

```
>> x=0:0.05:5;
y1=exp(0.4.^x)-1.5;
y2=sin(x*4);
plot(x,y1,x,y2,'r-.')
line([0 5],[0 0])                                %在(0, 0)和(5, 0)之间画直线，代替横坐标
xlabel('Input')
ylabel('Output')
title('Two Function')
legend('y1=exp(0.4.^x)-1.5','y2=sin(x*4)',2)     %注解图形，标注在左上角
grid on                                          %显示网格线
```

输出如图 5.30 所示。

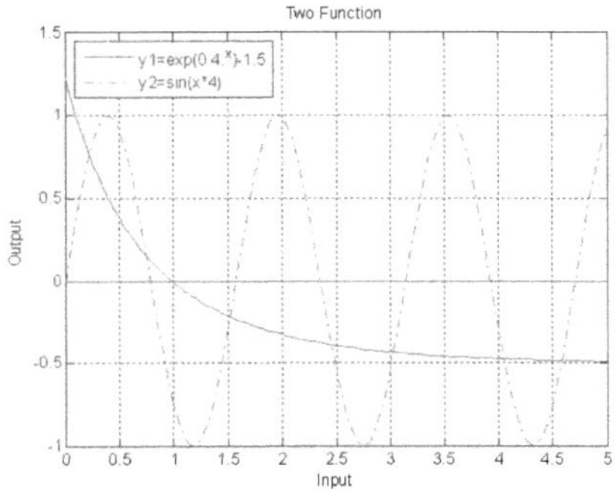

图 5.30　添加图例框

5.2.4 图线形式、颜色和数据点形

plot 命令还可以设置曲线的线段类型、颜色和数据点形等，如表 5.7、表 5.8 和表 5.9 所列。

语法：plot(x,y,s)

说明：x 为横坐标矩阵，y 为纵坐标矩阵，s 为类型说明字符串参数；s 字符串可以是线段类型、颜色和数据点形三种类型的符号之一，也可以是三种类型符号的组合。

表 5.7 线型控制符

控制符	线 型	控制符	线 型
实线(默认)	-	点划线	-.
点线	:	虚线	--

表 5.8 颜色控制符

控制符	颜 色	控制符	颜 色
黄色	y(Yellow)	绿色	g(Green)
品红色(紫色)	m(Magenta)	蓝色	b(Blue)
青色	c(Cyan)	白色	w(White)
红色	r(Red)	黑色	k(Black)

表 5.9 数据点形控制符

控制符	数据点形	控制符	数据点形	控制符	数据点形
实点标记	.	十字形(+)	+	钻石形标记(◇)	d
圆圈标记	o	星号标记(*)	*	向下的三角形标记	v
叉号形(×)	x	方块标记□	s	向上的三角形标记	^
向左的三角形标记	<	向右的三角形标记	>	五角星标记☆	p
六连形标记	h				

【例 5.16】 用不同线段类型、颜色和数据点形画出 sin$x$ 和 cos$x$ 曲线。

```
>>x=0:0.1:2*pi;
>>plot(x,sin(x),'r-.')          %用红色点画线画出曲线
>>hold on
>>plot(x,cos(x),'b:o')          %用蓝色圆圈画出曲线，用点线连接
```

输出如图 5.31 所示。

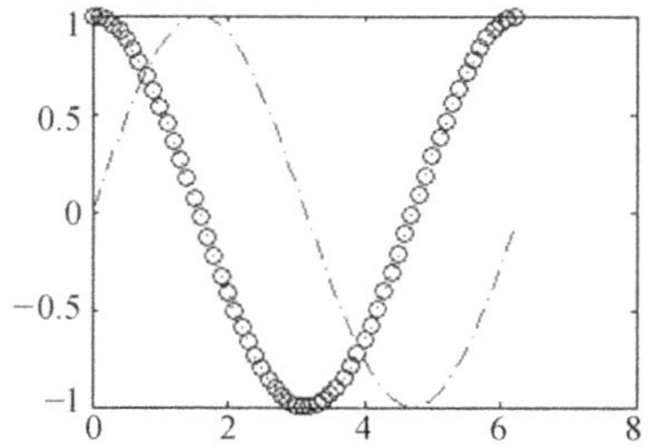

图 5.31 图线标识

5.3 MATLAB 的三维图形绘制

MATLAB 提供了多种函数来显示三维图形，这些函数可以在三维空间中画曲线，也可以画曲面，三维基本绘图指令如表 5.10 所列，本节介绍三维图形的作图方法。

表 5.10 基本三维绘图指令

类 别	指 令	说 明
网状图	mesh，ezmesh	绘制立体网状图
	meshc，ezmeshc	绘制带有等高线的网状图
	meshz	绘制带有“围裙”的网状图
曲面图	surf，ezsurf	立体曲面图
	surfc，ezsurfc	绘制带有等高线的曲面图
	surfl	绘制带有光源的曲面图
曲线图	plot3，ezplot3	绘制立体曲线图
底层函数	surface	Surf 函数用到的底层指令
	line3	plot3 函数用到的底层指令
等高线	contour3	绘制等高线
水流效果	waterfall	在 x 方向或 y 方向产生水流效果
影像表示	pcolor	在二维平面中以颜色表示曲面的高度

5.3.1 三维线图

基本的三维图形指令(plot3)是用来绘制三维曲线的，它的使用格式与二维绘图的 plot 命令很相似，二维图形的所有基本特性对 plot3 全都适用。

格式一：plot3(x,y,z,'s') %绘制三维曲线。

格式二：plot3(x1,y1,z1,'s1',x2,y2,z2,'s2',...) %绘制多条三维曲线。

说明：当 x、y、z 是同维向量时，则绘制以 x、y、z 元素为坐标的三维曲线；当 x、y、z 是同维矩阵时，则绘制三维曲线的条数等于矩阵的列数。s 是指定线型、色彩、数据点形的字符串。

【例 5.17】三维曲线绘图，如图 5.32 所示。

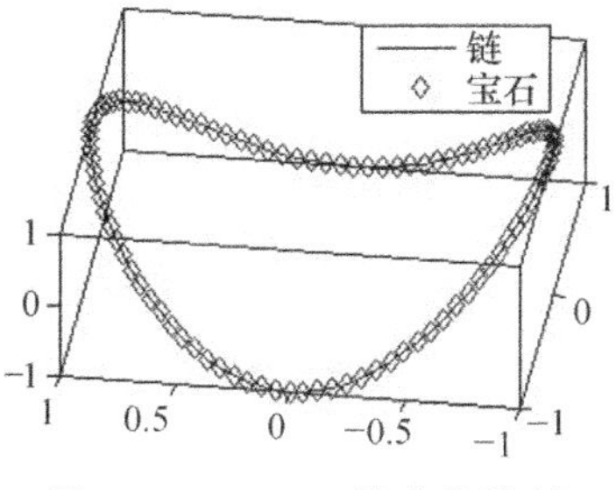

图 5.32 plot3 三维曲线绘制

```
>> t=(0:0.02:2)*pi;x=sin(t);y=cos(t);z=cos(2*t);
>>plot3(x, y, z, 'b-', x, y, z, 'bd'), view([-82, 58]), box on, legend('链', '宝石')
```

5.3.2 绘制三维网线图和曲面图

三维网线图和曲面图是三维立体图形，MATLAB 提供了 mesh 命令绘制三维网线图，surf 命令绘制三维曲面图，这两个命令都能用不同的颜色表示不同的高度。三维立体图形的绘制比 plot3 命令稍微复杂，在数据准备上需要使用 meshgrid 命令构成 x-y 平面上的自变量栅格点阵。

1. 三维绘图数据的产生

1) 网格矩阵的生成(meshgrid)

为了绘制三维立体图形，MATLAB 的方法是将 x 方向划分为 m 份，将 y 方向划分为 n 份，meshgrid 命令是以 x、y 向量为基准，来产生在 x-y 平面的各栅格点坐标值的矩阵。

语法：[X,Y]＝meshgrid(x,y)

说明：X、Y 是栅格点的坐标，为矩阵；x、y 为向量，当两个向量取值相同时，可省略一个参数。

【例 5.18】 将 x(1×n)向量和 y(1×m)向量转换为(n×m)的矩阵，如表 5.11 所列。

表 5.11 例 5.18

	x1	x2		xn
y1	(x1，y1)	(x2，y1)	……	(xn，y1)
y2	(x1，y2)	(x2，y2)	……	(xn，y2)
……	……	……	……	……
ym	(x1，ym)	(x2，ym)	……	(xn，ym)

2) 创建双峰函数和绘图(peaks)

peaks 为标准三维曲面，其基本调用格式为[x，y，z]=peaks(n)，分别创建 x、y、z 三个均为 n×n 阶的方阵。其中 x 的每一列元素都相同，每一行元素均为在[-3，3]区间内的 n 等份，y 的行列元素与 x 刚好相反，z 为 x 和 y 的函数，即

$$z=3(1-x)^2\mathrm{e}^{-x^2-(y+1)^2}-10\left(\frac{x}{5}-x^3-y^5\right)\mathrm{e}^{-x^2-y^2}-\frac{1}{3}\mathrm{e}^{-(x+1)^2-y^2}$$

若[x，y，z]= peaks，x，y，z 三个均为 49×49 阶的方阵。

peaks(n) 直接用 peaks 函数创建的 x，y，z 三个矩阵绘制表面图，相当于执行了[x，y，z]=peaks(n)和 surf(x,y,z)两个函数。

【例 5.19】 创建双峰函数和绘图，如图 5.33 所示。

```
>> peaks(5)
      z = 3*(1-x).^2.*exp(-(x.^2) - (y+1).^2) ...
         - 10*(x/5 - x.^3 - y.^5).*exp(-x.^2-y.^2) ...
         - 1/3*exp(-(x+1).^2 - y.^2)
```

2. 三维网线绘图函数

函数 mesh 和 meshc 均可以绘制三维网线图。

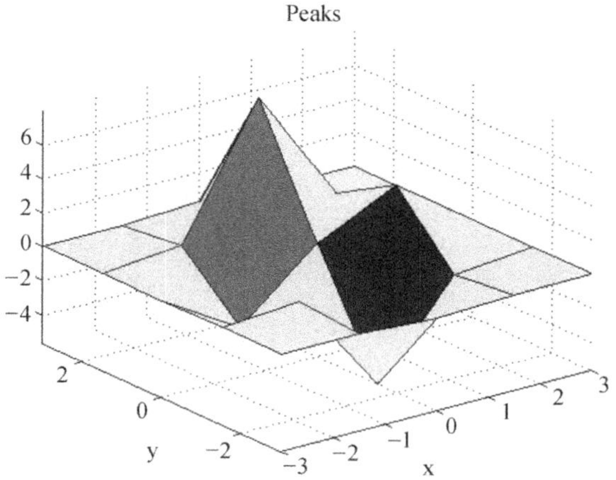

图 5.33　双峰函数图

1) mesh 函数

mesh 函数是用来画三维的网格表面的，三维空间中的一个点是用(x，y，z)来表示的，mesh 就是把这些点之间用网格连接起来。

调用格式一：mesh(z)　　%z 为 n×m 的矩阵，以 z 矩阵的行下标作为 x 坐标轴，把 z 的列下标当做 y 坐标轴。

调用格式二：mesh(x,y,z)　　% x，y，z 分别为三维空间的坐标位置。

【例 5.20】 mesh 函数举例。

```
>> Z=[1 2 3;4 5 6]
Z =
     1     2     3
     4     5     6
>> mesh(Z)
```

输出图如图 5.34 所示，图中网格点的坐标如表 5.12 所列。

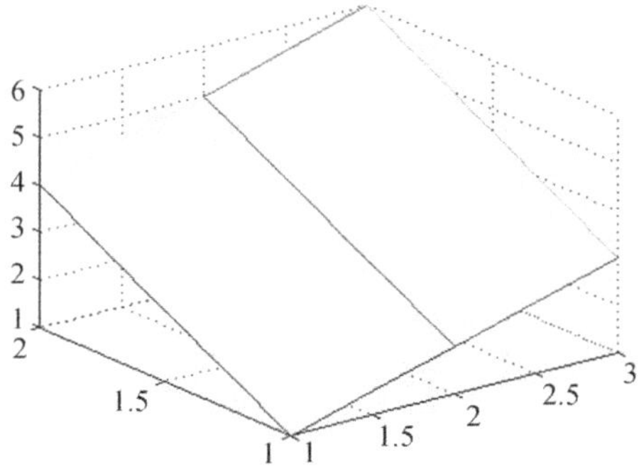

图 5.34

表 5.12　图 5.34 中网格点的坐标

行(x)	列(y)	元素的值(z)
1	1	1
2	1	4
1	2	2
2	2	5
1	3	3
2	3	6

【例 5.21】 运用 mesh 函数绘制函数 $Z = xe^{-(x^2+y^2)}$ 的三维网格图，并检验 meshgrid 函数功能。

```
>>x=linspace(-2, 2, 25);                   % 在 x 轴上取 25 点
>>y=linspace(-2, 2, 25);                   % 在 y 轴上取 25 点
>>[xx, yy]=meshgrid(x, y);                 % xx 和 yy 都是 25×25 的矩阵
>> figure;mesh(xx)                         %查看 xx 的网线图
```

输出如图 5.35 所示。

```
>> figure;mesh(yy)                         %查看 yy 的网线图
```

输出如图 5.36 所示。

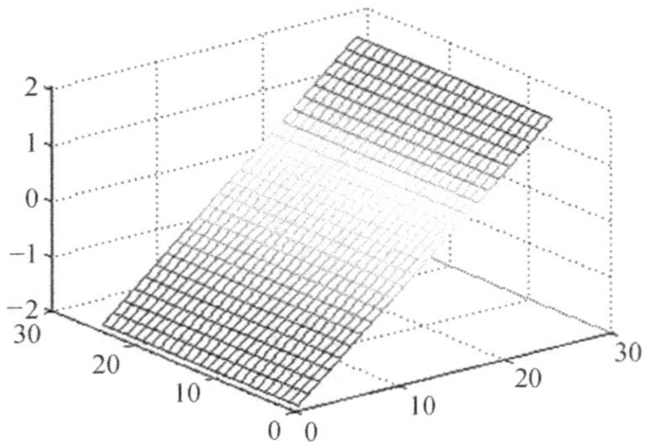

图 5.35　网线图 1

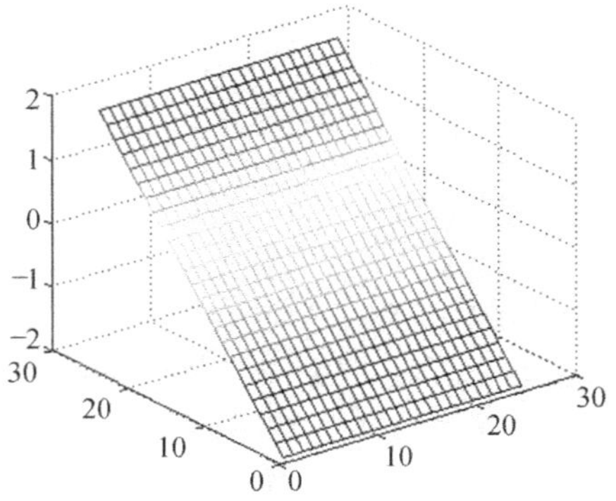

图 5.36　网线图 2

```
>> zz=xx.*exp(-xx.^2-yy.^2);               % 计算函数值，zz 也是 25×25 的矩阵
>>figure;mesh(xx, yy, zz);                 % 画出立体网状图
```

输出如图 5.37 所示。

2) meshc 函数

meshc 函数格式与 mesh 相同，同时在曲面下绘制带有等高线的网状图。

【例 5.21 续】

```
>>figure;meshc(xx, yy, zz);             % 绘制带有等高线的网状图
```

输出如图 5.38 所示。

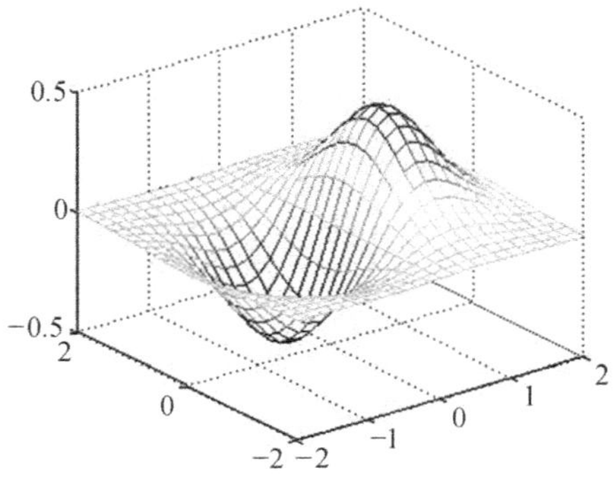

图 5.37　mesh 函数输出

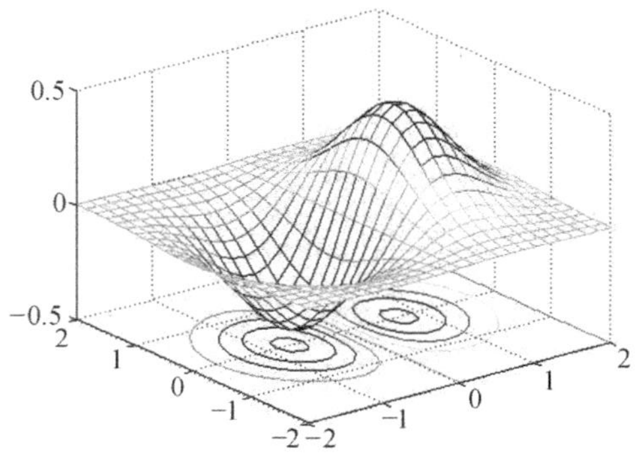

图 5.38　meshc 函数输出

3. 三维曲面图

surf 和 surfc 是通过矩形区域来观测数学函数的函数。surf 和 surfc 能够产生由 X、Y、Z 指定的有色参数化曲面，即三维有色图。调用格式如下：

格式一：surf(Z)　　%以矩阵 Z 指定的参数创建一渐变的三维曲面，坐标 x=1:m，y=1:n，其中[m n]=size(Z)，进一步在 x-y 平面上形成格点矩阵[X Y]=meshgrid(x，y)，Z 为函数 z=f(x，y)在自变量采样“格点”上的函数值，Z=f(X,Y)。Z 既指定了曲面的颜色，也指定了曲面的高度，所以渐变的颜色可以和高度适配。

格式二：surf(X,Y,Z)　　%以 Z 确定的曲面高度和颜色，按照 X、Y 形成的格点矩阵，创建一渐变的三维曲面。X、Y 可以为向量或矩阵，若 X、Y 为向量，则必须满足 m=size(X)，n=size(Y)，[m n]=size(Z)。

格式三：surf(X,Y,Z,C)　　%以 Z 确定的曲面高度，C 确定的曲面颜色，按照 X、Y 形成的格点矩阵，创建一个渐变的三维曲面。

格式四：surfc(...)　　%采用 surfc 函数的格式同 surf，同时在曲面下绘制曲面的等高线。

【例 5.21 续】 用 surf 查看三维曲面图。

```
>> surf (xx,yy,zz)                          %三维曲面图
```

输出如图 5.39 所示。

```
>> surfc(xx,yy,zz)                          %绘制带有等高线的三维曲面图
```

输出如图 5.40 所示。

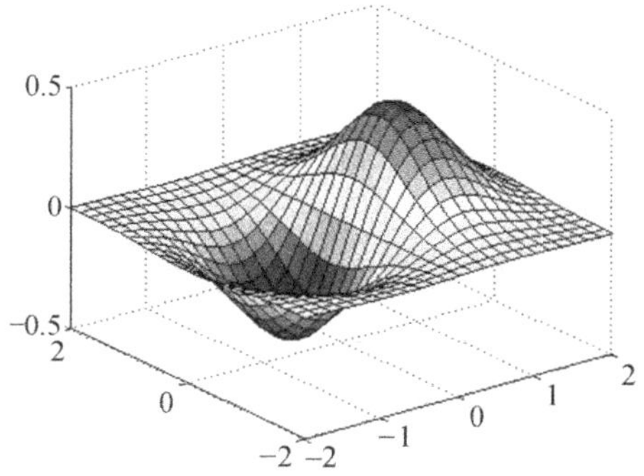

图 5.39　surf 函数输出

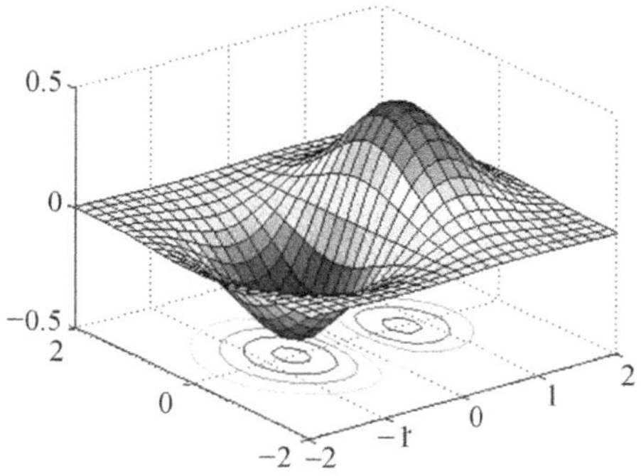

图 5.40　surfc 函数输出

4．标准三维曲面

1) sphere 函数

sphere 函数生成单位球体，其调用格式为[x,y,z]=sphere(n)，n 为球面等分数，默认为 20。

【例 5.22】 绘制三维球面。

```
>>axis equal;
>>sphere(30)
```

输出如图 5.41 所示。

2) cylinder 函数

cylinder 是三维柱面绘图函数，其调用格式为[x,y,z]= cylinder(r,n)；柱面高度为 1，r 为存放在各等间隔高度上的半径，n 为柱面圆周等分数。

【例 5.23】 绘制三维陀螺锥面。

```
>>t1=0:0.1:0.9;t2=1:0.1:2;r=[t1 -t2+2];
```

```
>>[x,y,z]=cylinder(r,30);
>>surf(x,y,z);grid
```

输出如图 5.42 所示。

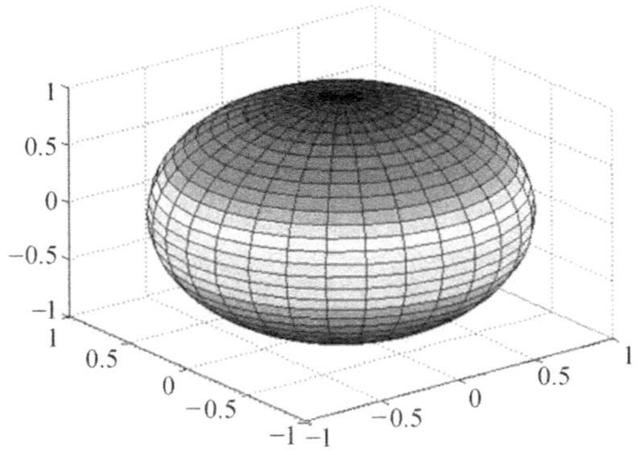

图 5.41　三维球面

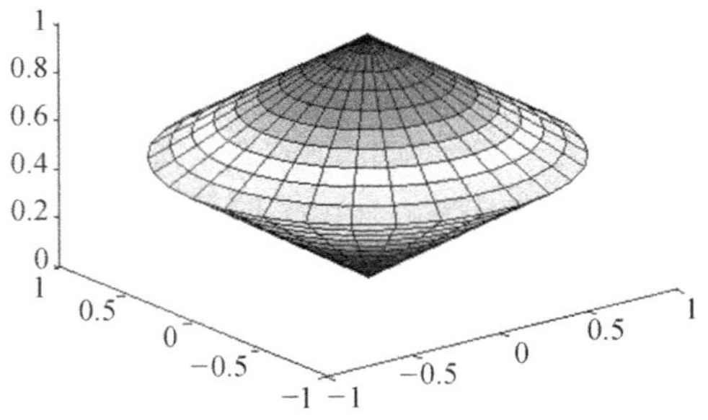

图 5.42　三维陀螺锥面

5.3.3　特殊的三维图形绘制

在介绍二维图形时，曾提到条形图、柄状图、饼图和填充图等特殊图形，它们还可以以三维形式出现，使用的函数分别是 bar3、stem3、pie3 和 fill3 等。

【例 5.24】特殊的三维图形绘制举例。

1．条形图 bar3(y)举例

```
>>x=[2 8 4 5 7;1 4 3 3 1];
>>bar3(x)
```

输出如图 5.43 所示。

2．三维柄状图 stem3 函数举例

```
>> X=linspace(0,2*pi,50);
>>Y=X./2;
>>Z=sin(X)+cos(Y);
>>stem3(sin(X),cos(Y),Z,'fill')
>>xlabel('sin(X)');
>>ylabel('cos(Y)');
>>zlabel('sin(X)+cos(Y)');
>>title('三维柄状图示例');
```

输出如图 5.44 所示。

3．三维饼图 pie3 函数绘制举例

```
>>pie3([4 3 6 8 9])
```

输出如图 5.45 所示。

4．fill3 函数三维填充图举例

```
>> X=[0 1 1 2;1 1 2 2;0 0 1 1];                    %创建四个三角形
```

```
>>Y=[1 1 1 1;1 0 1 0;0 0 0 0];
>>Z=[1 1 1 1;1 0 1 0;0 0 0 0];
>>C=[0.5 1 1 0.5;
    1 0.5 0.5 0.1667;
    0.333 0.333 0.5 0.5];                          %色彩着色
>>fill3(X,Y,Z,C)
>>title('三维填充图')
```

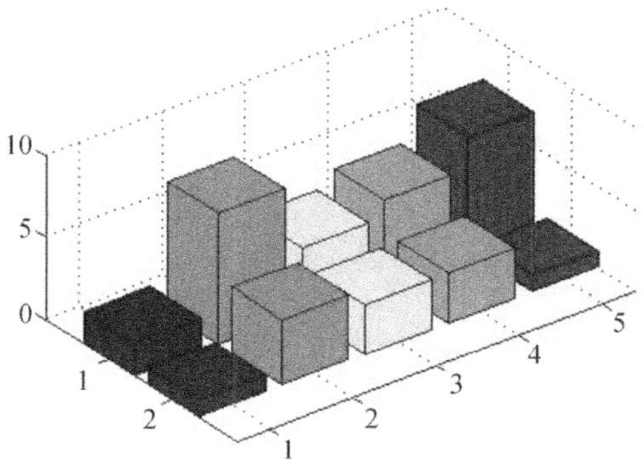

图 5.43　特殊的三维图形

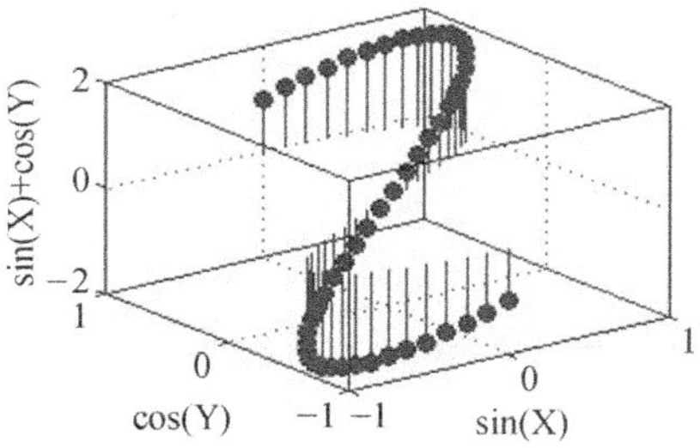

图 5.44　三维柄状图

输出如图 5.46 所示。

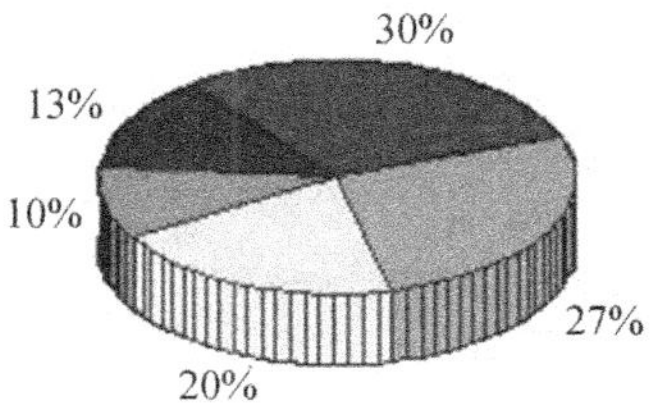

图 5.45　三维饼图

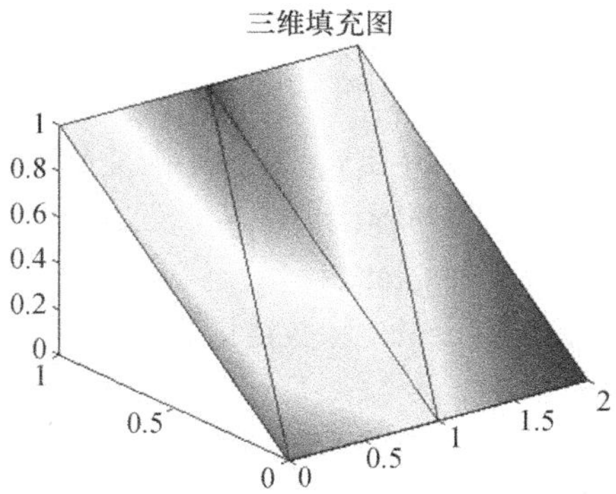

图 5.46　三维填充图

5．waterfall 绘图程序举例

```
>> [X,Y,Z] = peaks(30);
>>waterfall(X,Y,Z)
```

输出如图 5.47 所示。

6．surfnorm 函数绘制法线图举例

```
>>[x y z]=peaks(20);
>>surfnorm(x,y,z);
```

输出如图5.48所示。

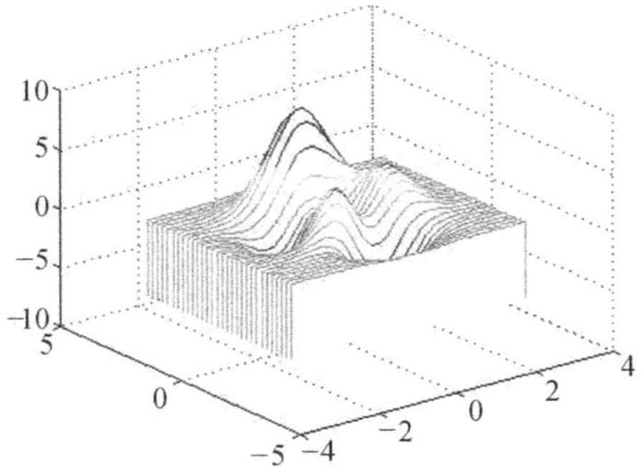

图 5.47　waterfall 绘图程序输出图

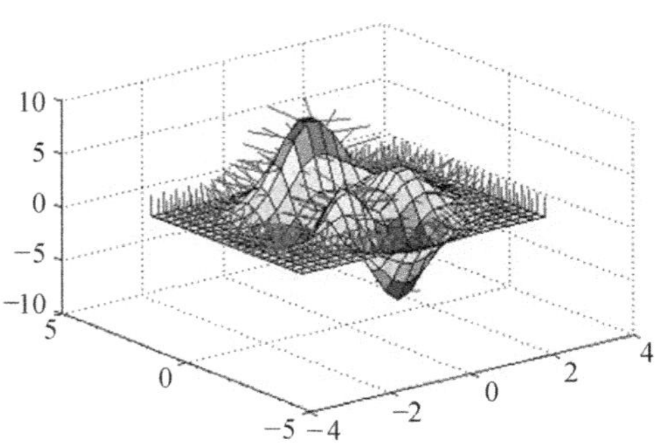

图 5.48　surfnorm 函数绘制法线图

5.4　函数绘图

利用 MATLAB 中的一些特殊函数可以绘制任意函数图形，如表 5.13 所列。

表 5.13　特殊函数命令

命　令	含　义	命　令	含　义
ezplot3	画三维曲线	ezmeshc	画带等高线的三维网线图
ezpolar	画极坐标图	ezsurf	画三维曲面图
ezcontour	画等高线	ezsurfc	画带等高线的三维曲面图
ezmesh	画三维网线图	ezplot	三维图形绘制曲线

5.4.1　一元函数绘图

(1) 对于函数 f = f(x)，ezplot 函数的调用格式如下：

调用格式一:ezplot(f)　　　　　　%在默认区间$-2\pi<x<2\pi$ 绘制 f = f(x)的图形。

调用格式二:ezplot(f,[a,b])　　　　%在区间 $a<x<b$ 绘制 f = f(x)的图形。

【例 5.25】 ezplot 函数绘图应用举例。

```
>>subplot(2,2,1);
>>ezplot('cos(tan(pi*x))',[0,1])
```

(2) 对于隐函数 f = f(x,y)，ezplot 函数的调用格式如下：

调用格式一：ezplot(f)　　　%在默认区间$-2\pi<x<2\pi$ 和$-2\pi<y<2\pi$ 绘制 f(x,y) = 0 的图形。

调用格式二：ezplot(f,[xmin,xmax,ymin,ymax])　　　%在区间 xmin<x<xmax 和 ymin<y<ymax 绘制 f(x,y) = 0 的图形。

调用格式三：ezplot(f,[a,b])　　　%在区间 $a<x<b$ 和 $a<y<b$ 绘制 f(x,y) = 0 的图形。

【例 5.25 续】

```
>>subplot(2,2,2);
>>ezplot('x^2+y^2-9');axis equal
>>subplot(2,2,3);
>>ezplot('x^3+y^3-5*x*y+1/5 ',[0,6])
```

(3) 对于参数方程 x = x(t)和 y = y(t)，ezplot 函数的调用格式如下：

调用格式一：ezplot(x,y)　　　%在默认区间 0<t<2π 绘制 x=x(t)和 y=y(t)的图形。

调用格式二：ezplot(x,y,[tmin,tmax])　　　%在区间 tmin < t < tmax 绘制 x=x(t)和 y=y(t)的图形。

【例 5.25 续】

```
>>subplot(2, 2, 4);
>>ezplot('8*cos(t)','4*sqrt(2)*sin(t)',[0,2*pi])
```

例 5.25 输出的 4 个图形如图 5.49 所示。

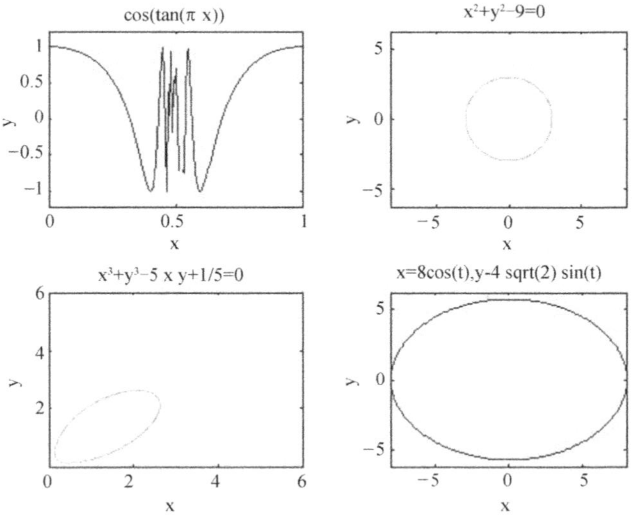

图 5.49　ezplot 函数绘图

5.4.2　二元函数绘图

1．三维曲线绘制函数 ezmesh

(1) 对于函数 f = f(x,y)，ezmesh 函数的调用格式如下：

调用格式一：ezmesh(f)　　%对于符号函数 f(x，y)，ezmesh(f)在默认的绘图范围：-2*pi<x<2*pi，-2*pi<y<2*pi在图形窗口中绘制 f(x，y)的图形。

【例 5.26】 ezmesh 函数绘图。

```
>>syms x y
>>f=(1-x^2-y^2)^(1/2)
>>ezmesh(f)
```

输出如图 5.50 所示。

调用格式二：ezmesh(f,[xmin,xmax,ymin,ymax])或者 ezmesh(f,[a,b])　%对于符号函数 f(x,y)，ezmesh(f) 在指定的绘图范围：xmin<x<xmax，ymin<y<ymax 或者 a<x<b，a<y<b 在图形窗口中绘制 f(x,y)的图形。

【例 5.26 续】

```
>> syms x y
>>f=x.^2+y.^2-16;
>>ezmesh(f,[-2 2])
```

输出如图 5.51 所示。

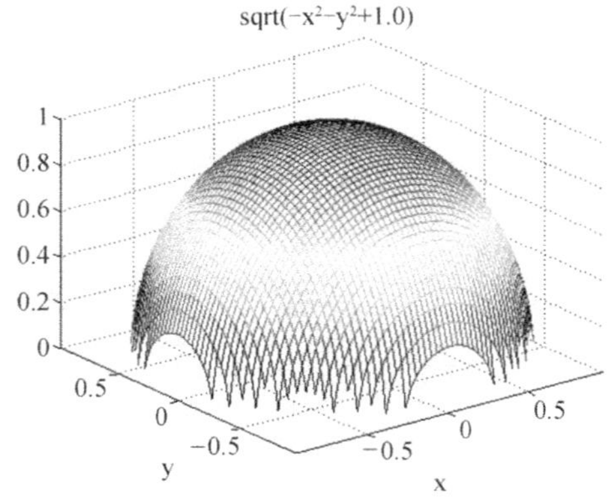

图 5.50 输出图

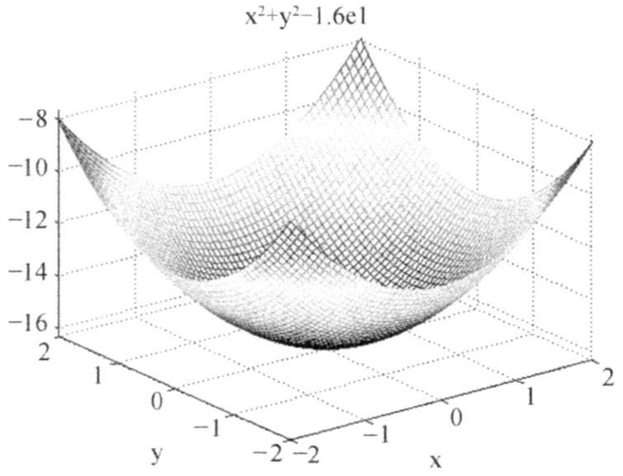

图 5.51 输出图

调用格式三：ezmesh(x,y,z)、ezmesh(x,y,z,[a,b]) 或者 ezmesh(x,y,z,[smin,smax,tmin,tmax]) %这个命令将在图形窗口中绘制符号函数 x=x(s，t)，y=y(s，t)，z=z(s，t) 的图形。绘图范围：−2*pi<s<2*pi，−2*pi<t<2*pi 或者smin<s<smax，tmin<t<tmax。

```
>> syms s t
>>x='s*cos(t)';
>>y='s*sin(t)';
>>z='t'
>>ezmesh(x, y, z, [0, pi, 0, 5*pi])   %第一自变量的取值范围，按字母顺序
```

输出如图 5.52 所示。

2. 三维曲面绘制函数 ezsurf

ezsurf函数绘制三维曲面，格式调用可参照函数ezmesh，也可以绘制隐函数、显函数和参数函数。

【例 5.27】 利用球面的参数方程 $\begin{cases} x = R\cdot\sin u\cdot\cos v \\ y = R\cdot\sin u\cdot\sin v \\ z = R\cdot\cos u \end{cases}$ $(0\leqslant u < 2\pi, 0\leqslant v\leqslant\pi)$ 作图。

```
>>ezsurf('3*sin(u)*cos(v)','3*sin(u)*sin(v)','3*cos(u)',[0,pi,0,2*pi]);  %取 R=3
```

输出如图 5.53 所示。

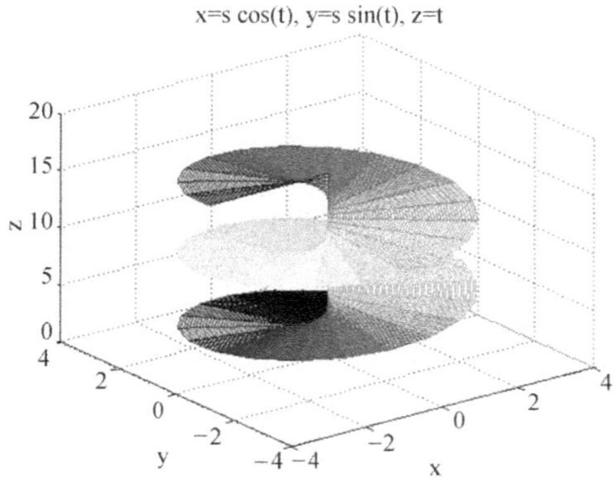

图 5.52 输出图

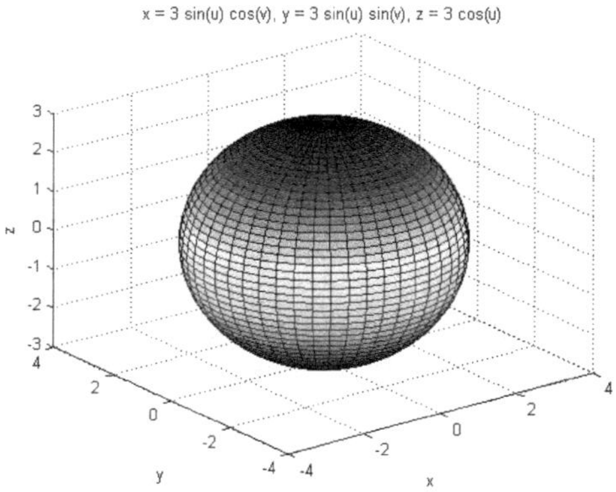

图 5.53 ezsurf 函数绘图

5.5 绘制曲线的一般步骤

表 5.14 为绘制二维、三维图形一般步骤的归纳。

表 5.14 绘制二维、三维图形的一般步骤

步骤	内容
1	曲线数据准备：对于二维曲线，横坐标和纵坐标数据变量；对于三维曲面，矩阵参变量和对应的函数值
2	指定图形窗口和子图位置：默认时，打开 Figure No.1 窗口或当前窗口、当前子图；也可以打开指定的图形窗口和子图
3	设置曲线的绘制方式：线型、色彩、数据点形
4	设置坐标轴：坐标的范围、刻度和坐标分格线
5	图形注释：图名、坐标名、图例、文字说明
6	着色、明暗、灯光、材质处理(仅对三维图形使用)
7	视点、三度(横、纵、高)比(仅对三维图形使用)
8	图形的精细修饰(图形句柄操作)：利用对象属性值设置；利用图形窗工具条进行设置

说明：

(1) 步骤 1 和步骤 3 是最基本的绘图步骤，如果利用 MATLAB 的默认设置，通常只需要这两个基本步骤就可以基本绘制出图形，而其他步骤并不完全必需。

(2) 步骤 2 一般在图形较多的情况下，需要指定图形窗口、子图时使用。

(3) 除了步骤 1、步骤 2、步骤 3 的其他步骤用户可以根据自己需要改变前后次序。

习 题 5

1．绘制曲线 $y=x^3+x+1$，x 的取值范围为[−5，5]。

2. 有一组测量数据满足 $y=\mathrm{e}^{-at}$，t 的变化范围为 0~10，用不同的线型和标记点画出 a=0.1、a=0.2 和 a=0.5 三种情况下的曲线。

3．在时间区间 [0，10]中，绘制 $y=1-\mathrm{e}^{-0.5t}\cos 2t$ 曲线。要求分别采取“标量循环运算法”和“数组运算法”编写两段程序绘图。(注意：体验数组运算的简捷)

4．x= [66 49 71 56 38]，绘制饼图，并将第五个切块分离出来。

5．用 subplot 命令在同一个图形输出窗口中绘制以下四个函数的图形： $y=x,x\in[0,3]$；$y=x\sin x,x\in[-1,1]$； $y=x^2,x\in[0,1.5]$； $y=\tan x,x\in[0,1.3]$。

6．一个平面上的椭圆可以表示成下列方程式：$(x/a)^2+(y/b)^2=1$。也可以用参数将椭圆表示成：x=a*cos(θ)，y=b*sin(θ)，请利用上述参数式，画出一个椭圆，其中 a=5，b=3，而且椭圆上共有 100 个点。

7．假设一曲线数据点为 x=0:2:4*pi，y=sin(x).*exp(−x/5)，试将 x 的间距调成 0.1，并用下列方法进行内插：

(1) 线性内插法(method='linear')；

(2) 样条内插法(method='spline')；

(3) 三次多项式内插法(method='cubic')；

(4) 多项式拟合法：直接利用 6 次多项式去通过 7 个数据点。请将这些内插法的结果及原先的数据点画在同一个图上。

第 6 章　基于 MATLAB 的机械优化设计

6.1　优化设计概述

在生活和工作中，人们对于同一个问题往往会提出多个解决方案，并通过各方面的论证从中提取最佳方案。最优化方法就是专门研究如何从多个方案中科学合理地提取出最佳方案的科学。由于优化问题无所不在，目前最优化方法的应用和研究已经深入到了生产和科研的各个领域，如土木工程、机械工程、化学工程、运输调度、生产控制、经济规划、经济管理等，并取得了显著的经济效益和社会效益。

用最优化方法解决最优化问题的技术称为最优化技术，它包含两个方面的内容：

(1) 建立数学模型，即用数学语言来描述最优化问题。模型中的数学关系式反映了最优化问题所要达到的目标和各种约束条件。

(2) 数学求解。数学模型建好以后，选择合理的最优化方法进行求解。

最优化方法的发展很快，现在已经包含多个分支，如线性规划、整数规划、非线性规划、动态规划、多目标规划等。

6.2　优化设计的数学模型

设计变量、约束条件及目标函数是优化设计数学模型的三个基本要素。

1. 设计变量

在优化设计过程中，需要不断进行修改、调整，一直处于变化状态的基本设计参数称为设计变量，又称优化参数。设计变量的全体实际上是一组变量，可用向量表示：

$$\boldsymbol{x}=[x_1 \quad x_2 \quad \cdots \quad x_n]^{\mathrm{T}}$$

称作设计变量向量。

2. 约束条件

一个可行设计方案必须满足的某些设计限制条件称为约束条件。在工程问题中，根据约束的性质可区分为两大类：性能约束(针对性能要求提出的限制条件)和侧面(也称边界)约束(对变量取值范围加以限制的约束)。若按数学表达形式可分成等式约束和不等式约束两种类型。

等式约束：$h_k(x)=0 \quad (k=1,2,\cdots,l)$

不等式约束：$g_j(x)\leqslant 0 \quad (j=1,2,\cdots,m)$

3. 目标函数

将所有可行设计中能最好地反映该项设计所要追求的某些特定目标表示成设计变量的数学函数称为目标函数，记作 $f(x)=f(x_1,x_2,\cdots,x_n)$。

通过优化目标函数来得到最优设计方案。在工程实际问题中，优化目标函数有两种表达形式：目标函数极小化 $f(x) \to \min$ 或目标函数极大化 $f(x) \to \max$ 。由于 $f(x) \to \min$ 与 $f(x) \to \max$ 等价，所以优化问题的数学表达式一律采用目标函数极小化形式。

4．最优化问题的数学模型

优化问题的数学模型是实际优化问题的数学抽象。在明确设计变量、约束条件和目标函数之后，优化设计问题可以表示成一般的数学形式。

求设计变量向量 $\boldsymbol{x} = [x_1 \quad x_2 \quad \cdots \quad x_n]^{\mathrm{T}}$，使 $f(x) \to \min$；

且满足约束条件 $h_k(x) = 0 \quad (k = 1,2,\cdots,l)$ 和 $g_j(x) \leqslant 0 \quad (j = 1,2,\cdots,m)$。

简化形式为
$$\begin{cases} \min\limits_{x \in R^n} f(x) \\ \text{受约束于} \quad g_j(x) \leqslant 0 \quad (j = 1,2,\cdots,m) \\ \qquad\qquad\quad h_k(x) = 0 \quad (k = 1,2,\cdots,l) \end{cases}$$

6.3 优化问题的分类

优化问题多种多样，根据不同的分类方法可将优化问题分为不同的类型。

按数学模型中设计变量和参数的性质分确定型模型(设计变量和参数取值确定)和随机型模型(设计变量和参数取值随机)。

按目标函数和约束函数的性质分线性优化问题和非线性优化问题。目标函数和约束函数都是设计变量的线性函数称为线性优化问题；目标函数和约束函数二者中若存在非线性函数，则该问题为非线性优化问题；若目标函数是设计变量的二次函数，约束是线性函数，则为二次规划问题，二次规划问题是特殊的线性优化问题。

根据有无约束条件，可将优化问题分为无约束优化问题和有约束优化问题；根据目标函数的个数，可将优化问题分为单目标优化问题和多目标优化问题；根据目标函数中变量的个数，可将优化问题分为单变量优化问题和多变量优化问题。

6.4 MATLAB 优化设计

利用 MATLAB 的优化工具箱，可以求解线性规划、非线性规划和多目标规划问题。具体而言，包括线性和非线性最小化、二次规划、半无限问题、线性和非线性方程(组)的求解，线性和非线性的最小二乘问题等。另外，该工具箱还提供了线性和非线性最小化、方程求解、曲线拟合、二次规划等问题中大型课题的求解方法，为优化方法在工程中的实际应用提供了更方便快捷的途径。

1．MATLAB 求解优化问题的主要函数

MATLAB 求解优化问题的主要函数如表 6.1 所列

表 6.1　MATLAB 求解优化问题的主要函数

类　型	模　型	基本函数名
一元函数极小	$\min f(\boldsymbol{x})$ s.t. $x_1 \leqslant \boldsymbol{x} \leqslant x_2$	x=fminbnd(fun,x_1,x_2)
无约束极小	$\min f(\boldsymbol{x})$	x=fminunc(fun,x_0) x=fminsearch(fun,x_0)

(续)

类　型	模　型	基本函数名
线性规划	$\min f(\boldsymbol{x})=\boldsymbol{f}^{\mathrm{T}}\boldsymbol{x}$ s.t. $\boldsymbol{Ax}\leqslant \boldsymbol{b}$	x=linprog(f,A,b)
二次规划	$\min f(\boldsymbol{x})=\frac{1}{2}\boldsymbol{x}^{\mathrm{T}}H\boldsymbol{x}+\boldsymbol{f}^{\mathrm{T}}\boldsymbol{x}$ s.t. $\boldsymbol{Ax}\leqslant b$	x=quadprog(H,f,A,b)
约束极小 (非线性规划)	$\min f(\boldsymbol{x})$ s.t. $C(\boldsymbol{x})\leqslant 0$	x=fmincon(fun,x_0,nonlon)

2. 优化函数的输入变量

使用优化函数或优化工具箱中其他优化函数时，输入变量见表 6.2。

表 6.2　MATLAB 优化函数的输入变量

变量	描　述	调用函数
f	线性规划的目标函数 $\boldsymbol{f}^{\mathrm{T}}\boldsymbol{x}$ 或二次规划的目标函数 $\frac{1}{2}\boldsymbol{x}^{\mathrm{T}}\boldsymbol{hx}+\boldsymbol{f}^{\mathrm{T}}\boldsymbol{x}$ 中线性项的系数向量	linprog，quadprog
fun	非线性优化的目标函数，fun必须为行命令对象或M文件、嵌入函数、或MEX文件的名称	fminbnd，fminsearch，fminunc，fmincon，lsqcurvefit，lsqnonlin，fgoalattain，fminimax
h	二次规划的目标函数 $\frac{1}{2}\boldsymbol{x}^{\mathrm{T}}\boldsymbol{hx}+\boldsymbol{f}^{\mathrm{T}}\boldsymbol{x}$ 中二次项的系数矩阵	quadprog
A，b	$\boldsymbol{A}$矩阵和b向量分别为线性不等式约束 $\boldsymbol{Ax}\leqslant\boldsymbol{b}$ 中的系数矩阵和右端向量	linprog，quadprog，fgoalattain，fmincon，fminimax
Aeq，beq	Aeq矩阵和beq向量分别为线性等式约束 $\mathrm{Aeq}\cdot\boldsymbol{x}=\mathrm{beq}$ 中的系数矩阵和右端向量	linprog，quadprog，fgoalattain，fmincon，fminimax
vlb，vub	x的下限和上限向量：$\mathrm{lb}\leqslant\boldsymbol{x}\leqslant\mathrm{ub}$	linprog，quadprog，fgoalattain，fmincon，fminimax，lsqcurvefit，lsqnonlin
x0	迭代初始点坐标	除fminbnd外所有优化函数
x1，x2	函数最小化的区间	fminbnd
options	优化选项参数结构，定义用于优化函数的参数	所有优化函数

3. 优化函数的输出变量

MATLAB 优化函数的输出变量如表 6.3 所列。

表 6.3　MATLAB 优化函数的输出变量

变量	描　述	调用函数
x	由优化函数求得的值。若exitflag>0，则x为解；否则，x不是最终解，它只是迭代制止时优化过程的值。	所有优化函数
fval	解x处的目标函数值。	linprog，quadprog，fgoalattain，fmincon，fminimax，lsqcurvefit，lsqnonlin，fminbnd

(续)

变量	描　　述	调用函数
exitflag	描述退出条件： exitflag>0，表目标函数收敛于解x处； exitflag=0，表已达到函数评价或迭代的最大次数； exitflag<0，表目标函数不收敛。	
output	包含优化结果信息的输出结构： Iterations：迭代次数； Algorithm：所采用的算法； FuncCount：函数评价次数。	所有优化函数

4．控制参数 options 的设置

options 由于指定优化参数选项，用来选择允许计算误差、迭代次数、算法等。

1) 常用的几个参数

Options 中常用的几个参数的名称、含义、取值如下：

(1) Display: 显示水平。取值为“off”时，不显示输出；取值为“iter”时，显示每次迭代的信息；取值为“final”时，显示最终结果，默认值为“final”；取值为“notify”时，表示函数不收敛时显示输出。

(2) MaxFunEvals: 允许进行函数评价的最大次数，取值为正整数。

(3) MaxIter: 允许进行迭代的最大次数，取值为正整数。

(4) TolCon：约束变量最终允许误差。

(5) TolX：变量 x 最终允许误差。

(6) TolFun：函数值最终允许误差。

2) 控制参数 options 可以通过函数 optimset 创建或修改

(1) options=optimset(‘optimfun’)

创建一个含有所有参数名，并与优化函数 optimfun 相关的默认值的选项结构 options。

(2) options=optimset('param1',value1,'param2',value2，...)

创建一个名称为 options 的优化选项参数，param1、param2 等代表优化参数名，value1、value2 等为参数对应的值，所有未指定的参数取默认值。

(3) options=optimset(oldops,‘param1’,value1,’param2’,value2，...)

创建名称为 oldops 的参数的复制，用指定的参数值修改 oldops 中相应的参数。

例如：opts=optimset('Display','iter','TolFun',1e-8)，该语句创建一个称为 opts 的优化选项结构，其中显示参数设为 iter，TolFun 参数设为 1e-8。

5．主要优化函数的应用

1) 一元函数最小值

一元函数最小值的一般形式为 $\min f(x)\quad (x_1 \leqslant x \leqslant x_2)$。

格式：x=fminbnd(fun,x1,x2) 或 x=fminbnd(fun,x1,x2,options) 或 [x,fval,exitflag,output]=fminbnd()。

其中，fun 是目标函数的表达式字符串、MATLAB 自定义函数的函数柄或句柄函数。x1、

x2 为自变量 x 在区间的左右端点。options 指定优化参数选项，用来选择允许计算误差、迭代次数、算法等。x 为返回区间上函数 fun 的最小值的对应点。exitflag 返回算法的终止标志，若 exitflag=1 表示目标函数收敛于解 x 处(说明优化收敛到局部最优解)；exitflag=0 表示已经达到函数评价或迭代的最大次数(说明优化失败)；exitflag= −1 表示算法终止、输出；exitflag= −2 表示优化过程超出区间范围；exitflag<0 目标函数不收敛。output 为输出优化信息：iterations 表示优化过程的迭代次数，funcCount 表示函数评价次数，algorithm 表示采用的算法，message 表示优化退出信息。

【例 6.1】 计算一元函数 $f = x^4 - 5x^3 + 4x^2 - 6x + 60$ 的最小值。

```
>>[x,fval,exitflag,output]=fminbnd('(x^4-5*x^3+4*x^2-6*x+60)',-1,1)
x =
    1.0000
fval =
    54.0004
exitflag =
    1
output =
    iterations: 21
    funcCount: 22
    algorithm: 'golden section search, parabolic interpolation'
     message: [1x112 char]
```

2) 多元函数最小值

多元函数最小值的一般形式为 $\min f(\boldsymbol{x})$，其中 $\boldsymbol{x}$ 为向量。

(1) 利用 fminsearch 函数求最小值。

格式：x=fminsearch(fun,x0)或 x=fminsearch(fun,x0,options)或[x,fval,exitflag,output]= fminsearch(...)，函数中各参数含义与 fminbnd 函数相同。

【例 6.2】 求二元函数 $f = 4(x_1 - 5)^2 + (x_2 - 6)^2$ 的最小值，初始点：$\boldsymbol{x}^0 = [8,9]^{\mathrm{T}}$ 。

首先自定义函数，在 MATLAB 编辑器中编写 M 文件:

```
function f=fun1(x)
f=4*(x(1)-5)^2+(x(2)-6)^2;
```

保存为 fun1.m，命令在 MATLAB 命令窗口下输入命令：

```
>>x0=[8, 9];
   [x,fval,exitflag,output]=fminsearch('fun1',x0)
```

运行结果：

```
x =
    5.0000    6.0000
fval =
      1.5825e-009
exitflag =
```

```
    1
output =
    iterations: 43
    funcCount: 83
    algorithm: 'Nelder-Mead simplex direct search'
     message: [1x196 char]
```

(2) 利用函数 fminunc 求最小值。

格式：x=fminunc(fun,x0)或x=fminunc(fun,x0,options)或[x,fval,exitflag,output,grad,hessian] = fminunc( )。

参数 exitflag 正值都表示收敛到局部最优解 x 处，若 exitflag=1，梯度在函数值最终允许误差内；若 exitflag=2，在变量 x 的最终允许误差内；若 exitflag=3，目标函数值在函数值最终允许误差内；若 exitflag=5，预测目标函数下降小于在函数值最终允许误差内。若 exitflag=0，表示已经达到函数评价或迭代的最大次数，说明优化失败。若 exitflag= -1，表示算法终止、输出，说明没有收敛到局部最优解 x 处。若 exitflag= -3，表示目标函数无界。

参数 output 输出优化信息。Iterations 表示优化过程的迭代次数；funcCount 表示函数评价次数；stepsize 表示最终步长的大小(只用在中型算法)；firstorderopt 表示一阶优性的度量，解 x 处梯度的范数；algorithm 表示所采用的优化算法；message 表示优化退出信息。

参数 grad 为目标函数在最优解 x 点的梯度值。

参数 hessian 为目标函数在最优解 x 点的 hessian 矩阵值。

【例 6.3】求函数 $f=[1.5-x_1(1-x_2)]^2+[2.25-x_1(1-x_2^2)]^2+[2.625-x_1(1-x_2^3)]^2$ 的最小值，初始点：$\boldsymbol{x}^0=[2,0.2]^{\mathrm{T}}$。

```
>>fun5=inline('[1.5-x(1)*(1-x(2))]^2+[2.25-x(1)*(1-x(2)^2)]^2+[2.625-x(1)*(1-x(2)^3)]^2');
>>x0=[2,0.2];
>>[x,fval,exitflag,output,grad,hessian]=fminunc(fun5,x0)
x =
    3.0000    0.5000
fval =
    3.9195e-014
exitflag =
    1
output =
    iterations: 11
    funcCount: 39
    stepsize: 1
    firstorderopt: 2.6833e-009
    algorithm: 'medium-scale: Quasi-Newton line search'
    message: [1x438 char]
grad =
    1.0e-008 *
    0.0668
```

```
    -0.2683
hessian =
    3.1563    -11.4385
    -11.4385   46.1530
```

例 6.3 中 inline 命令说明：在 MATLAB 命令窗口、程序或函数中创建局部函数时，可用 inline。优点是不必将其储存为一个单独文件。在运用中有几点限制：不能调用另一个 inline 函数，只能由一个 MATLAB 表达式组成，并且只能返回一个变量，不允许[u，v]这种形式。因而，任何要求逻辑运算或乘法运算以求得最终结果的场合，都不能应用 inline。除了这些限制，在许多情况下使用该函数非常方便。

【例 6.4】 求函数 $f=(x_1+10x_2)^2+5(x_3-x_4)^2+(x_2-2x_3)^4+10(x_1-x_4)^4$ 的最小值，初始点：$\boldsymbol{x}^0=[3,-1,0,1]^{\mathrm{T}}$。

```
>>[x, fval]=fminunc(@(x)(x(1)+10*x(2))^2+5*(x(3)-x(4))^2+(x(2)-2*x(3))^4+10*(x(1)-x(4))^4, [3,
-1, 0, 1])
x =
    0.0015   -0.0002   -0.0031   -0.0031
fval =
    6.3890e-009
```

例 6.4 中，@(x)是 MATLAB 的匿名函数。匿名函数是函数句柄的一种特殊用法，这里所得到的函数句柄变量不指向特定的函数(即不指向函数 M 文件中的函数名)，而是指向一个函数表达式(具体表达式)。

语法：变量名=@(输入参数列表)运算表达式。

例如：

```
>>sum =@(x, y)x+y;
>>sum(2, 3)
ans =
    5
```

3) 线性规划问题

目标函数和约束函数都是设计变量的线性函数称为线性优化问题，其一般形式为 $\min f(\boldsymbol{x})=f^{\mathrm{T}}\boldsymbol{x}$

s.t. $\boldsymbol{Ax}\leqslant\boldsymbol{b}$ $\quad \mathrm{Aeq}\cdot\boldsymbol{x}=\mathrm{beq}$ $\quad \mathrm{lb}\leqslant\boldsymbol{x}\leqslant\mathrm{ub}$

式中：f 为目标函数的系数向量；$\boldsymbol{A}$、$\boldsymbol{b}$ 分别为不等式约束左端的系数矩阵和右端的常数向量；Aeq、beq 分别为线性等式约束的左端的系数矩阵和右端的常数向量；lb、ub 分别为设计变量的下界和上界。

在 MATLAB 中求解线性规划问题由 linprog 函数来实现，其完整的调用格式：

```
[x,fval,exitflag,output,lambda]=linprog(f,A,b,Aeq,beq,lb,ub,x0,options)
```

x0 为初始值；x 为最优解；fval 为目标函数最优值。

参数 exitflag 描述函数计算的退出条件。exitflag=1，函数收敛于解 x；exitflag=0，迭代次数超过最大允许值；exitflag= −2，目标函数无最优可行解；exitflag= −3，目标函数无界；exitflag= −4，在算法执行过程中遇到非数值；exitflag= −5，对原问题与对偶问题都无可行解；

exitflag=-7，当前点的搜索方向的幅度太小，迭代无法继续。

参数 output 返回优化信息。iterations 表示优化过程的迭代次数，algorithm 表示优化所采用的运算规则，cgiterations 表示共轭梯度迭代次数，message 表示退出信息，constrviolation 表示约束函数的最大值，firstorderopt 表示一阶最优性度量。

lambda 返回 x 处拉格朗日乘子。ineqlin 是线性不等式约束条件，eqlin 是线性等式约束条件，upper 是变量的上界约束条件，lower 是变量的下界约束条件。它们的返回值分别表示相应的约束条件在优化过程中是否有效，lambda 中的非零元素表示对应的约束是有效约束。

【例 6.5】 求下列优化问题：

目标函数：min　$z=-x_1-3x_2-6x_3$

约束条件：$\begin{cases} x_1-2x_2+x_3\leqslant 3 \\ 3x_1+2x_2+5x_3\leqslant 12 \\ 2x_1+x_2+4x_3=9 \\ x_1,x_2,x_3\geqslant 0 \end{cases}$

解：在 MATLAB 命令窗口输入一下命令：

```
>>f=[-1;-3;-6];                    %目标函数的系数向量
A=[1 -2 1;3 2 5];                  %不等式约束的左端系数矩阵
b=[3;12];                          %不等式约束的常数向量
Aeq=[2 1 4];                       %等式约束的左端系数矩阵
beq=9;                             %等式约束的常数向量
lb=[0;0;0];                        %设计变量的下界
[x,fval,exitflag,output,lambda]=linprog(f,A,b,Aeq,beq,lb)
```

运行结果：

```
x =
    0.0000
    1.0000
    2.0000
fval =
    -15.0000
exitflag =
    1
output =
    iterations: 6
    algorithm: 'large-scale: interior point'
    cgiterations: 0
    message: 'Optimization terminated.'
    constrviolation: 3.9080e-014
    firstorderopt: 6.3238e-013
```

```
lambda =
    ineqlin: [2x1 double]
    eqlin: -1.0000
    upper: [3x1 double]
    lower: [3x1 double]
```

lambda.eqlin=−1，为非零元素，说明在最优解 *x*=[0；1；2]处，等式约束 $2x_1+x_2+4x_3=9$ 为作用约束。

继续输入:

```
>>lambda.ineqlin
ans =
    0.0000
    2.0000
```

lambda.ineqlin(2)=2，为非零元素，说明在最优解 *x*=[0；1；2]处，不等式约束 $3x_1+2x_2+5x_3\leqslant 12$。此时取等号，为有效约束。

4) 非线性规划问题

目标函数和约束函数含有设计变量的非线性函数称为非线性优化问题，其一般形式为

$$\min f(x)$$

$$\text{s.t.}\quad Ax\leqslant b\qquad \text{Aeq}\bullet x=\text{beq}\qquad \text{lb}\leqslant x\leqslant \text{ub}\quad \text{ceq}(x)=0\qquad c(x)\leqslant 0$$

其中 $f(x)$为目标函数，可以为非线性函数；***A***、***b*** 分别为不等式约束左端的系数矩阵和右端的常数向量；Aeq、beq 分别为线性等式约束的左端的系数矩阵和右端的常数向量；lb、ub 分别为设计变量的下界和上界；ceq(*x*)、c(*x*)为非线性函数。

在 MATLAB 中，求解非线性规划问题由 fmincon 函数来实现，其完整的调用格式为

```
[x,fval,exitflag,output,lambda,grad,hessian]=fmincon(fun,x0,A,b,Aeq,beq,lb,ub,nonlcon,
options)
```

fun 为目标函数；grad 为目标函数在 x 处的梯度；hessian 为目标函数在 x 处的海森矩阵值。

若没有等式约束，则 Aeq=[ ]，beq=[ ]；若设计变量没有界，可设 lb=[ ]，ub=[ ]。

lambda 返回 x 处拉格朗日乘子。ineqlin 是线性不等式约束条件，eqlin 是线性等式约束条件，eqnonlin 是非线性等式约束条件，ineqnonlin 是非线性不等式约束条件，upper 是变量的上界约束条件，lower 是变量的下界约束条件。它们的返回值分别表示相应的约束条件在优化过程中是否有效，lambda 中的非零元素表示对应的约束是有效约束。

nonlcon 为非线性约束条件(用于计算非线性不等式约束 $c(x)\leqslant 0$ 和非线性等式约束 $\text{ceq}(x)=0$)，通过指定函数柄来指定，例如，若写成如下形式：

```
x=fmincon(@fun,x0,A,b,Aeq,beq,lb,ub,@myfun)
```

或 `x=fmincon(@fun,x0,A,b,Aeq,beq,lb,ub,'myfun')`

这时，需先建立非线性约束函数：

```
function [C, Ceq]=myfun(x)
C=……        %计算 x 处的非线性不等约束的函数值
Ceq=……      %计算 x 处的非线性等式约束的函数值
```

并保存为 myfun.m。

【例 6.6】求下面问题在初始点(3，3)处的最优解。

目标函数：$f=(x_1-2)^2+(x_2-1)^2$

约束条件：$g_1=x_1^2-x_2\leqslant 0$；$g_1=x_1+x_2-2\leqslant 0$

解：(1) 编写 M 文件 fun6.m:

```
function f=fun6(x)
f=(x(1)-2)^2+(x(2)-1)^2
```

(2) 编写M文件nonlcon1.m

```
function [G，ceq]=nonlcon1(x)
G(1)=x(1)^2-x(2)                   %非线性不等式约束
ceq=0                              %无非线性等式约束(也可表达为ceq=[])
```

(3) 运行函数，给定初值，并调用优化函数：

```
x0=[3;3];                          %初始点
A=[1 1];b=[2];                     %线性不等式约束
Aeq=[];beq=[];                     %无线性等式约束
lb=[];ub=[]                        %x没有下、上界
[x，fval]=fmincon('fun6'，x0，A，b，Aeq，beq，lb，ub，'nonlcon1')
```

运行结果：

```
x =
    1.0000
    1.0000
fval =
    1.0000
```

5) 二次规划问题

二次规划问题是指目标函数是二次多项式而约束函数全部是线性函数的优化问题，二次规划问题的一般形式为

$$\min \quad \frac{1}{2}\boldsymbol{x}^{\mathrm{T}}\boldsymbol{h}\boldsymbol{x}+\boldsymbol{f}^{\mathrm{T}}\boldsymbol{x}$$

$$\text{s.t.}\quad \boldsymbol{A}\boldsymbol{x}\leqslant \boldsymbol{b} \qquad \mathrm{Aeq}\bullet x=\mathrm{beq} \qquad \mathrm{lb}\leqslant x\leqslant \mathrm{ub}$$

式中：$\boldsymbol{h}$，$\boldsymbol{f}$ 分别为二次项和一次项系数矩阵；$\boldsymbol{x}$ 为设计变量。

在 MATLAB 中求解非线性规划问题由 quadprog 函数来实现，其完整的调用格式为

```
[x,fval,exitflag,output,lambda]=quadprog(h,f,A,b,Aeq,beq,lb,ub,x0,options)
```

参数 exitflag 描述函数计算的退出条件。exitflag=1，成功求得最优解；exitflag=3，求得一个解，且对应的目标函数值的精度等于给定值；exitflag=4，求得的解为局部极小值；exitflag=0，迭代步骤超过最大允许值；exitflag= -2，目标函数无最优可行解；exitflag= -3，目标函数无界；exitflag= -4，当前点的搜索方向不是下降方向，迭代无法继续；exitflag= -7，当前点的搜索方向的幅度太小，迭代无法继续。

参数 output 返回优化信息。iterations 为迭代步骤，algorithm 为优化算法，cgiterations 为总的 PCG 迭代步数，firstorderopt 为一般优化的度量。

lambda 返回 x 处拉格朗日乘子。lower 为下界 lb，upper 为上界 ub，ineqlin 为线性不等式，

eqlin 为线性等式。

【例 6.7】 求解下面的最优化问题：

目标函数：$f(x)=\dfrac{1}{2}x_1^2+x_2^2-x_1x_2-2x_1-6x_2$

约束条件：$\begin{cases}x_1+x_2\leqslant 2\\-x_1+2x_2\leqslant 2\\2x_1+x_2\leqslant 3\\x_1\geqslant 0\\x_2\geqslant 0\end{cases}$

解：首先，目标函数可以写成下面的矩阵形式：

$$f(x)=\frac{1}{2}(x_1\ x_2)\begin{pmatrix}1 & -1\\-1 & 2\end{pmatrix}\begin{pmatrix}x_1\\x_2\end{pmatrix}+\begin{pmatrix}-2\\-6\end{pmatrix}^{\mathrm{T}}\begin{pmatrix}x_1\\x_2\end{pmatrix}$$

即 $\boldsymbol{H}=\begin{pmatrix}1 & -1\\-1 & 2\end{pmatrix}$，$\boldsymbol{f}=\begin{pmatrix}-2\\-6\end{pmatrix}$，$\boldsymbol{x}=\begin{pmatrix}x_1\\x_2\end{pmatrix}$

输入下列系数矩阵：

```
>> H=[1 -1;-1 2];
>> f=[-2;-6];
>> A=[1 1;-1 2;2 1];
>> b=[2;2;3];
>> lb=zeros(2, 1);
```

调用二次规划函数 quadratic：

```
>>format compact
>>[x,fval,exitflag,output,lambda]=quadprog(H,f,A,b,[],[],lb)
```

求得问题的解：

```
x =
    0.6667
    1.3333
fval =
   -8.2222
exitflag =
     1
output =
    iterations: 3
    constrviolation: 0
    algorithm: 'active-set'
    message: 'Optimization terminated.'
    firstorderopt: 8.8818e-016
    cgiterations: []
```

```
lambda =
    lower: [2x1 double]
    upper: [2x1 double]
    eqlin: [0x1 double]
    ineqlin: [3x1 double]
```

6) 0-1 整数规划问题

0-1 整数规划问题的标准形式为。

$$\min f(x) = \boldsymbol{f}^{\mathrm{T}} x$$
$$\text{s.t.}\ \ \boldsymbol{Ax} \leqslant \boldsymbol{b} \qquad \mathrm{Aeq} \cdot x = \mathrm{beq} \qquad x = 0 或 1$$

在 MATLAB 中求解 0-1 整数规划问题由 bintprog 函数来实现，其调用格式为

```
x = bintprog(f)
x = bintprog(f, A, b)
x = bintprog(f, A, b, Aeq, beq)
x = bintprog(f, A, b, Aeq, beq, x0)
x = bintprog(f, A, b, Aeq, beq, x0, options)
[x, fval] = bintprog(...)
[x, fval, exitflag] = bintprog(...)
[x, fval, exitflag, output] = bintprog(...)
```

这里，x 为问题的解向量；f 为由目标函数的系数构成的向量；A 为一个矩阵，b 为一个向量，A、b 和变量 x={x1, x2, …, xn}一起，表示了线性规划中不等式约束条件，A、b 为系数矩阵和右端向量；Aeq 和 beq 表示了线性规划中等式约束条件中的系数矩阵和右端向量；x0 为给定的变量的初始值；options 为控制规划过程的参数系列；返回值中，fval 为优化结束后得到的目标函数值。

exitflag=0 表示优化结果已经超过了函数的估计值或者已声明的最大迭代次数；exitflag>0 表示优化过程中变量收敛于解 x；exitflag<0 表示计算不收敛。

output 各个分量：iterations 表示优化过程的迭代次数，nodes 表示探索节点数，time 表示执行时间，algorithm 表示优化所采用的运算规则，branchStrategy 表示分支策略，nodeSrchStrategy 表示节点寻找策略，message 表示退出信息。

【例 6.8】求解下面的最优化问题。

```
max =193*x1+191*x2+187*x3+186*x4+180*x5+185*x6;
s.t.  x5+x6>=1;x3+x5>=1;x1+x2<=1;x2+x6<=1;x4+x6<=1;
```

求解代码如下：

```
f=[-193;-191;-187;-186;-180;-185;];
a=[0 0 0 0 -1 -1;0 0 -1 0 -1 0;1 1 0 0 0 0;0 1 0 0 0 1;0 0 0 1 0 1];
b=[-1, -1, 1, 1, 1]';
aeq=[1 1 1 1 1 1];
beq=[3];
[x, fval]=bintprog(f, a, b, aeq, beq)
```

运行结果：

```
x =
```

```
    1
    0
    1
    0
    1
    0
fval =
  -560
```

6.5 工程优化实例

6.5.1 螺栓组连接的优化设计

【例 6.9】在如图 6.1 所示的压力容器螺栓组连接中，已知 D_1=400mm，D_2=250mm，缸内工作压力为 p=1.5MPa，螺栓材料为 35 钢，σ_s=320MPa，安全系数 S=3，取残余预紧力 F'=1.6F，采用铜皮石棉密封垫片。现从安全、可靠、经济的角度来选择螺栓的个数 n 和螺栓的直径 d。

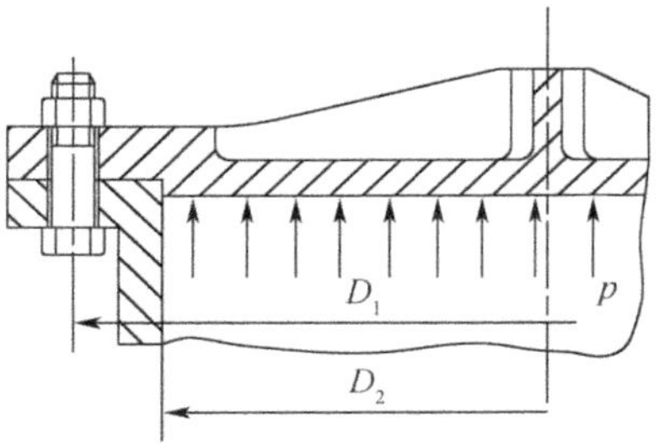

图 6.1　压力容器螺栓组连接

1．设计问题分析

若从经济性考虑，螺栓数量应尽量少一些、尺寸小一些，但这会降低连接的强度和密封性，不能保证安全可靠地工作；若从安全、可靠性考虑，螺栓数量应多一些、尺寸大一些为好，显然，经济性差，甚至造成安装扳手空间过小，操作困难。为此，该问题的设计思想是在追求螺栓组连接经济成本最小化的同时，还要保证连接工作安全、可靠。

2．设计变量、目标函数及约束条件

1) 设计变量

选取螺栓的个数 n 和直径 d(mm)为设计变量: $\boldsymbol{X}=[n\ \ d]^{\mathrm{T}}=(x_1,x_2]^{\mathrm{T}}$。

2) 目标函数

追求螺栓组连接经济成本 Cn 最小为目标。而当螺栓的长度、材料和加工条件一定时，螺栓的总成本与 nd 值成正比，所以本问题优化设计的目标函数为

$$\min F(x)=Cn=nd=x_1x_2$$

3) 约束条件

(1) 强度约束条件:为了保证安全可靠地工作，螺栓组连接必须满足强度条件：

$$\sigma_{ca}=\frac{5.2F_2}{3\pi d_1^2}\leqslant[\sigma]$$

式中：$$[\sigma]=\frac{\sigma_s}{S}=\frac{320}{3}=106(\mathrm{MPa})$$

$$F_2=F+F'=2.6F=2.6\times\frac{\pi D_2^2}{4n}p=2.6\times1.5\frac{\pi250^2}{4n}=60937\pi/n\quad(\mathrm{N})$$

对于粗牙普通螺纹：由文献推荐知，小径 $d_1=0.85d$ ，所以，强度约束条件为

$$g_1(x)=\frac{105624}{nd_1^2}-106=\frac{146192}{nd^2}-106\leqslant 0$$

(2) 密封约束条件:为了保证密封安全，螺栓间距应小于 10d，所以，密封约束条件为

$$g_2(x)=\frac{\pi D_1}{n}-10d=\frac{400\pi}{x_1}-10x_2\leqslant 0$$

(3) 为了保证足够的扳手空间:螺栓间距应大于 5d，所以，安装约束条件为

$$g_3(x)=-\frac{\pi D_1}{n}+5d=-\frac{400\pi}{x_1}+5x_2\leqslant 0$$

(4) 边界约束条件为

$$g_4(x)=-x_1\leqslant 0\ ;\quad g_5(x)=-x_2\leqslant 0$$

4) 建立数学模型

综上所述，本问题的数学模型可表达如下：

设计变量： $\boldsymbol{X}=(x_1,x_2]^{\mathrm{T}}$ 。

目标函数： $\min F(x)=x_1x_2$ 。

约束条件： s.t. $\quad g_i(x)\leqslant 0 \quad (i=1,2,3,4,5)$ 。

3．运用 MATLAB 的优化函数进行求解

(1) 先编写M文件：

```
function [c, ceq]=mynas(x)
c(1)=146192/(x(1)*x(2)^2)-106;          %非线性不等式约束
c(2)=400*pi/x(1)-10*x(2);
c(3)=-400*pi/x(1)+5*x(2);
ceq=[];                                 %非线性等式约束
```

(2) 在MATLAB命令窗口输入:

```
fun='x(1)*x(2)';                        %目标函数
x0=[4, 6];                              %设计变量初始值
A=[-1, 0;0, -1];                        %线性不等式约束矩阵
b=[0;0];
Aeq=[];                                 %线性等式约束矩阵
beq=[];
lb=[];                                  %边界约束矩阵
ub=[];
[x, fval, exitflag, output, lambda, grad, hessian]=fmincon(fun, x0, A, b, Aeq, beq, lb, ub, @mynas)     % 调用有约束优化函数
```

运行结果：

```
x=
    11.4499
    10.9751
```

```
fval=
    125.6637
exitflag=
    1
output=
    iterations: 12
    funcCount: 37
    lssteplength: 1
    stepsize: 1.7589e-007
    algorithm: 'medium-scale: SQP, Quasi-Newton, line-search'
    firstorderopt: 1.0570e-007
    constrviolation: 5.6843e-014
    message: [1x787 char]
lambda =
    lower: [2x1 double]
    upper: [2x1 double]
    eqlin: [0x1 double]
    eqnonlin: [0x1 double]
    ineqlin: [0x1 double]
    ineqnonlin: [3x1 double]
grad =
    10.9751
    11.4499
hessian =
    1.2146    0.4764
    0.4764    1.4104
```

所以，该问题优化结果为n=11.4499，d=10.9751，目标函数最小值：$F(x)$= 125.6637。根据实际问题的意义取整、标准化：n=12，d=12。

6.5.2 蜗轮蜗杆减速箱的优化设计

【例6.10】已知蜗轮上传递的扭矩$T_2=500000\text{N}\cdot\text{mm}$，工作载荷系数$K$=1.1，传动比$u$=26，蜗轮齿圈材料为 ZQSn10-1，许用接触应力$[\sigma_{\text{H}}]=180$ MPa，传动效率η=0.85。

1．确定设计变量

蜗轮蜗杆的体积与蜗杆齿数、模数、蜗杆直径有关，故选这三个变量为设计变量，设计变量表示为

$$\boldsymbol{X}=[x_1,\ x_2,\ x_3]^{\text{T}}$$

式中:x_1为蜗杆齿数；x_2 为模数(m)；x_3为蜗杆直径系数(q)。

2．建立目标函数

经过计算可得蜗杆齿圈的体积计算式，即目标函数为

$$f(\boldsymbol{X})=\frac{\pi\varphi x_2^3(x_3+2)}{4}\times\left[\left(ux_1+2+\frac{6}{x_1+2}\right)^2-(ux_1-6.4)^2\right]$$

取 φ=0.75，代入已知条件，得

$$f(\boldsymbol{X})=0.589x_2^3(x_3+2)\times\left[\left(26x_1+2+\frac{6}{x_1+2}\right)^2-(26x_1-6.4)^2\right]$$

3．确定约束条件

(1) 蜗杆齿数的限制为

$$g_1(x)=4-x_1\geqslant 0$$

$$g_2(x)=-1+x_1\geqslant 0$$

(2) 蜗轮齿数的限制为

$$g_3(x)=80-26x_1\geqslant 0$$

$$g_4(x)=-20+26x_1\geqslant 0$$

(3) 模数的限制为

$$g_5(x)=18-x_2\geqslant 0$$

$$g_6(x)=-2+x_2\geqslant 0$$

(4) 蜗杆直径系数的限制为

$$g_7(x)=16-x_3\geqslant 0$$

$$g_8(x)=-8+x_3\geqslant 0$$

(5) 蜗杆齿面接触强度的限制。根据蜗轮齿面接触强度条件，有

$$m^3q\geqslant KT_2\left(\frac{500}{x_2[\sigma_{\mathrm{H}}]}\right)^2$$

得

$$g_9(x)=x_2^3x_3-KT_2\left(\frac{500}{\mu x_1[\sigma_{\mathrm{H}}]}\right)^2\geqslant 0$$

(6) 蜗杆刚度的限制。要求蜗杆工作时最大扰度不大于 $m/50$，即

$$y=\frac{\sqrt{F_{t1}^2+F_{r1}^2}}{48EJ}L\leqslant\frac{m}{50}$$

式中：$L=0.9d_2=0.9muz_1$ 为蜗杆支承跨度；$J=\dfrac{\pi}{64}d_{f1}^4=\dfrac{\pi}{64}m^4(q-2.4)^4$ 为惯性矩；d_{f1} 为蜗杆的根圆直径；$F_{t1}=\dfrac{2T_1}{d_1}=\dfrac{2T_2}{umq}$ 为蜗杆圆周力，$F_{r1}=\dfrac{2T_2\tan 20°}{uz_1m}$ 为蜗杆径向力；E=2.1×10^5MPa为刚的弹性模量。

整理上述关系式，得

$$g_{10}(x) = 5498x_2^5(x_3-2.4)^4 - T_2 \times \sqrt{\left(\frac{x_1}{x_3\eta}\right)^2 + \tan^2 20^\circ} \geqslant 0$$

以上共有八个边界约束条件和两个性能约束条件。

4．优化程序及优化结果

采用 MATLAB 软件中求解约束极小值的优化工具箱 fmincon，求解上述优化设计问题。以下为优化计算的 M 文件源代码。

(1) 编写非线性约束的 M 文件 WormNonLinConstr.m：

```
function[C,Ceq]=WormNonLinConstr(x)
C(1)=(-1)*x(2)^3*x(3)+6277.85/(x(1)^2);
C(2)=(-1)*5498*x(2)^5*(x(3)-2.4)^4+500000*sqrt(1.384*(x(1)/x(3))^2+0.132474);
Ceq=[ ];
```

(2) 目标函数的 M 文件 WormObjFunct.m：

```
function f = WormObjFunct(x)
f=0.589*x(2)^3*(x(3)+2)*((26*x(1)+2+6/(x(1)+2))^2-(26*x(1)-6.4)^2);
```

(3) 求解，在命令窗口输入：

```
x0=[1,2,8];
LB=[1,2,8];
UB=[4,18,16];
A=zeros(6,3);
A(1,1)=-1; A(2,1)=26; A(3,2)=1; A(4,2)=-1; A(5,3)=1; A(6,3)=-1;
b=[-1 80 18 -2 16 -8]';
[x,fval]=fmincon('WormObjFunct',x0,A,b,[ ],[ ],LB,UB,'WormNonLinConstr')
```

运算结果：

```
x =
3.0769    3.4606    16.0000
fval =
6.6007e+005
```

对优化结果进行调整，取离散型最优解：蜗杆齿数为 3，模数为 3，直径系数为 16，则蜗轮齿全体积为 $4.199\times10^5\ \mathrm{mm}^3$。

6.5.3 平面四杆机构的优化设计

【例 6.11】图 6.2 所示为一曲柄摇杆机构，取曲柄长度 a=1，机架的长度 d=5，ϕ 是主动件曲柄输入角，φ 为从动件摇杆输出角，ϕ_0 为摇杆右极限位置角 φ_0 时曲柄初始位置角。当曲柄从 ϕ_0 位置转到 ϕ_0+90°时，要求摇杆的输出角实现期望函数 $\varphi = \varphi_0 + \frac{2}{3\pi}(\phi-\phi_0)^2$。

1．优化模型的建立

1) 设计变量

四杆机构的运动规律完全取决于四杆的杆长比例关系。曲柄和机架的长度已知，连杆 x_1

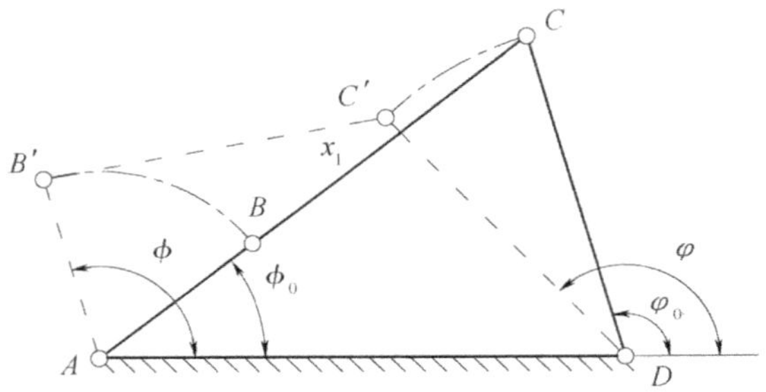

图 6.2　曲柄摇杆机构简图

与摇杆 x_2 的长度未知，曲柄和摇杆的位置角 ϕ、φ 可由四杆机构的几何关系确定，因此选择连杆长度 x_1 和摇杆长度 x_2 作为设计变量。

2) 目标函数

由于受到机构待定参数个数的限制，四杆机构最多只能精确实现两连架杆五组对应位置，所以设计值一般不能准确实现摇杆期望函数，实际所设计的运动函数定义为再现函数。为了机构最优地实现期望函数，可以取机构的期望函数摇杆输出角 φ 与摇杆再现函数输出值 φ_s 的平方误差积分准则作为目标函数，使 $f(x)=\int_{\phi_0}^{\phi_0+\frac{\pi}{2}}(\varphi-\varphi_s)^2$ 最小。当把输入角 ϕ 取 s 个点进行数值计算时，目标函数可以化约为 $f(x)=\sum_{i=0}^{s}(\varphi_i-\varphi_{si})^2$ 最小。

(1) 摇杆的期望转角 φ_i。把曲柄从 ϕ_0 到 $\phi_0+90°$ 的转角范围分成 s 等分，分点标记为 $i(i=1, 2, \cdots, s)$。根据设计要求，即可建立用 x_1、x_2 表示期望转角 φ_i 的关系式：

$$\varphi_i=\varphi_0+\frac{2}{3\pi}(\phi_i-\phi_0)^2$$

式中：$\phi_i=\phi_0+0.5\pi i/s$；$\phi_0=a\cos\dfrac{(a+x_1)^2+d^2-x_2^2}{2(a+x_1)d}$ 为曲柄的初始位置角；$\varphi_0=a\cos\dfrac{(a+x_1)^2-d^2-x_2^2}{2x_2 d}$ 为摇杆的初始位置角；

(2) 摇杆的再现函数转角 φ_{si}。由图 6.2 可得

$$\varphi_{si}=\begin{cases}\pi-(\angle B'DC'+\angle B'DA) & (0\leqslant\phi\leqslant\pi)\\ \pi-(\angle B'DC'-\angle B'DA) & (\pi\leqslant\phi\leqslant 2\pi)\end{cases}$$

式中：$B'D=\sqrt{a^2+d^2-2ad\cos\phi_i}$

$$\angle B'DC'=a\cos[(B'D^2+x_2^{\ 2}-x_1^{\ 2})\ /2B'D\bullet x_2]$$

$$\angle B'DA=a\cos[(B'D^2+d^2-a^2)\ /2B'D\bullet d]$$

即建立了用 x_1、x_2 表示实际转角 φ_{si} 的关系式。

3) 约束条件

(1) 杆长条件为

$$x_1>a，x_2>a，a+d\leqslant x_1+x_2，a+x_1\leqslant x_2+d，a+x_2\leqslant x_1+d$$

(2) 传动角限制。为使机构具有良好的传动性能，通常要求传动角 $\gamma_{min}\geqslant 40°$，$\gamma_{min}$ 出现在曲柄与机架共线的两位置之一处，如图 6.3 所示。取 $\gamma_{min}=40°$，则 $\gamma\geqslant 40°$。

$$\gamma_1 = a\cos\frac{x_1^{\,2} + x_2^{\,2} - (d-a)^2}{2x_1x_2} \geqslant 40° \qquad (a、d\text{ 重叠共线})$$

$$\gamma_2 = 180° - a\cos\frac{x_1^{\,2} + x_2^{\,2} - (d+a)^2}{2x_1x_2} \geqslant 40° \qquad (a、d\text{ 拉直共线})$$

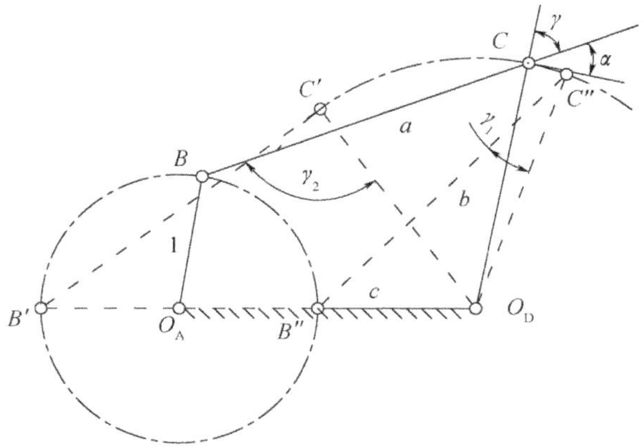

图 6.3　压力角和传动角

4) 优化设计的模型

综合以上各类约束，写成优化模型中的形式，有

$$g_1(x) = -x_1 + a \leqslant 0\text{；}$$

$$g_2(x) = -x_2 + a \leqslant 0\text{；}$$

$$g_3(x) = -x_1 - x_2 + a + d \leqslant 0\text{；}$$

$$g_4(x) = x_1 - x_2 + a - d \leqslant 0\text{；}$$

$$g_5(x) = -x_1 + x_2 + a - d \leqslant 0\text{；}$$

$$g_6(x) = x_1^{\,2} + x_2^{\,2} - (d-a)^2 - 2x_1x_2\cos 40° \leqslant 0\text{；}$$

$$g_7(x) = -x_1^{\,2} - x_2^{\,2} + (d+a)^2 + 2x_1x_2\cos 140° \leqslant 0\text{。}$$

因此四杆机构的优化模型为

$$\min f(x) = \sum_{i=0}^{s}(\varphi_i - \varphi_{si})^2$$

$$\text{s.t.}\quad g_i(x) \leqslant 0 \qquad i=1，2，3，4，5，6，7$$

2. 优化程序及优化结果

1) 用 MATLAB 编写目标函数的 M 文件 objfun.m

```
function f=objfun(x)
s=30;a=1;d=5;fx=0;
fai0=acos(((a+x(1))^2-x(2)^2+d^2)/(2*(a+x(1))*d));
pusi0=acos(((a+x(1))^2-x(2)^2-d^2)/(2*x(2)*d));
for i=1:30
fai=fai0+0.5*pi*i/s;
pusi=pusi0+2*(fai-fai0)^2/(3*pi);
BD=sqrt(a^2+d^2-2*a*d*cos(fai));
```

```
jBDC=acos((BD^2+x(2)^2-x(1)^2)/(2*BD*x(2)));
jBDA=acos((BD^2+d^2-a^2)/(2*BD*d));
if fai>0&&fai<=pi;
pusis=pi-(jBDC+jBDA);
elseif fai>pi&&fai<=2*pi;
pusis=pi-(jBDC-jBDA);
end
fx=fx+(pusi-pusis)^2;
end
f=fx;
```

2) 编写非线性约束的 M 文件

```
function[c, ceq]=nonlinobjfun(x)
a=1;d=5;
c(1)=x(1)^2+x(2)^2-(d-a)^2-2*x(1)*x(2)*cos(40/180*pi);
c(2)=-(x(1)^2+x(2)^2-(d+a)^2)+2*x(1)*x(2)*cos(140/180*pi);
ceq=[];
```

在MATLAB命令窗口输入：

```
clear all;
lb=[1, 1]';
ub=[10, 10]';
A=[-1, -1;1, -1;-1, 1];
b=[-6, 4, 4]';
x0=[4.5;4];
[x, fval]=fmincon('objfun', x0, A, b, [ ], [ ], lb, ub, 'nonlinobjfun')
```

运算结果：

```
x =
    4.0121
    2.3441
fval =
    0.0069
```

6.5.4 铲车液压缸优化设计

【例 6.12】液压缸各组成部分的参数取值：钢管内径 $\phi=2R=45\sim70\text{mm}$ ，外径 $\phi_1=2R_1=75\sim120\text{mm}$ ；端头外径 $\phi_2=2R_2=90\sim125\text{mm}$ ；液压缸总长度 H=1000mm，钢管部分的长度设为 $L=0\sim950\text{mm}$ 。该钢管由普通碳素钢材料制造，厚度 $d=35\sim50\text{mm}$，要求可承受 2.5MPa 的内压。优化设计的要求：在满足使用条件和结构尺寸的前提下，对该钢管的结构参数进行优化设计，使其总质量最小。已知 σ_b=220MPa，ρ=7800kg/m^3，安全系数设为 5。液压缸结构示意图如图 6.4 所示。

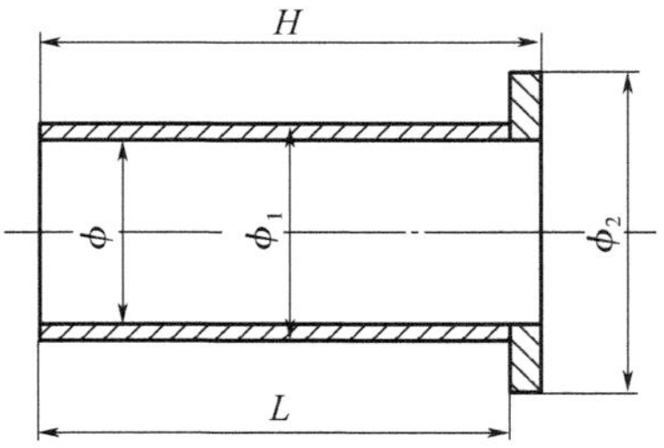

图 6.4 液压缸结构示意图

1．确定设计变量和目标函数

取 R、R_1、R_2、L 四个参数为设计变量，其向量形式为

$$\boldsymbol{X}=[x_1,x_2,x_3,x_4]^{\mathrm{T}}=[R,R_1,R_2,L]^{\mathrm{T}}$$

若取钢管质量最小为优化设计目标，则钢管的总质量目标函数为

$$M=\pi\rho[(R_1^2-R^2)L+(R_2^2-R^2)(1000-L)]$$

2．确定约束条件

(1) 钢管应满足的内压条件。在静压条件下，根据 GB 150—1998《钢制压力容器》国家标准，钢管承受的内压需满足

$$\frac{2\delta[\sigma]}{D+\delta}\geqslant P_{\mathrm{C}}$$

式中：P_{C} 为设计压力(Mpa)；D 为内径(mm)；$[\sigma]$ 为设计温度下圆筒材料的许用应力(Mpa)；δ 为计算厚度(mm)。

(2) 钢管应满足的结构尺寸条件为

$$\begin{cases}65\leqslant R\leqslant 70\\75\leqslant R_1\leqslant 95\\90\leqslant R_2\leqslant 110\\15\leqslant R_1-R\leqslant 20\\0\leqslant L\leqslant 980\end{cases}$$

3．优化程序及优化结果

(1) 用 MATLAB 编写目标函数的 M 文件 myfun.m。

```
function y=myfun1(x)
y=22.49*(1e-6)*((x(2)^2-x(1)^2)*x(4)+(x(3)^2-x(1)^2)*(1000-x(4)));
```

(2) 编写主函数。

```
clear all;
lb=[65, 75, 90, 0]';
ub=[70, 95, 110, 980]';
A=[1, -1, 0, 0;-1, 1, 0, 0;88, -85.5, 0, 0];
b=[-15, 20, 0]';
x0=[70, 87.5, 100, 900]';
[x, fval]=fmincon(@myfun1, x0, A, b, [ ], [ ], lb, ub)
```

优化结果如下：

```
x =
    65
    80
    90
    980
fval=
```

```
49.6804
```

即 R=65mm，R_1=80mm，R_2=90mm，d=15mm，L=980mm，M=49.6804kg。

6.5.5 指派问题

某工程有 n 项任务，需要 n 个人去完成，且每个人只能负责一项任务。每个人的能力不同，完成每项任务所用的时间、费用也不同，因此，如何安排某人做某项任务使完成效率最高或总的时间最省(费用最小)，这就是指派问题，它是 0-1 整数规划问题。

指派问题的数学模型如下：

设第 i 人去完成第 j 项任务所需的时间为 C_{ij}，由 C_{ij} 为元素构成的矩阵 $\boldsymbol{C}$ 称为效益矩阵。再设决策变量 X_{ij} 表示第 i 人是否参与第 j 项任务，若参与则 X_{ij}=1，否则 X_{ij}=0，由 X_{ij} 为元素构成的矩阵 $\boldsymbol{X}$ 称为决策矩阵，则目标函数 z 为求极小：

$$\min \quad z=\sum_{i=1}^{n}\sum_{j=1}^{n}c_{ij}x_{ij}$$

约束条件： $\sum_{i=1}^{n}c_{ij}=1 \quad (j=1,2,\cdots,n)$ 　　表示每人做一项任务

$\sum_{j=1}^{n}x_{ij}=1 \quad (i=1,2,\cdots,n)$ 　　表示每项任务有人做

【例 6.13】设完成某一产品需四道工序，现由甲、乙、丙、丁 4 人去加工，加工所需时间如表 6.4 所列，若每人只限加工一种工序，问如何指派任务才能使总的加工工时最小？

表 6.4　4 人加工 4 道工序所需的时间　　(单位：h)

	工序 1	工序 2	工序 3	工序 4
甲	6	12	10	8
乙	18	7	16	10
丙	16	19	18	12
丁	10	20	17	9

按照指派问题模型编写的 MATLAB 程序如下：

```
C=[6 12 10 8;  18 7 16 10;  16 19 18 12;  10 20 17 9];     %效率矩阵C
n = size(C, 1);                          %计算C的行数n
C = C(:);                                %计算目标函数系数，将矩阵C按列排成一个列向量即可
A = [ ] ; b = [ ];                       %没有不等式约束
%下面产生形成等约束的系数矩阵Aeq
Aeq = zeros(2*n, n^2);
for i = 1:n
   for j=(i-1)*n+1:n*i
      Aeq(i, j)=1;
   end
   for k = i:n:n^2
```

```
    Aeq( n+i, k) = 1 ;
  end
  end
  Aeq;                                        %等约束的系数矩阵
  beq = ones(2*n, 1);                         %等式约束右端项
  lb = zeros(n^2, 1);                         %决策变量下界
  ub = ones(n^2, 1);                          %决策变量上界
  [x, fval] = bintprog(C, A, b, Aeq, beq, lb, ub)   %使用 0-1 规划求解
  x = reshape(x, n, n)                        %将列向量 x 按列排成一个 n 阶方阵
```

运行结果：

```
fval =
   39
x =
     0     0     1     0
     0     1     0     0
     0     0     0     1
     1     0     0     0
```

故最优解为丁选择工序 1，乙选择工序 2，甲选择工序 3，丙选择工序 4，且总用时间为 39h。

6.5.6 生产计划的最优化问题

【例 6.14】某工厂生产 A 和 B 两种产品，它们需要经过三种设备的加工，其工时如表 6.5 所列。设备一、设备二和设备三每天可使用的时间分别不超过 12h、10h 和 8h。产品 A 和 B 的利润随市场的需求有所波动，如果预测未来某个时期内 A 和 B 的利润分别为 4 千元/t 和 3 千元/t，问在那个时期内，每天应安排产品 A、B 各多少吨，才能使工厂获利最大？

表 6.5 生产产品工时

产　　品	设备一	设备二	设备三
A/(h/t)	3	3	4
B/(h/t)	4	3	2
设备每天最多可工作时间(h)	12	10	8

设每天应安排生产产品 A 和 B 分别为 x_1 和 x_2，由题意建立下面的数学模型：

$$\max\ f(x) = 4x_1 + 3x_2$$

首先转换目标函数为标准形式，输入下列系数：

```
f =[-4;-3];
A=[3 4;3 3;4 2];
b=[12;10;8];
lb =zeros(2, 1);
```

然后调用 linprog 函数：

```
[x, fval, exitflag, output, lambda] = linprog(f, A, b, [], [], lb);
x =
    0.8000
    2.4000
fval =
    -10.4000
exitflag =
    1
output =
    iterations: 7
    algorithm: 'large-scale: interior point'
    cgiterations: 0
    message: 'Optimization terminated.'
    constrviolation: 0
    firstorderopt: 4.4672e-014
lambda =
    ineqlin: [3x1 double]
    eqlin: [0x1 double]
    upper: [2x1 double]
lower: [2x1 double]
```

所以，每天生产 A 产品 0.80t、B 产品 2.40t 可使工厂获得最大利润。

习 题 6

1．求解 $\min f(x_1,x_2)=-60x_1-120x_2$，并满足约束条件

$$\begin{cases} 9x_1+4x_2\leqslant 360 \\ 3x_1+10x_2\leqslant 300 \\ 4x_1+5x_2\leqslant 200 \\ x_1\geqslant 0, x_2\geqslant 0 \end{cases}$$

2．求解二次规划问题：$\min f(x_1,x_2)=-x_1^2+x_2^2-4x_1+4$，并满足约束条件

$$\begin{cases} x_1-x_2+2\geqslant 0 \\ -x_1+x_2-1\geqslant 0 \\ x_1\geqslant 0, x_2\geqslant 0 \end{cases}$$

3．求 0-1 整数规划的最优解。

目标函数：$\min \quad z=x_1+2x_2+3x_3+x_4+x_5$

约束条件：$\begin{cases}2x_1+3x_2+5x_3+4x_4+7x_5 \geqslant 8 \\ x_1+x_2+4x_3+2x_4+2x_5 \geqslant 5 \\ x_1,x_2,x_3,x_4,x_5=0\text{或}1\end{cases}$

4．求下面非线性约束问题在初始点(0，1)处的最优解。

目标函数：min　$z=x_1^2+x_2^2-x_1x_2-2x_1-5x_2$

约束条件：$\begin{cases}(x_1-1)^2-x_2 \leqslant 0 \\ -2x_1+x_2 \leqslant 6\end{cases}$

5．生产决策问题。

某厂生产甲乙两种产品，已知制成 1t 产品甲需用资源 A 3t，资源 B 4m^3；制成 1t 产品乙需用资源 A 2t，资源 B 6m^3，资源 C 7 个单位。若 1t 产品甲和乙的经济价值分别为 7 万元和 5 万元，三种资源的限制量分别为 90t、200m^3 和 210 个单位，试决定应生产这两种产品各多少吨才能使创造的总经济价值最高？

6．工件加工任务分配问题。

某车间有两台机床甲和乙，可用于加工三种工件。假定这两台机床的可用台时数分别为 700h 和 800h，三种工件的数量分别为 300 件、500 件和 400 件，且已知用三种不同机床加工单位数量的不同工件所需的台时数和加工费用(表 6.6)，问怎样分配机床的加工任务，才能既满足加工工件的要求，又使总加工费用最低？

表 6.6　生产产品工时

机床类型	单位工作所需加工台时数/h			单位工件的加工费用/元			可用台时数/h
	工件 1	工件 2	工件 3	工件 1	工件 2	工件 3	
甲	0.4	1.1	1.0	13	9	10	700
乙	0.5	1.2	1.3	11	12	8	800

第 7 章　Simulink 动态仿真基础

MATLAB Simulink 是一个动态仿真系统，用于对动态系统进行仿真和分析，预先模拟实际系统的特性和响应，根据设计和使用要求，对系统进行修改和优化。

Simulink 提供了图形化用户界面，只需点击鼠标就可以轻易地完成模型的创建、调试和仿真工作，用户不需专门掌握一种程序设计语言。

Simulink 可将系统分为从高级到低级的几个层次，每层又可以细分为几个部分，每层系统构建完成后，将各层连接起来构成一个完整系统。

模型创建完成后，可以启动系统的仿真功能分析系统的动态特性，其内置的分析工具包括各种仿真算法、系统线性化、寻求平衡点等。仿真结果可以以图形方式在示波器窗口显示，也可将输出结果以变量形式保存起来，并输入到 MATLAB 中以完成进一步的分析。

Simulink 可以仿真线性和非线性系统，并能创建连续时间、离散时间或二者混合的系统，支持多采样频率系统。

7.1　Simulink 基本操作

Simulink 仿真建模包含以下基本操作：

(1) 启动 Simulink，打开 Simulink 模块库。

(2) 打开模型创建窗口。

(3) 建立 Simulink 仿真模型。

(4) 设置仿真参数，进行仿真。

(5) 输出仿真结果。

7.1.1　Simulink 启动

Simulink 的启动有两种方式：一种是启动 MATLAB 后，单击 MATLAB 主窗口的快捷按钮  来打开 Simulink Library Browser 窗口，如图 7.1 所示。另一种是在 MATLAB 命令窗口输入 Simulink，结果是在桌面上出现一个称为 Simulink Library Brower 的窗口，在这个窗口中列出了按功能分类的各种模块的名称。

MATLAB 2011b 的 Simulink 的版本是 7.8，包含着 16 个子模块库，如图 7.1 所示，常用的有常用模块(Commonly Used Blocks)、信号源模块(Sources)、输出模块(Sinks)、连续系统模块(Continuous)、 离散系统模块(Discrete)、 数学运算模块(Math Operations)等。

每个子模块库包含着不同类型的标准模块，这些标准模块可直接用于建立系统的 Simulink 框图模型。可以通过鼠标左键单击图 7.1 中某子模块库，左侧文字和右侧对应图标均可，即可显示该子模块库包含的全部标准模块，图 7.2 显示出数学运算模块库所包含的全部标准模块。

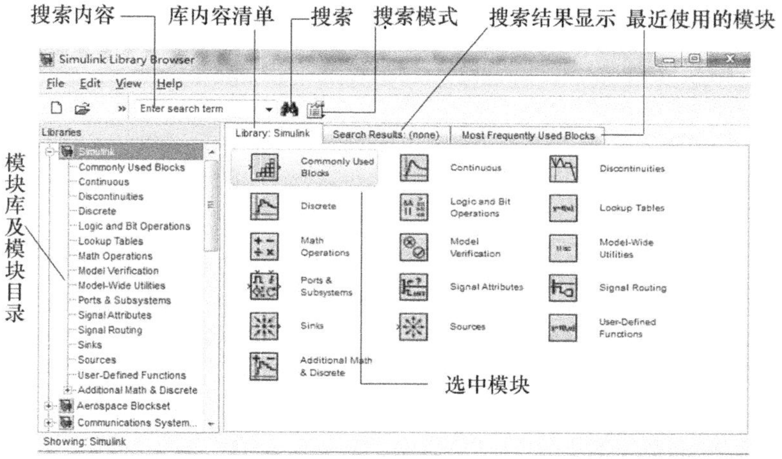

图 7.1　模块库浏览器

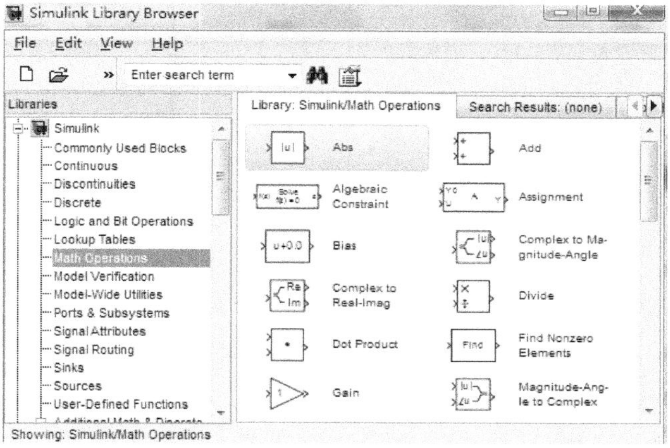

图 7.2　数学运算模块库标准模块

7.1.2　Simulink 的文件操作和模型窗口

1．Simulink 的文件操作

1) 新建文件

新建仿真模型文件有几种操作：

(1) 在 MATLAB 的命令窗口选择菜单 File→New→Model。

(2) 在图 7.1 的 Simulink 模块库浏览器窗口选择菜单 File→New→Model，或者单击工具栏的 □图标。

(3) 在图 7.3 的 Simulink 模型窗口选择菜单 File→New→Model，或者单击工具栏的 □图标。

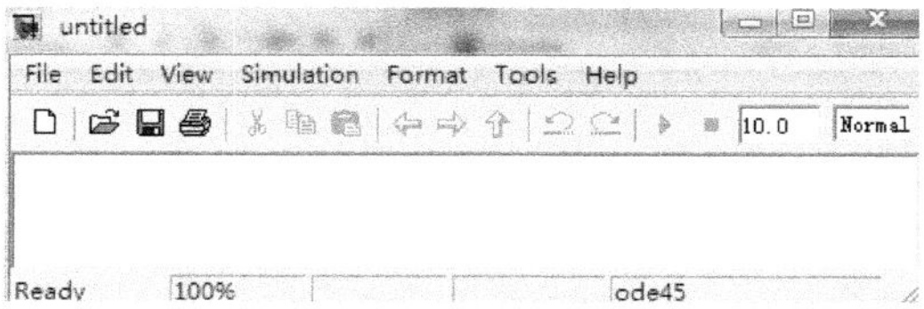

图 7.3　Simulink 空白模型窗口

2) 打开文件

打开仿真模型文件有几种操作：

(1) 在 MATLAB 的命令窗口输入不加扩展名的文件名，该文件必须在当前搜索路径中，如输入 Ex0701。

(2) 在 MATLAB 的命令窗口选择菜单 File→Open…或者单击工具栏的图标打开文件。

(3) 在图 7.1 的 Simulink 模块库浏览器窗口选择菜单 File→Open…或者单击工具栏的图标打开.mdl 文件。

(4) 在图 7.3 的 Simulink 模型窗口中选择菜单“File”→“Open…”或者单击工具栏的图标打开文件。

2. Simulink 的模型窗口

模型窗口由菜单、工具栏、模型浏览器窗口、模型框图窗口以及状态栏组成，如图 7.4 所示。

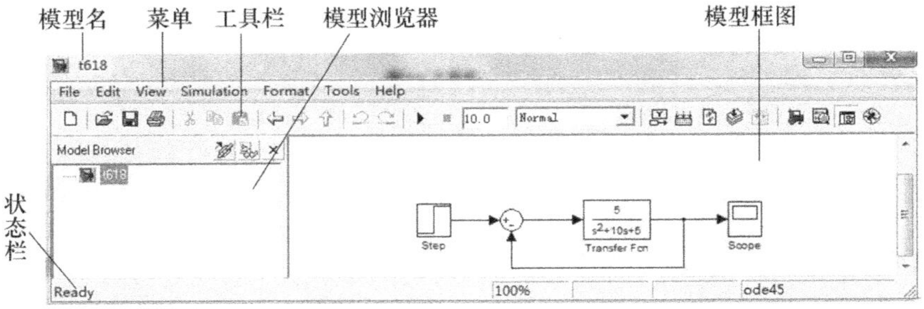

图 7.4 Simulink 模型窗口

1) 工具栏

模型窗口工具栏包含模型建立和仿真过程中常用的命令按钮，其功能如图 7.5 所示。

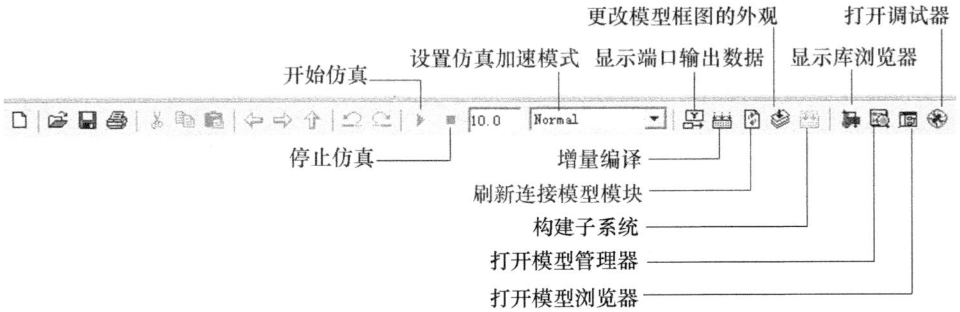

图 7.5 模型窗口工具栏

2) 菜单

Simulink 的模型窗口的常用菜单如下：

File Edit View Simulation Format Tools Help

各菜单中菜单项及其功能如表 7.1～表 7.6 所列。

表 7.1　File 菜单名称与功能

菜单项	功　　能
New	新建模型(Model)或库(Library)
Open	打开一个模型
Close	关闭模型
Save	保存模型，其扩展名为.mdl
Save as	模型另存为
Source Control	设置 Simulink 与资源控制系统接口
Model Properties	打开“模型属性”对话框
Preferences	打开“模型参数设置”对话框，用于设置用户界面的显示形式等属性
Export to Web	将系统、子系统内部结构输出到 Web 网页
Reports	形成系统设置描述和需求报告
Print	打印模型文件
Print Details	打印成为 HTML 格式的详细描述文件，含模块图标和模块参数设置等
Print Setup	打印设计
Enable Tiled Printing	平铺打印设置选项
Exit MATLAB	退出 MATLAB

表 7.2　Edit 菜单名称与功能

菜单项	功　　能
Copy Model to Clipboard	将模型图复制到剪切板
Find	查找 Simulink 对象、状态流程对象等
Variant	模块函数等变体操作
Create Subsystem	创建子系统，当有模块被选中时才可用
Mask Subsystem	封装子系统，当有子系统被选中时才可用
Look Under Mask	查看子系统内部结构，当有子系统被选中时才可用
Link Options	链接选项
Link and Model Blocks	链接模块的输入/输出口和参数
Update Diagram	更新模型框图的外观属性

表 7.3　View 菜单名称与功能

菜单项	功　　能
Go to parent	显示当前系统的父系统
Toolbar	显示或隐藏工具条
Status Bar	显示或隐藏状态条
Model Browser Options	模型浏览器设置
Block Data Tips Optioons	模块数据提示选项，设定鼠标位于模块上方时是否显示数据信息
Requirements	选择增加与 Word、Excel 等链接
Library Browser	打开库浏览器

(续)

菜单项	功　　能
Model Explorer	打开模块资源管理器
Simulink Project	导入 Simulink 选项
Signal Hierarchy	打开信号层次结构
Sample Time Legend	样本时间注释
MATLAB Desktop	打开 MATLAB 桌面窗口
Fit Systerm to View	自动选择最合适的显示比例
Show Page Boundaries	显示页面边界
Port Values Labels	设置打开或关闭模块端口的输出提示标签
Remove Highlighting	删除高亮显示

表 7.4　Simulation 菜单名称与功能

菜单项	功　　能
New	新建模型(Model)或库(Library)
Start/ Stop	启动/停止仿真
Configuration Parameters	设置仿真参数
Normal	标准仿真模式
Accelerator	加速仿真模式
Rapid Accelerator	快速加速仿真模式
Software-in-the-Loop	利用软件在回路快速进行设计验证
Processor-in-the-Loop	进行在环仿真
External	外部仿真模式

表 7.5　Format 菜单名称与功能

菜单项	功　　能
New	新建模型(Model)或库(Library)
Font	打开对话框设置文本字体和大小
Text Alignment	标注文字对齐工具
Enable TeX Commands	使用 TeX 格式编辑文本标注，如数学符号、希腊字母等
Show/Hide Name	显示/隐藏模块名
Show Drop Shadow	显示模块阴影，当有模块被选中时才可用
Show Port Label	端口标签显示模式，当有模块被选中时才可用
Foreground Color	设置模块前景颜色
Background Color	设置模块背景颜色
Screen Color	设置模块窗口屏幕颜色
Show Smart Guides	显示智能向导设置
Align Blocks	模块排列设置
Distribute Blocks	模块分布设置

(续)

菜单项	功　　能
Resize Blocks	调整模块大小，当有模块被选中时才可用
Flip Name	翻转模块名字，当有模块被选中时才可用
Flip Block	翻转模块图标，当有模块被选中时才可用
Rotate Block	旋转模块图标，当有模块被选中时才可用
Port/Signal Displays	端口/信号信息显示设置
Block Displays	模块信息显示设置
Library Link Display	库链接信息显示设置
Sample Time Display	采样时间信息显示设置

表 7.6　Tools 菜单名称与功能

菜单项	功　　能
Simulink Debugger	打开 Simulink 调试器
Model Advisor	打开模型咨询工具，帮助用户检查和分析模型的配置
Model Dependencies	使用模型文件清单
Fixed-Point	打开定点设置对话框
Lookup Table Editor	打开查表编辑器，帮助用户检查和修改模块的参数
Data Class Designer	打开数据类设计器，帮助用户创建自定义数据类
Bus Editor	打开总线编辑器，查看或编辑总线对象
Profiler	剖析工具，当仿真运行结束后会自动生成并弹出一个仿真报告文件
Coverage Settings	覆盖模块窗口、模型系统等设置
Requirements	选择高亮模块、检查的一致性、生成报告等输出类型
Design Verifier	打开设置验证器
Inspect Logged Signals	检查记录信号
Signal & Scope Manager	打开信号和示波器的管理器，帮助用户创建信号生成模块和示波器模块
Code Generation	打开生成代码器，形成各种系统代码
External Mode Control Panel	打开外部模式控制面板，用于设置外部模式的各种特性
Control Design	用于控制设计
Parameter Estimation	打开参数控制和估计管理器
Response Optimization	打开设计优化窗口的响应优化选项
Report Generator	用于打开报告生成器
Verification Wizards	选择协同仿真向导方式，指定为 FPGA 硬件在环选项
HDL Code Generation	HDL 代码生成
Compare Simulink XML Files	选择文件导出到 XML 进行比较
Data Object Wizard	数据对象向导
Simulink Code Inspector	仿真代码检查
System Test	系统检测器
Mplay Video Viewer	打开 Mplay 视频浏览窗口
Run on Target Hardware	进入到安装或更新硬件目标窗口

7.1.3 建立 Simulink 仿真模型

1. 模块的选取和复制

用户在建立自己的模型时，常常需要从 Simulink 模块库、其他模块库或其他模型窗口复制所需的模块并移动至自己的模型窗口内，操作方法主要有以下两种：

(1) 将鼠标移至要复制的标准模块图标上，按下鼠标左键并保持，移动鼠标将模块图标拖至目标模型窗口一定位置，松开鼠标左键，模块图标保留在目标模拟窗口内，模块复制完成。

(2) 用鼠标选中要复制的模块图标，单击鼠标右键，在快捷菜单中选择 add to 'untitled' 命令，就可以将该模块添加到目标模型窗口，其快捷键是 Ctrl+I。

2. 仿真模型窗口的模块操作

(1) 模块图标移动。用鼠标选中要移动的模块，按下左键并保持，移动鼠标将模块图标拖至目标位置。

(2) 图标大小改变。用鼠标单击目标模块，并对其中任意一个四角的小方块出现斜双向箭头，拖动鼠标即可改变模块的大小。

(3) 模块图标旋转。使用 format 菜单中 rotate block 命令，或右键单击目标模块从快捷菜单中同样操作，均可使模块旋转 90°，模块图标旋转快捷键是 Ctrl+R。

(4) 模块更名。鼠标左键单击目标模块名，即可修改。

(5) 模块窗口下模块的复制和删除与 Word 中操作类似，可通过 edit 菜单或右键单击模块图标，选择 copy、paste、delete 命令完成。

3. 模块参数设置

Simulink 中几乎所有模块的参数都允许用户进行设置，只要双击要设置的模块或在模块上单击鼠标右键并在弹出的快捷菜单中选择相应模块的参数设置命令就会弹出模块参数对话框。该对话框分为两部分，上面一部分是模块功能说明，下面一部分用来进行模块参数设置。

同样，先选择要设置的模块，再在模型编辑窗口 Edit 菜单下选择相应模块的参数设置命令也可以打开模块参数对话框。

4. 模块连接线

模块之间的连接线是信号线，每根连接线都表示标量或向量信号的传输，连接线的箭头表示信号流向。连接线把一个模块的输出端口和另一个模块的输入端口连接起来，也可以利用分支线把一个模块的输出端口和几个模块的输入端口连接起来。连接各模块时首先将模型窗口中各个模块的位置进行调整，使需要连接的各个模块之间级联关系清晰易懂，然后将各个图形连接起来。模块连接线操作方法如下：

(1) 连线的绘制。将光标指向连线的起点，光标变成十字后，按下鼠标键并拖动，直至终点，松开鼠标。Simulink 会根据起点和终点的位置自动配置连线，或者采用直线或者采用折线，绘制出水平或垂直连接的直线。按下 Shift 键，拉动鼠标，即可绘制斜线；选中所画线段，拖动鼠标至希望位置，可实现线段的移动；按键盘上的 Delete 键可实现信号线的删除。

(2) 信号线的分支。可将鼠标指向分支点的起点，按下鼠标右键，鼠标变为十字，拖动鼠标直至分支点的终点处，释放鼠标，可画出分支线；或者按住 Ctrl 键，同时按下鼠标左键拖动鼠标到分支线的终点。

(3) 信号线的折曲。选中已存在的信号线，将光标指向待转折处，按住 Shift 键，再按下鼠标左键，拖动鼠标至合适处即可绘制出折线。

折点的移动：选中折线，将光标指向待移动的折点处，光标变成小圆圈时，按下鼠标左键拖动至目标处，释放鼠标。

另外，双击信号线，可以对信号线进行文本注释、修改、移动和复制等操作。

5．给模型添加文本注释

(1) 添加模型的文本注释。在需要作注释区的中心位置，双击鼠标左键，就会出现编辑框，在编辑框中就可输入文字注释。

(2) 注释的移动。在注释文字处单击鼠标左键，当出现文本编辑框后，用鼠标就可以拖动该文本编辑框。

(3) 注释的修改。只需单击注释文本，即可回到编辑模式进行修改。

(4) 注释文本属性控制。在注释文本上鼠标右击，根据快捷菜单即可重新定义文本的属性。

6．模型文件取名及保存

一旦把模型窗口上各模型连接起来，一个系统方框图模型建立工作就已完成。选择模型窗口 File 菜单中 Save as 命令，弹出对话框，填入模型文件名。

7.1.4 系统仿真运行

系统仿真运行常有两种方法进行：一是利用 Simulink 菜单命令；二是在 MABLAB Command 窗口下输入有关命令。

1．Simulink 模型窗口下的仿真运行

在 Simulink 模型窗口下进行仿真操作简单、直观，不必记忆命令的语法规则，可用人机交互方式选择或修改仿真参数、模型参数等。具体操作如下：

(1) 打开系统模型窗口。

(2) 从菜单 Simulation 中选取 Configuration Parameters，弹出仿真参数对话框(图 7.6)，参数设置将在 7.3 节详细介绍。

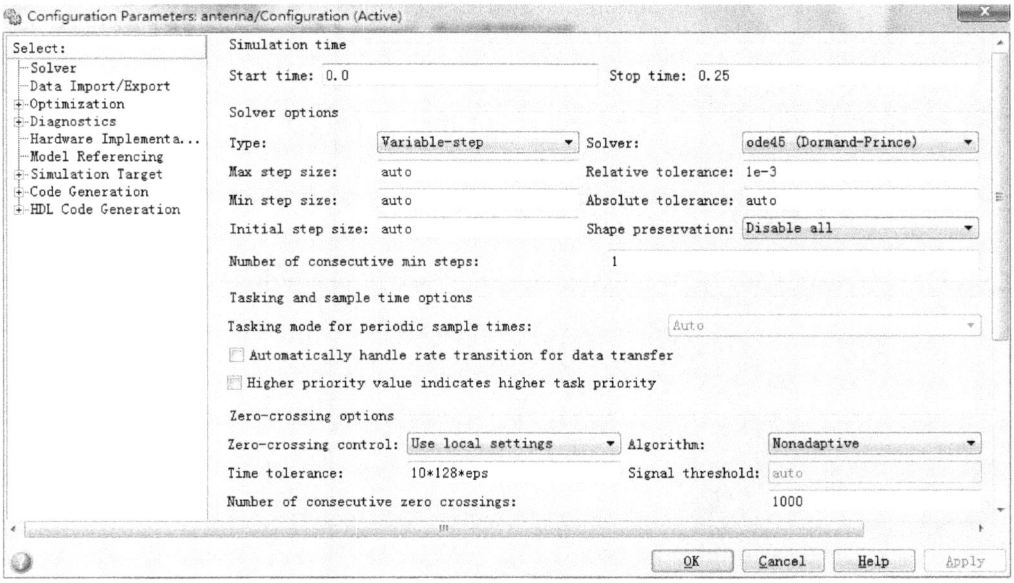

图 7.6　仿真参数对话框

(3) 仿真开始和停止。从 Simulation 菜单中选取 Start 命令或单击工具栏命令▶，仿真立即开始运行，这时 Start 变为 Stop。若要停止仿真，从 Simulation 菜单中选择 Stop，仿真运行立即停止。

若要使仿真运行暂停，可从 Simulation 菜单中选择 Pause，这时 Pause 变为 Continue。若要使仿真继续运行，选择 Continue。

2. MATLAB 命令窗口下的仿真运行

在 MATLAB Command 窗口下调用函数 sim，可直接运行一个已存在的 Simulink 模型，运算结果与第一种方法相同，调用格式为

```
SimOut=sim('MODEL', 'PARAMETER_NAME1', VALUE1, 'PARAMETER_NAME2', VALUE2, ...)
```

其中，SimOut 为仿真输出对象，包括所有仿真输出；MODEL 为模型文件名；PARAMETER_NAME1 为参数 1；VALUE1 为参数值 1。

由于在 MATLAB COMMAND 窗口下运行 Simulink 模型不如直接在 Simulink 模型窗口下仿真方便、直观，因此不推荐使用。

7.1.5 仿真结果输出

Simulnk 提供以下四种方式观察、保存仿真的过程和结果。

1. 利用 Scope 模块

Scope 模块在 Sinks 模块中，主要用于模型窗口内实时信号的动态过程，Scope 模块还可将数据存储在工作空间(Workspace)内。

2. 利用 Out 模块

Out 模块在 Sinks 模块中，可将仿真结果中的数据输出到工作空间 Workspace，供调用和分析。

【例 7.1】 Out 模块应用举例。

建立图 7.7 所示仿真模型，仿真时间设为 10s，仿真结束后，在 MATLAB 的 Command 窗口下键入 plot(tout，yout)观察，输出轨迹如图 7.8 所示。此例中时间变量和输出变量使用默认设置 tout 和 yout，可从 Simulation 菜单调用 Configuration Parameters 中的选项 Data Import/Export 来设置。

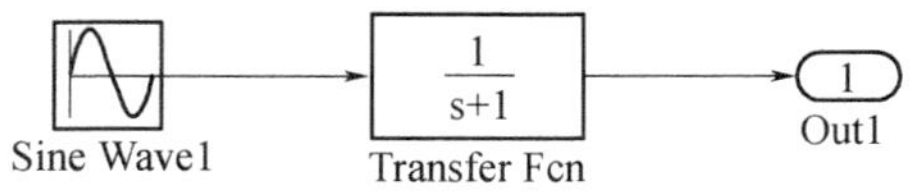

图 7.7 Out 模块应用

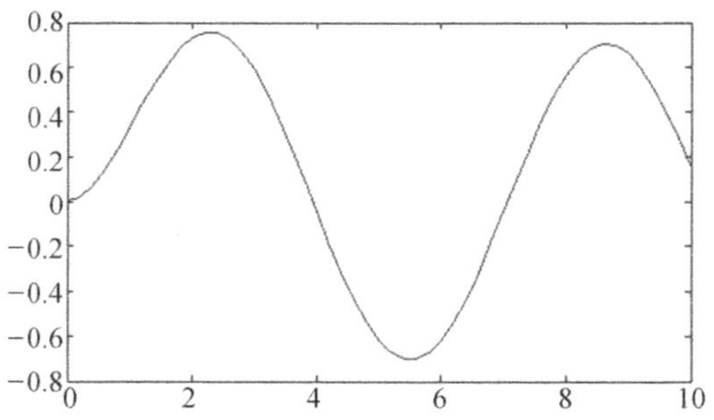

图 7.8 图 7.7 所建仿真模型的输出轨迹

Out 模块主要参数有：

(1) Port number：输出端口数，默认值为 1。

(2) Port dimensions：输出信号的维数，默认值为-1，表示动态设置维数；可以设置成 n 维向量或 m×n 维矩阵。

(3) Sample time：采样间隔，默认值为-1，表示与前一个模块采样间隔相同。

3. 利用 To Workspace 模块

使用 To Workspace 模块可把输出变量写入到 MATLAB 工作空间，其主要参数有：

(1) Variable name：模块的输出变量，默认值为 simout。

(2) Limit data points to last：限制输出数据点的数目，模块会自动进行截取数据的最后 n 个点(n 为设置数)，默认值为 inf。

(3) Decimation：步长因子，默认值为 1。

(4) Sample time：采样间隔，默认值为-1。

(5) Save format：输出变量格式，可以指定为数组或结构数组。

【例 7.2】 To Workspace 模块应用举例。

建立如图 7.10 所示的 Simulink 模型，变量名 y 通过打开 To Workspace 模块对话框填入。仿真时间设为 10s，仿真结束后，Workspace 出现时间变量 tout 及输出变量 y，tout 为 51×1 double 数据，而 y 为 1×1 的结构数组，在 MATLAB 的 Command 窗口下键入 plot(tout，y.signals.values)，输出轨迹和图 7.8 一样。

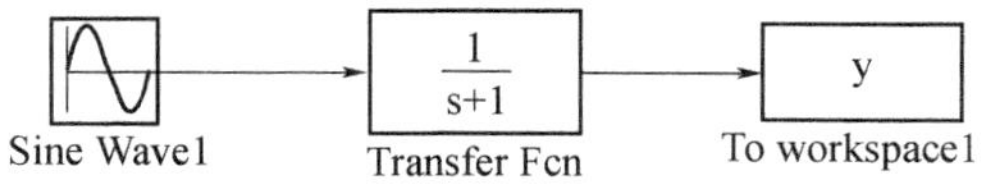

图 7.9 To Workspace 模块应用

4. 利用 To File 模块

使用 To File 模块，输出仿真数据到.mat 文件，其文件格式按行存放，每行对应一个变量，第一行为时间数据，第二行开始的各行为其他输出变量相应的仿真值。

To File 模块主要参数有：

(1) File name：保存数据的文件名，默认值为 untitled.mat。如果没有指定路径，则存于 MATLAB 工作空间目录。

(2) Variable name：在文件所保存矩阵的变量名，默认值为 ans。

(3) Decimation：步长因子，默认值为 1。

(4) Sample time：采样间隔，默认值为-1。

7.2 Simulink 的基本模块库

7.2.1 Simulink 的常用基本模块

前面讲过，Simulink 的基本模块包括 16 个子模块库，本节重点介绍一些常用的模块库、模块库中常用的模块及一般的使用方法。

1. 常用模块子库

常用模块子库(Commonly Used Blocks)是在 Simulink 建模仿真时，将使用最为频繁的基本模块集中在一起形成的模块库，这些模块在其他模块库中都可以找到，主要为初学者提供快捷的模块选取方法，其功能如表 7.7 所列。

表 7.7　常用模块子库

模块形式及名称	功能说明
Bus Creator	总线信号生成器，将多个输入信号合并成一个总线信号
Bus Selector	总线信号选择器，用来选择总线信号中的一个或多个
1 Constant	常数模块，输出常量信号
Convert Data Type Conversion	数据类型转换模块，将信号转换为其他数据类型
Demux	信号分离器，将输入向量转换成标量，分解输出
$\frac{\text{K Ts}}{\text{z-1}}$ Disorete-Time Integrator	离散时间积分器模块
1 Gain	增益模块
Ground	信号接地模块
1 In 1	输入接口模块
$\frac{1}{s}$ Integrator	连续积分器模块
AND Logical Operator	逻辑操作模块
Mux	信号合成器模块，将输入的向量、标量或矩阵合成
1 Out1	输出接口模块
× Product	乘法模块，执行标量、向量或矩阵的乘法
<= Relational Operator	关系操作模块，输出布尔类型数据
Saturation	饱和度模块，定义输入信号的最大和最小值
Scope	输出示波器模块

(续)

模块形式及名称	功能说明
Subsystem	创建子系统模块
Sum	求和模块，加法器
Switch	开关切换模块，由第二个输入信号选择在第一路或第三路之间切换
Terminator	信号终端模块，用来连接没有与其他模块相连的输出端口，防止在 MATLAB 窗口给出警告信息
Unit Delay	单位时间延迟模块
Vector Concatenate	相同数据类型的向量输入信号串联

2．输入信号源模块库

输入信号源模块库(Sources)用来向模型提供输入信号，所以只有输出，而且可以根据自己的需要对模块的参数进行设置，常用的输入信号源模块如表 7.8 所列。

表 7.8　常用的输入信号源模块

模块形式及名称	功能说明
Constant	生成一个与时间无关的指定的实数或复数值，恒值常数，可设置数值
Step	阶跃信号，提供在指定时间处在两个可定义的水平间的阶跃
Ramp	线性增加或减小的信号
Sine Wave	提供连续或离散形式的正弦波
Signal Generator	信号发生器，可以产生正弦、方波、锯齿波和随机波信号
From File	从 mat 文件获取矩阵数据，信号以行存储，矩阵第一行是时间，其他每行存一个信号系列
From Workspace	从当前工作空间定义的矩阵读数据。以列方式存放的信号矩阵[T，U]必须存在于 MATLAB 工作空间。T 为时间列向量；U 和 T 行数相同，每一列为一个信号系列
Clock	仿真时钟，输出每个仿真步点的时间
In1	输入端口模块，用于接收工作空间及其他系统模型传来的数据
Pulse Generator	以一定的间隔产生一系列的脉冲

3. 接收模块库

接收模块(Sinks)是用来接收模块信号的，常用的接收模块如表 7.9 所列。

表 7.9　常用的接收模块

模块形状及名称	功能说明
Scope	示波器，显示实时信号。Scope 模块显示输入关于仿真时间的图形，模块接收一个输入并且能够显示多个信号的图形。如果信号是连续的，Scope 生成由点连成的图形，如果信号是离散的，Scope 生成阶梯图
Display	实时数值显示，可以通过选择 Format 选项来控制显示的格式
XY Graph	显示 X-Y 两个信号的关系图。该模块有两个标量输入，模块绘制第一个输入的数据(X 轴方向)对第二个输入的数据(Y 轴方向)的曲线图。该模块对于检验两状态的数据是有用的。超过制定范围的数据将不显示
untitled.mat　To File	把数据保存为文件。该模块将其输入写到 MAT 文件中的矩阵，把每个时间步写成一列，第一行是仿真时间，该列中剩余的行是输入的数据，输入向量中每一元素占一数据点
simout　To Workspace	该模块将其输入写到工作空间中，该模块将其输出写到由参数变量名指定的矩阵或结构中。参数保存格式确定输出格式
STOP　Stop Simulation	当输入为非 0 值时停止仿真。仿真在终止之前完成当前时间步的计算。如果该模块的输入是向量，任何非 0 的向量元素都会导致仿真停止
1　Out1	输出模块

4. 连续系统模块库

连续系统模块库(Continuous)主要包含连续系统的仿真模块，常用的连续系统模块如表 7.10 所列。

表 7.10　常用的连续系统模块

模块形状及名称	功能说明
$\frac{1}{s}$　Integrator	积分环节。该模块对其输入进行积分，输出仅仅是状态。通过该模块可以定义初始状态、输出模块状态、上下限和状态复位
du/dt　Derivative	微分环节。该模块接受一个输入，对时间求导后得到一个输出，在仿真开始之前输入信号的值被认为是 0，模块的初始输出是 0
x'=Ax+Bu y=Cx+Du　State-Space	状态方程模型
$\frac{1}{s+1}$　Transfer Fcn	传递函数模型。Transfer Fcn 模块实现传递函数，分母阶数必须大于等于分子阶数，模块的输入是标量，输出宽度等于分子的行数
$\frac{(s-1)}{s(s+1)}$　Zero-Pole	零—极点增益模型。Zero-Pole 模块实现以拉普拉斯操作符 s 的形式指定零点、极点和增益的系统。如果零点和极点是复数，它们必须是共轭复数对
Transport Delay	把输入信号按给定的时间做延时，它可用来模拟时间延迟

5．离散系统模块库

离散系统模块库(Discrete)是用来构成离散系统的环节，常用的离散系统模块如表 7.11 所列。

表 7.11　常用的离散系统模块

模块形状及名称	功能说明
$\frac{1}{z+0.5}$ Discrete Transfer Fcn	离散传递函数模型。实现 Z 变换传递函数，分母阶数必须大于等于分子阶数，模块的输入是标量，输出宽度等于分子的行数
$\frac{(z-1)}{z(z-0.5)}$ Discrete Zero-Pole	离散零—极点增益模型。实现一个用延迟因子 Z 的零点、极点和增益的形式给出的离散系统。如果零点和极点是复数，它们必须是共轭复数对
y(n)=Cx(n)+Du(n) x(n+1)=Ax(n)+Bu(n) Discrete State-Space	离散状态方程模型。该模块接受一个输入并且产生一个输出。$x(n+1)=\boldsymbol{A}x(n)+\boldsymbol{B}u(n)$；$y(n)=\boldsymbol{C}x(n)+\boldsymbol{D}u(n)$，输入向量的宽度由矩阵 $\boldsymbol{B}$ 和 $\boldsymbol{D}$ 的列数确定，输出向量的宽度由矩阵 $\boldsymbol{C}$ 和 $\boldsymbol{D}$ 的行数确定
$\frac{1}{1+0.5z^{-1}}$ Discrete Filter	离散滤波器。该模块实现无限脉冲响应(IIR)和有限脉冲响应(FIR)滤波器。可以使用 Numerator 和 Denominator 参数以向量的形式制定分子和分母的升幂多项式的系数
Zero-Order Hold	零阶保持器。实现指定采样率的采样和保持功能。可用于对一个或多个信号进行离散化或者另外的速率对信号进行重新采样。如果需要模拟采样，但又不需要另外的更复杂的离散功能模块时，可以使用这一模块
First-Order Hold	一阶保持器。实现以一定的采样间隔执行的一阶采样保持
$\frac{1}{z}$ Unit Delay	采样保持，延迟一个周期。Unit Delay 模块将它的输入信号延迟并保持一个采样间隔，如果模块的输入是向量，向量中所有的元素的延迟时间都相同
$\frac{K\,Ts}{z-1}$ Discrete-Time Integrator	离散时间积分器，实现一个信号的离散时间积分

6．数学运算库

数学运算库(Math Operation)中模块的功能就是将输入信号按照模块所描述的数学运算函数计算，并把运算结果作为输出信号输出。一些常用的数学运算模块如表 7.12 所列。

表 7.12　数学运算库常用的模块

模块形状及名称	功能
|u| Abs	绝对值。Abs 模块产生的输出是输入的绝对值，该模块接受一个输入并且产生一个输出
Re Im Complex to Real-Imag	输出复数输入信号的实部和虚部。该模块接受双精度类型的复数值信号，输出输入信号的实部、虚部，输入可以是复数信号向量，此时输出也是向量
• Dot Product	产生点积。该模块产生它的两个输入向量的点乘积，两向量的长度必须相同，元素可以是实数或者复数，输出的类型依赖于输入的类型
1 Gain	将模块的输入乘以一个数值。该模块接受除了逻辑类型以外的任何类型实数或复数值标量、向量，输出和输入类型相同，输入向量元素必须类型相同。增益参数可以是任何类型的实数或复数值标量、向量

(续)

模块形状及名称	功能
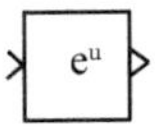 Math Function	执行一个数学函数
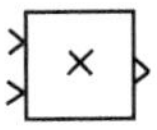 Product	产生模块各输入的简积或商
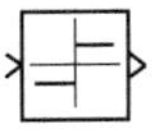 Sign	指明输入的符号。该模块显示输入的符号，当输入大于 0 时输出为 1；当输入等于 0 时输出为 0；当输入小于 0 时输出为-1
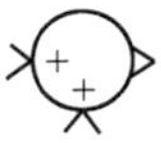 Sum	生成输入的和

7.2.2 常用模块的参数和属性设置

1. 模块参数设置

1) 正弦信号源(Sine Wave)

双击正弦信号源模块，出现如图 7.10 所示的参数设置对话框。图 7.10 的上部分为参数说明，仔细阅读可以帮助用户设置参数。参数 Sine type 为正弦类型，包括 Time-based 和 Sample-based；参数 Amplitude 为正弦幅值；参数 Bias 为幅值偏移值；参数 Frequency 为正弦频率；参数 Phrase 为初始相角；参数 Sample time 为采样时间。

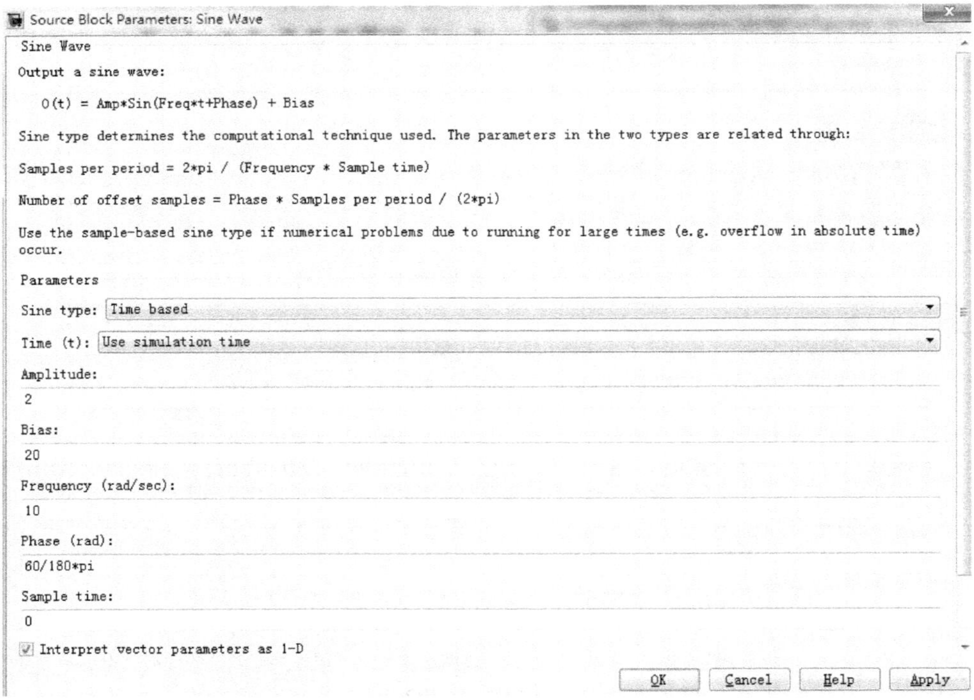

图 7.10 正弦信号源模块参数设置对话框

2) 阶跃信号源(Step)

阶跃信号模块是输入信号源，其模块参数对话框如图 7.11 所示。其中：参数 Step time 为阶跃信号的变化时刻，参数 Initial value 为初始值，参数 Final value 为终止值，参数 Sample time 为采样时间。

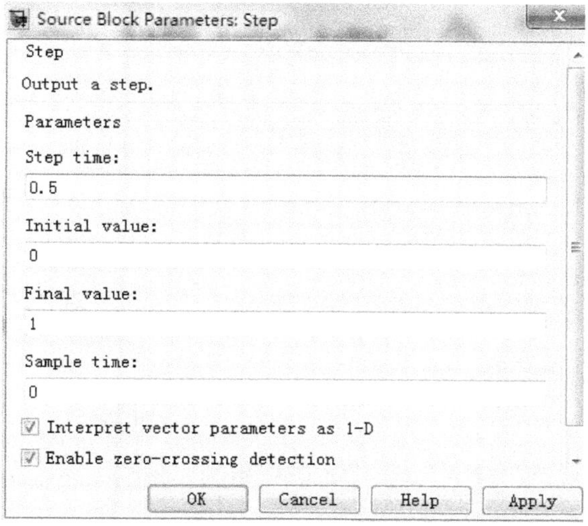

图 7.11　阶跃信号模块的参数

3) 从工作空间获取数据模块(From Workspace)

From Workspace 模块从工作空间获取数据模块的输入信号源，其主要参数说明如下：

(1) Data：指定工作空间中某个变量或者表达式，可以是矩阵、包含时间数据的结构数组。From Workspace 模块的接收模块(如 scope)必须有输入端口，Data 矩阵的列数应等于输入端口的个数+1，第一列自动当成时间向量，后面几列依次对应各端口。

(2) Sample time：采样间隔，默认值为 0。

(3) Interpolate data：选择是否对数据插值。

(4) From output after final data value by：确定该模块在读取完最后时刻的数据后，模块的输出值。

【例 7.3】在工作空间计算变量 t 和 y，将其运算的结果作为系统的输入。

在 MATLAB 的命令窗口输入以下命令：

```
t=0:0.1:10;
y=sin(t);
y1=cos(t);
t=t';                %时间列向量
y=y';                %正弦信号序列
y1=y1';              %余弦信号序列
```

运行后将 From Workspace 模块的参数设置对话框打开，如图 7.12 所示，在 Data 栏填写 [t, y]，单击 OK 按钮完成(接收正弦信号 y)，则在模型窗口中该模块就显示为图 7.13(a)；若在 Data 栏填写[t，y，y1](接收正弦信号 y 和余弦信号 y1)，则在模型窗口中该模块就显示为图 7.13(b)。

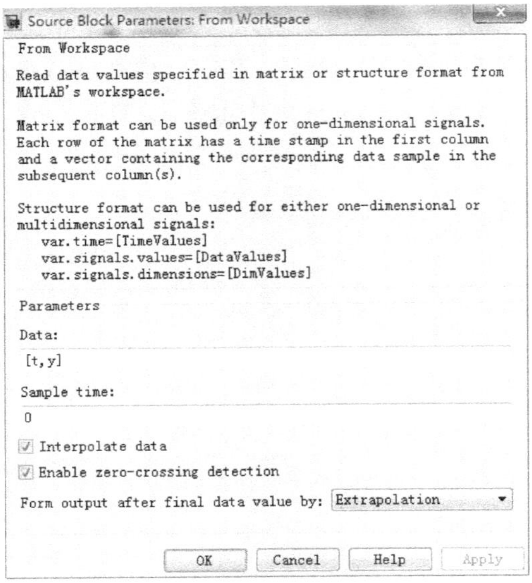

图 7.12　模块参数设置

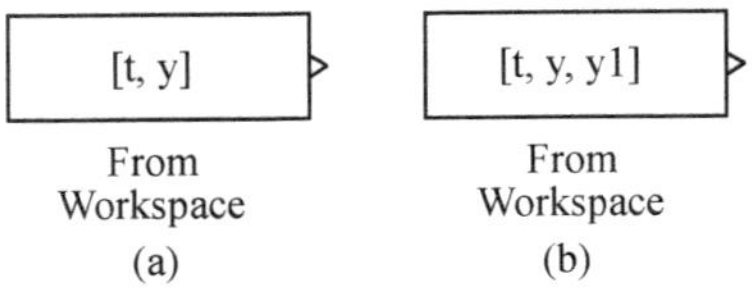

图 7.13　从工作空间获取数据模块

用示波器作为接收模块，建立如图 7.14 所示模型，然后双击 Scope 模块，即可查看输出正弦波和余弦波，如图 7.15 所示。

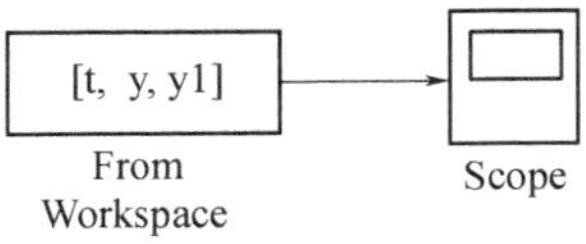

图 7.14　模块 Scope 接收数据

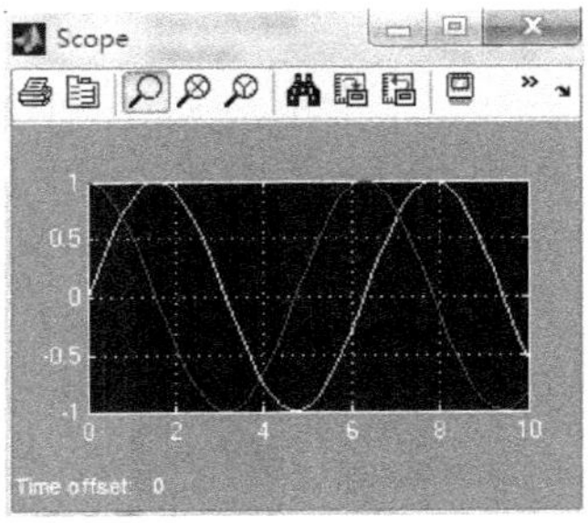

图 7.15　正弦波输出

4) 从文件获取数据模块(From File)

从文件获取数据模块是指从 mat 数据文件中获取数据为系统的输入，From File 模块主要参数如下：

(1) File name：输入数据的文件名，默认值为 untitled.mat。

(2) Sample time：采样间隔，默认值为 0。

【例 7.4】 From file 模块运用。

```
>>t=0:0.1:2*pi;
>>y=sin(t);
>>y1=[t;y];     %信号以行存储，第一行为时间，其余每行存放一个信号序列
>>save Ex0808 y1  %保存在 Ex0808.mat 文件中
```

将 From File 模块的参数设置对话框打开，如图 7.16(a)所示，在 File name 栏填写 Ex0808.mat，单击 OK 按钮完成，则在模型窗口中该模块就显示为图 7.16(b)。用示波器作为接收模块，可以查看输出波形。

或者在 MATLAB 的 Workspace 空间直接加载，即

```
>> load Ex0808
>> y1
```

则显示变量 y1 的数据

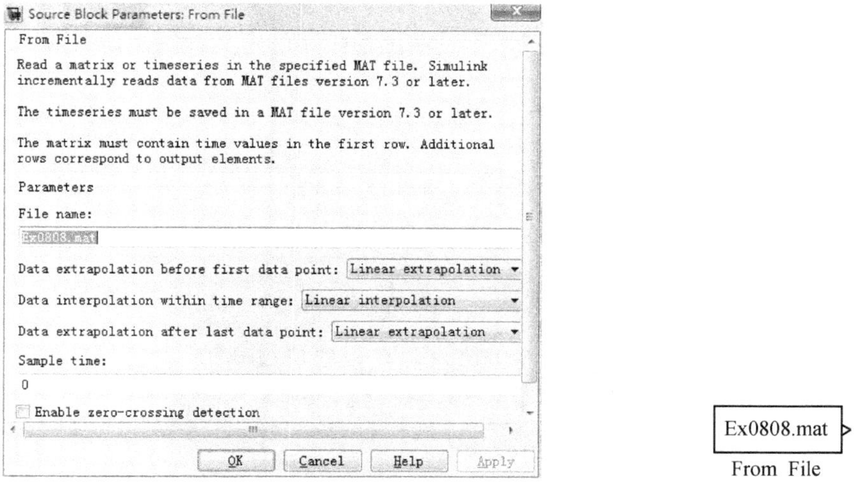

(a) (b)

图 7.16

(a) From File 参数设置；(b) 从文件获取数据模块。

5) 传递函数(Transfer function)

标准传递函数模块如图 7.17(a)所示，双击该传递函数模块，弹出其模块参数设置对话框如图 7.17(b)所示。根据被控对象传递函数，在 Numerator coefficient 文本框中输入分子多项式系数向量，在 Denominator coefficient 文本框中输入分母多项式系数向量，则图 7.17(a)的标准传递函数模块变成图 7.17(c)所示。

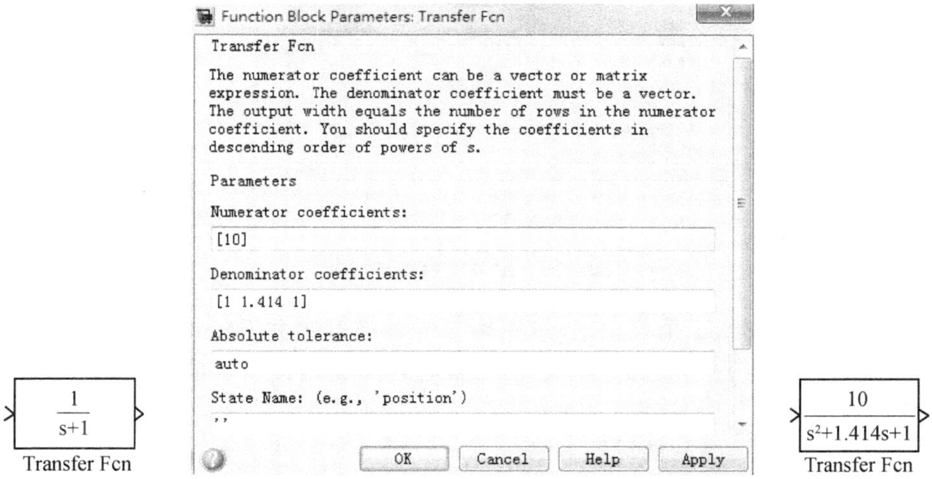

(a) (b) (c)

图 7.17 传递函数

(a) 标准模块；(b) 参数设置对话框；(c) 确定参数显示。

6) 示波器模块(Scope)

示波器模块用来接收输入信号并实时显示信号波形曲线，示波器窗口的工具栏可以调整显示的波形，现在对 Scope 模块进行参数设置。在模型窗口中双击 Scope 模块，弹出如图 7.18 所示的仿真数据输出窗口，这是一个示波器显示窗口，窗口中标明了 *X*、*Y* 轴坐标，用户可以根据需要改变坐标轴的显示参数，或者不显示参数。

在示波器显示窗口上有一个工具条，工具条上各按钮的定义如图 7.18 所示。

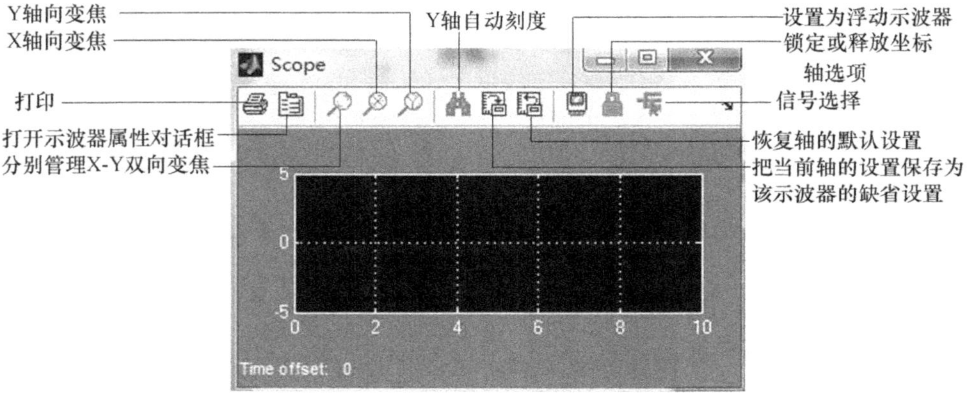

图 7.18　示波器显示窗口

示波器模块可以有多个坐标轴(每一个输出端口对应一个 *X*、*Y* 坐标轴)，所有的坐标轴都有相同的时间范围，但可对应不同的 *Y* 轴坐标，用户可以调整示波器显示的时间量值及输出值范围，也可以移动或改变示波器窗口的大小。此外，在 Simulink 进行仿真的过程中，用户也可以更改示波器的参数值。

在示波器窗口单击鼠标右键，会弹出一个菜单，选择 Axes Properties 命令，打开坐标轴属性对话框，如图 7.19 所示，用户可以在对话框中的 Y-min 和 Y-max 文本框内输入 Y 坐标轴的最小值与最大值，此外，Title 文本框要求输入示波器显示波形的名称，这里也可以输入信号的名称。

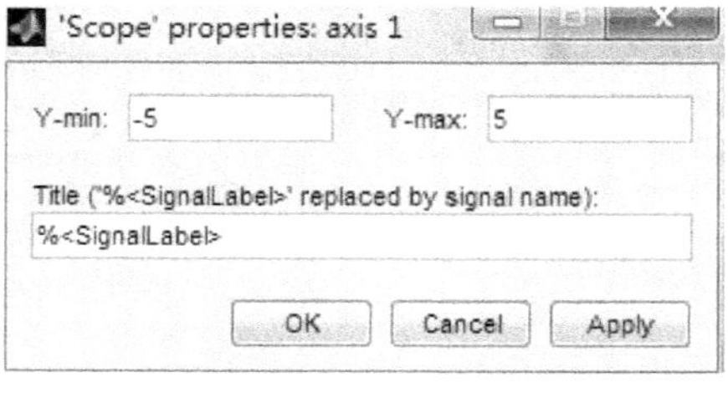

图 7.19　坐标轴属性对话框

接下来，单击示波器工个栏上的 图标打开示波器属性(Scope properties)对话框，这个对话框 General、Hstory 和 Graphics 有三个面板，面板内各文本框内参数分别如图 7.20、图 7.21 和图 7.22 所示。

下面介绍各文本框内参数的设置方法。

Number of axes：设置 *y* 轴的数目，除了浮点示波器之外，示波器模块对坐标轴的数目没有限制，所有的 *y* 轴都共有相同的时间轴(即 *x* 轴)，但 *y* 轴都是独立的。需要说明的是，坐标轴的数目等于输入端口的数目。

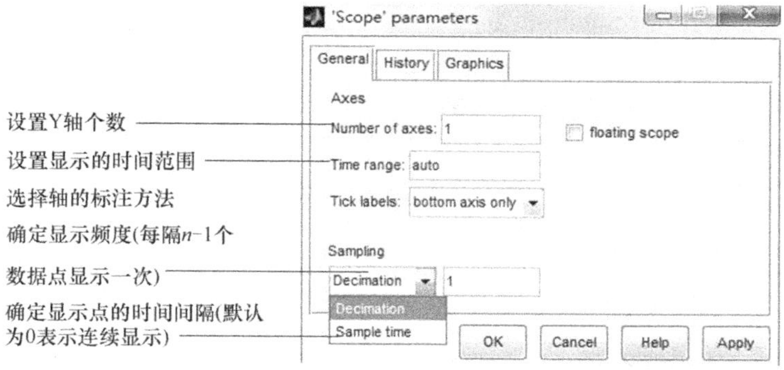

图 7.20　示波器属性对话框 General 面板

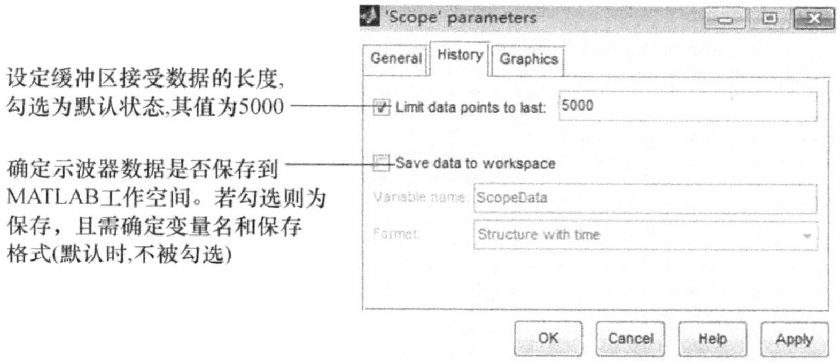

图 7.21　示波器属性对话框 History 面板

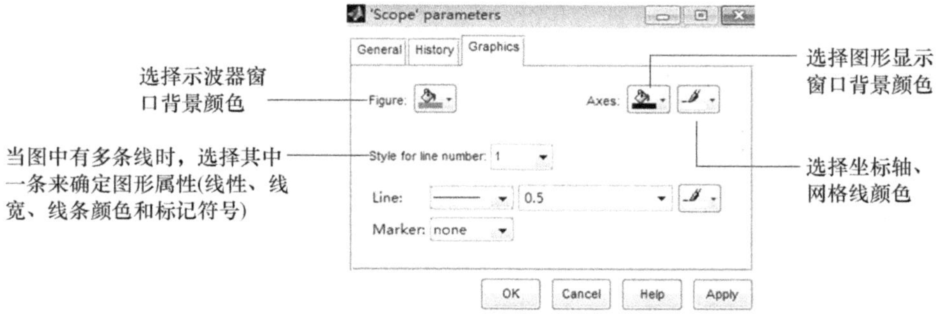

图 7.22　示波器属性对话框 Graphics 面板

Time range：设置 x 轴的时间范围，单位为秒，它表示示波器窗口只显示指定时间范围内的波形，该参数的默认值为 auto，它表示设置 x 轴的时间范围为仿真持续时间，该文本框不允许输入变量名。

Tick labels：该选项有下拉列表框，它表示是否对坐标轴标上标记，有三个选项，即 all(标记所有的坐标轴)、none(所有的坐标轴均不标记)和 bottom axis only(只标记底部的 x 轴)。本示例中选择 all 选项。

floating scope：选中这个选项将会把示波器模块变为浮动示波器，浮动示波器可以显示一条或多条曲线的示波器，在 Simulink 的 Sinks 子模块库中有 Floating Scope 模块，可以直接拖动该模块建立浮动示波器。

Sampling：如果选择 Decimation 选项，则在右侧的文本框内输入一个数值来指定小数部分。若要显示采样间隔内的数据，选择 Sample time 选项，并输入数值。

Limit data points to last：该选项可以限制保存到工作空间的数据点的个数，示波器依据这个选项执行放大和自动缩放操作，如果数据点的个数限制为 1000，而仿真过程产生了 2000 个数据点，那么示波器只会依据后 1000 个数据点来绘制显示波形。

7.3 Simulink 环境下的仿真参数设置

在一般情况下，如无特殊要求，仿真参数无需特别设置，使用系统默认值即可。

在模型窗口中单击 Simulation 菜单下的 Configuration Parameters 命令，打开 Configuration Parameters 对话框如图 7.23 所示。

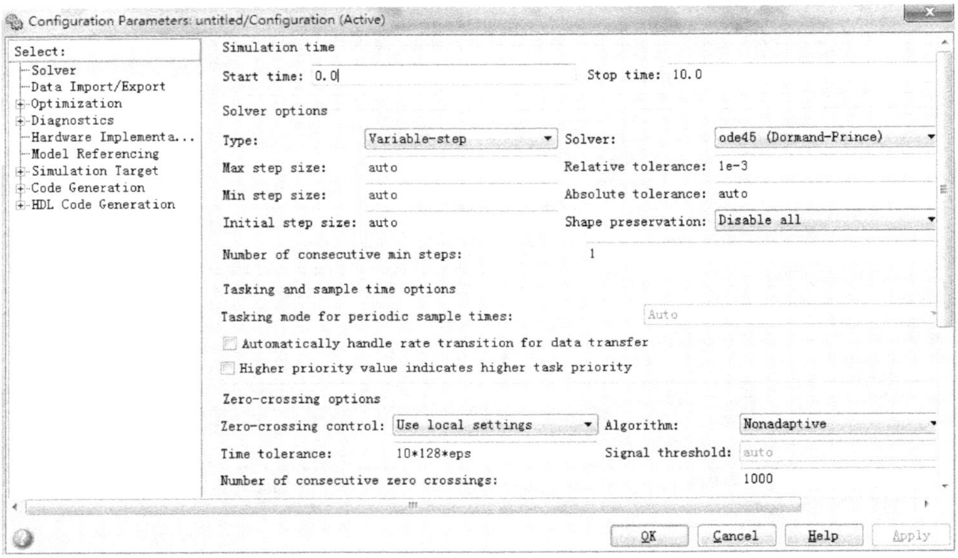

图 7.23 仿真参数设置对话框

仿真参数设置对话框主要包含以下选项卡。

(1) Solver：设置仿真起始和停止时间，选择微分方程求解算法并为其规定参数，以及选择某些输出选项。

(2) Data Import/Export：它允许用户从 MATLAB 的工作空间输入模型所需参数或将运行结果输出到工作空间。

(3) Optimization：设置仿真优化模式。

(4) Diagnostics：设置在仿真过程中出现各类错误时发出警告的等级。

(5) Hardware Implementation：设置实现仿真的硬件。

(6) Model Referencing：设置模型引用的有关参数。

(7) Simulation Target：设置仿真模型目标。

(8) Code Generation：生成仿真代码、嵌入代码、HDL 代码等，主要用于与 C 语言编辑器的交换。

一般情况下，主要使用前面两个选项卡，因此下面主要介绍(1)、(2)两个选项卡的参数设置。

7.3.1 解法器选项卡的参数设置

1．仿真时间(Simulation time)

Start time 和 Stop time 设置仿真的起始和停止时间，单位是 s。注意这里的时间概念与真实的时间并不一样，因为实际的运行时间和计算机的性能，模型的复杂程度、解法、步长、误差要求等因素有关。

2．解法器选择(Solver options)

Solver options：在 Type 编辑框中选择算法类别，即在变步长 Variable-step 算法和固定步长 Fixed-step 算法中选择其一，其右边设置仿真解法 Solver 的具体算法类型。

(1) 变步长模式的仿真算法主要有 ode45、ode23、ode113、ode15s、ode23s、ode23t、ode23tb 和 discrete。

ode45：默认值，四/五阶龙格－库塔法，适用于大多数连续或离散系统，但不适用于刚性(stiff)系统。它是单步解法器，即在计算 y(tn)时，它仅需要最近处理时刻的结果 y(tn-1)。一般而言，面对一个仿真问题最好是首先试试 ode45。

ode23：二/三阶龙格－库塔法，它在误差限要求不高和求解的问题不太难的情况下，可能会比 ode45 更有效，也是一个单步解法器。

ode113：一种阶数可变的解法器，它在误差容许要求严格的情况下通常比 ode45 有效。ode113 是一种多步解法器，即在计算当前时刻输出时，它需要以前多个时刻的解。

ode15s：一种基于数字微分公式的解法器(NDFs)，也是一种多步解法器。适用于刚性系统，当用户估计要解决的问题是比较困难的，或者不能使用 ode45，或者即使使用效果也不好时，就可以用 ode15s。

ode23s：一种单步解法器，专门应用于刚性系统，在弱误差允许下的效果好于 ode15s，它能解决某些 ode15s 所不能有效解决的 stiff 问题。

ode23t：梯形规则的一种自由插值实现，这种解法器适用于求解适度 stiff 的问题而用户又需要一个无数字振荡的解法器的情况。

ode23tb：TR-BDF2 的一种实现，TR-BDF2 是具有两个阶段的隐式龙格－库塔公式。

discrtet(no continous states)：当 Simulink 检查到模型没有连续状态时使用它。

(2) 固定步长模式的仿真算法：ode8、ode5、ode4、ode3、ode2、ode1、ode14x 和 discrete。

ode5、ode8：Dormand-Prince 方法，适用于大多数连续或离散系统，不适用于刚性系统。

ode4：四阶龙格－库塔法，具有一定的计算精度。

ode3：固定步长的 ode23 解法。

ode2：改进的欧拉法。

ode1：欧拉法。

discrete：一个实现积分的固定步长解法器，它适合于离散无连续状态的系统。

ode14x:插值法

3．Solver options 其他参数设置

1) 变步长模式下的参数设置

(1) Maximum step size(最大步长参数)：它决定了解法器能够使用的最大时间步长，它的默认值为“仿真时间/50”，即整个仿真过程中至少取 50 个取样点。但这样的取法对于仿真时间较长的系统则可能带来取样点过于稀疏结果，使仿真结果失真。一般建议对于仿真时间不超过 15s 的采用默认值即可，对于超过 15s 的每秒至少保证 5 个采样点，对于超过 100s 的，每秒至少保证 3 个采样点。

(2) Min step size：算法能够使用的最小时间步长。

(3) Initial step size(初始步长参数)：一般建议使用 auto 默认值即可。

(4) Relative tolerance(相对误差)：误差相对于状态的值，是一个百分比，默认值为 1e-3，表示状态的计算值要精确到 0.1%。

(5) Absolute tolerance(绝对误差)：误差值的门限，或者是说在状态值为零的情况下，可以接受的误差。如果它被设成了 auto，那么 Simulink 为每一个状态设置初始绝对误差为 1e-6。

(6) Shape preservation：模型的保存，建议保存为 Disable all。

2) 固定步长的参数设置

(1) Multiasking：选择这种模式时，当 Simulink 检测到采用不同的速率的两个模块直接连接，系统会给出错误提示。处理上述错误的方法是采用 unit delay 模块和 zero-order hold 模块；对从慢速率到快速率的转换，可以在慢输出端口和快输入端口插入一个单位延时模块 unit delay；对从快速率到慢速率的转换，可以插入一个零阶采用保持器 zero-order hold。

(2) Singletasking：此模式不检查模块间的速率转换，在建立单任务系统模型时非常有用。

(3) Auto：选择这种模式时，Simulink 会根据模型中模块的采样速率是否一致，自动决定切换到 Multiasking 模式或 Singletasking 模式。

7.3.2 数据的输入/输出选项卡的参数设置

数据的输入/输出(Data Import/Export)选项卡主要用来设置 Simulink 与 MATLAB 工作空间交换信息的有关选项，通过此页的设置可以从 MATLAB 的工作空间获取模型所需参数或将 Simulink 运行结果输出到工作空间，它包含三项(图 7.24)。

(1) 从 MATLAB 工作空间加载(Load from workspace)。

(2) 仿真结果输出到 MATLAB 的工作空间(Save to workspace)。

(3) 存储选项(Save options)。

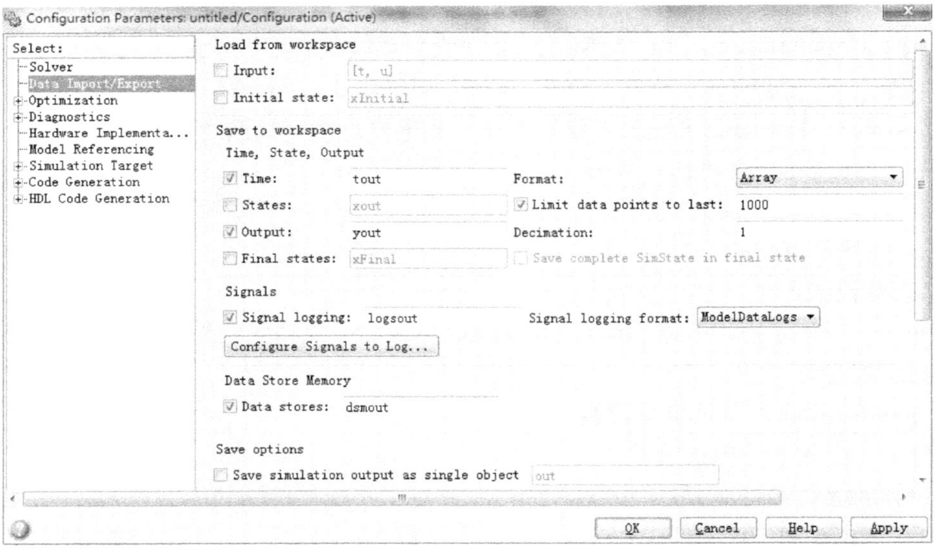

图 7.24 数据的输入/输出参数设置对话框

1. 从 MATLAB 工作空间加载(Load from workspace)

Input：用来设置系统输入信号，其格式为[t，u]，其中 t、u 均为列向量，t 为输入信号的时间向量，u 为相应时刻的信号取值。可以使用多个信号输入，如[t，u1，u2]。输入信号与 Simulink 的接口由 Inport 模块(In1 模块)实现，如果输入模块中有 n 个，则 u 的第 1、2、…、n 列分别输入模块 In1、In2、…、Inn。

Initial state：从 MATLAB 工作空间获得的状态初始值的变量名。填写 MATLAB 工作空间已经存在的变量，变量的次序与模块中各个状态中的次序一致。用来设置系统状态变量的初始值。初始值 xInitial 可为列向量。

【例 7.5】 工作空间加载示例。

(1) 构建仿真模型，如图 7.25 所示。

(2) 在 MATLAB 命令窗口输入：

```
>>t=(1:0.01:10)';
>>u=[sin(t), 2*cos(t), 0.5*t];
```

(3) 设置 Simulink 参数，如图 7.26 所示。

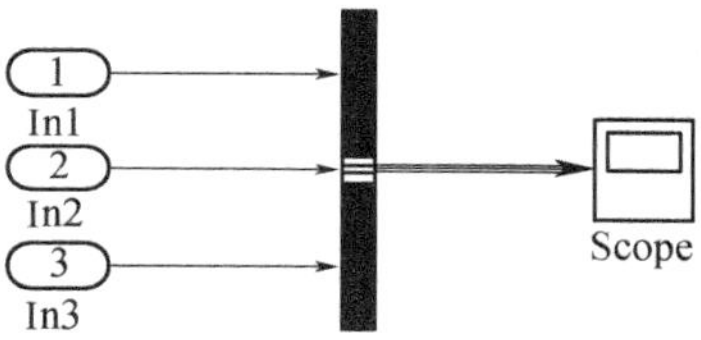

图 7.25 仿真模型

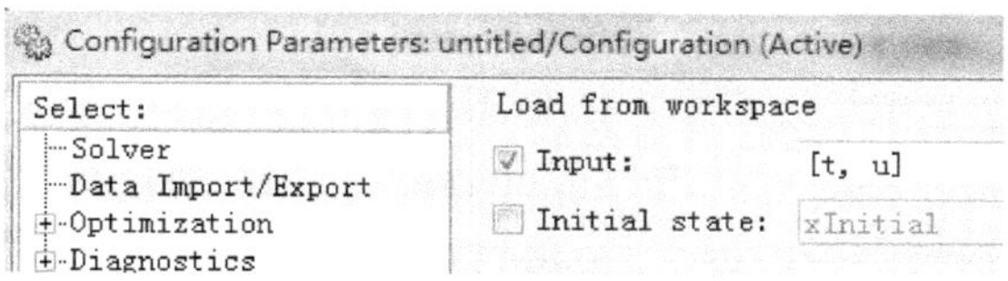

图 7.26 设置 Simulink 参数

(4) 运行上述模型即可从 MATLAB 的工作空间获得信号输入与结果输出。

仿真结果如图 7.27 所示。

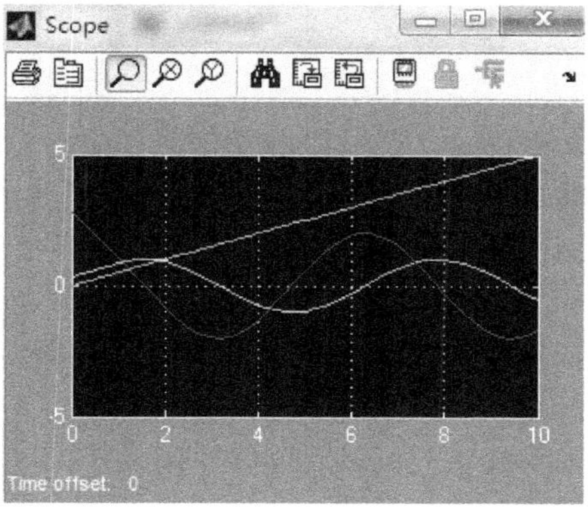

图 7.27 仿真结果

2. 仿真结果输出到 MATLAB 的工作空间(Save to workspace)

Save to workspace 选项可以将系统的仿真结果、系统仿真时刻、系统中的状态或指定的信号输出到 MATLAB 的工作空间中，以便用户对其进行定量分析，如下所述。

(1) Time：时间变量名，存储输出到 MATLAB 工作空间的时间值，默认名为 tout。

(2) States：状态变量名，存储输出到 MATLAB 工作空间的状态值，默认名为 xout。

(3) Output：输出变量名，如果模型中使用 Out 模块，那么就必须选中该选项。数据的存放方式与输入 Input 情况类似。

(4) Final states：最终状态值输出变量名，存储输出到 MATLAB 工作空间的最终状态值。

(5) Format：输出数据类型。共有三种形式：带有仿真时间变量的结构体(Structure with Time)、不带仿真时间变量的结构体(Structure)、信号数组(Array)。

(6) Limit data points to last：输出数据的长度(从信号的最后数据点记起)。对于向量而言即其维数，对于矩阵而言即其秩。

(7) Decimation：保存步长间隔，默认值为 1，即对每一个仿真时间点产生值都保存；若为 n，则每隔 n-1 个仿真时刻就保存一个值。

(8) signal logging：在仿真过程中使信号输出到工作空间。

(9) Data Store Memory：数据存储内存。选中 Data Stores，则可用 dsmout。

3. 存储选项(Save option)。

Output options：输出选项，包含三个可选项。

(1) Refine output(细化输出)：可以增加输出数据的点数，使得输出数据更加平滑。一般当仿真输出太稀松时，使用此选项。与该选项配套的参数设置是 refine factor(细化因子)，若细化因子定为 2，则输出数据点数加倍，若为 3 则输出 3 倍的数据点数，依此类推，默认值是 1。通常要产生更光滑的输出曲线，通过改变精细因子比减小仿真步长更有效。精细输出只能在变步长模式中才能使用，并且在 ode45 效果最好。

(2) Produce additional output：它允许用户直接指定产生输出的时间点。一旦选择了该项，则在它的右边出现一个 output times 编辑框，在这里，用户指定额外的仿真输出点，它既可以是一个时间向量，也可以是表达式。与精细因子相比，这个选项会改变仿真的步长。

(3) Produce specified output only：让 Simulink 只在指定的时间点上产生输出，为此解法器要调整仿真步长以使之和指定的时间点重合，这个选项在比较不同的仿真时可以确保它们在相同的时间输出。

7.3.3 启动仿真

设置仿真参数和选择解法器之后，就可以启动仿真而运行，通过选择 Simulink 菜单下的 start 选项来启动仿真，如果模型中有些参数没有定义，则会出现错误信息提示框。如果一切设置无误，则开始仿真运行。

7.4 Simulink 仿真举例

7.4.1 闭环控制系统

【例 7.6】根据给定的数学模型或控制系统框图，可建立 Simulink 仿真模型。下面以图 7.28 所示的控制系统框图为例，说明 Simulink 建模与仿真的基本方法。图中 R 是单位阶跃输入信号，Y 为系统输出响应。

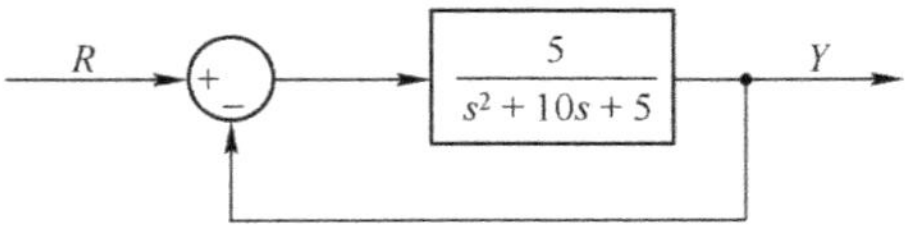

图 7.28 闭环控制系统框图

解：

(1) 构建如图 7.29 所示的系统模型。

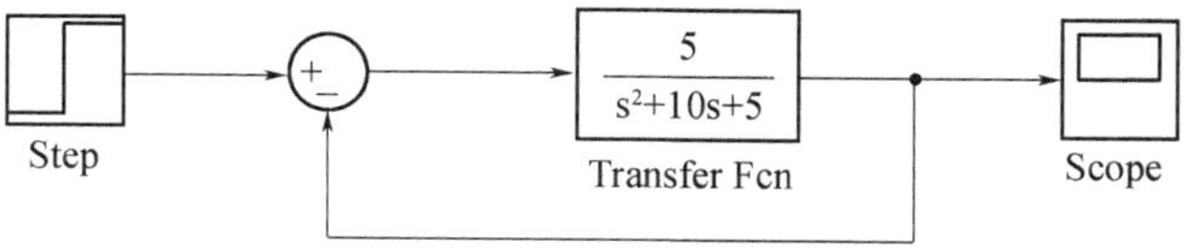

图 7.29　系统模型

(2) 参数设置。在图 7.29 中，双击阶跃信号模块，在参数设置对话框将阶跃发生时间由默认的 1s 改 0.5s。

在图 7.29 中双击 Sum(加法器)模块，弹出其参数设置对话框，如图 7.30 所示，将反馈信号连接改为负反馈。在图 7.30 中，符号列表中的“|”是用来定义加法器模块输入端口标识符在图形外部的显示位置，输入端口数及操作符号由图 7.30 中 List of signs 栏的加、减符号列表来确定。

在图 7.29 中双击 Transfer Fcn 模块，弹出传递函数模型参数设置对话框，在 Numerator coefficient 文本框中输入分子多项式系数向量[5]，在 Denominator coefficient 文本框中输入分母多项式系数向量[1 10 5]，从而建立被控对象的 Simulink 仿真模型。

在示波器窗口单击鼠标右键，会弹出一个菜单，选择 Axes Properties 命令，打开坐标轴属性对话框，在对话框中的 Y-min 和 Y-max 文本框内输入“0”与最大值“0.6”。

(3) 仿真及结果。仿真参数配置完毕后，可运行仿真，方法有三种：

① 单击模型窗口工具栏中的 ▶ (Start Simulation)工具。

② 单击模型窗口下的 Simulation 菜单下的 Start 命令。

③ 同时按下 Ctrl+T 组合键。

双击 Scope 模块，弹出如图 7.31 所示的仿真输出结果。

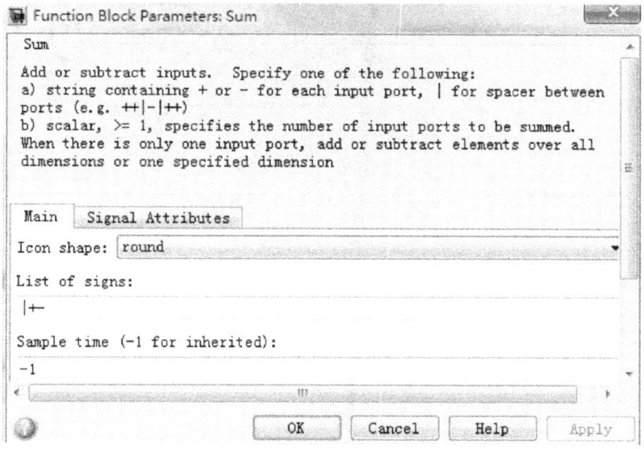

图 7.30　加法器属性参数设置对话框

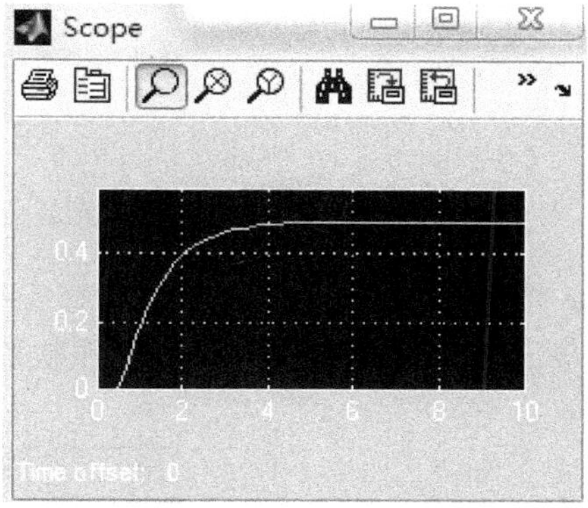

图 7.31　仿真输出结果

7.4.2 弹簧—质量—阻尼系统

【例 7.7】已知物体质量 m=1kg，阻尼 b=0.5N/(m・s)，弹簧系数 k=10N/m，且物体处于平衡静止状态，如图 7.32 所示。现将物体往下拉 x=20cm 后放开，试问该物体的运动轨迹。要求创建该系统的 Simulink 模型，并进行仿真运行。

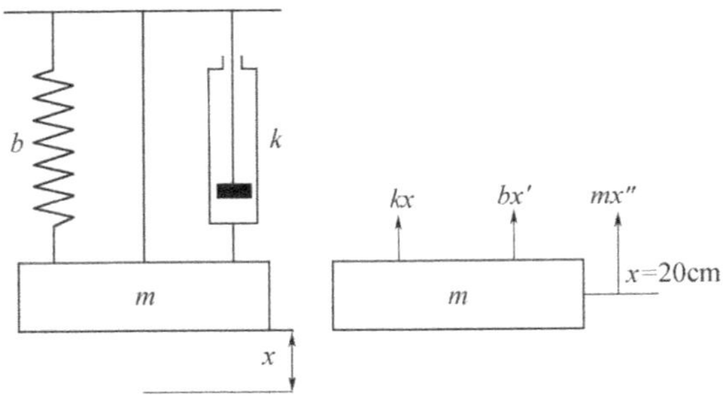

图 7.32　弹簧—质量—阻尼系统

(1) 根据物理现象建立的运动轨迹方程为 $mx''+bx'+kx=0$ 。

将系数带入上式，可化为微分方程，即

$$x''=-0.5x'-10x$$

(2) 建立仿真模型如图 7.33 所示。

设置模块参数：将积分模块 Integrator 中的初始值 Initial condition 设置为 0(初速度为 0)，将积分模块 Integrator1 中的初始值 Initial condition 设置为 20，将增益模块 Gain 和 Gain1 分别设置为 10 和 0.5，使用加法器 Add 将两加号“++”改为减号“- -”。

仿真参数设置：将 configuration parameters 对话框中的 type 设置为 variable-step，将 Solver 设置为 ode45，将 max step size 设置为 0.05，将 min step size 设置为 0.01。

将仿真时间设置为 30，启动仿真，单击示波器 Scope，调整后的波形如图 7.34 所示。

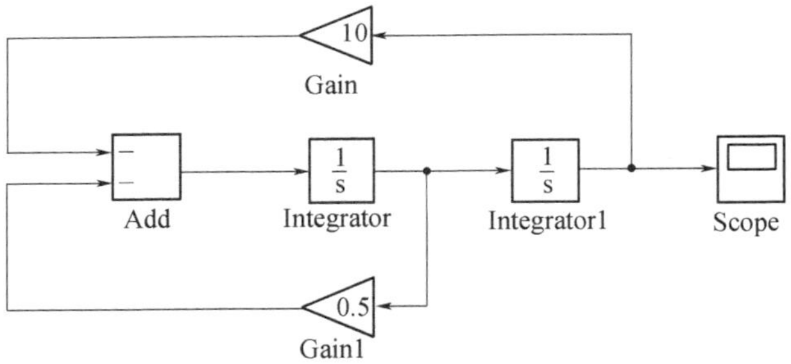

图 7.33　弹簧—质量—阻尼系统仿真模型

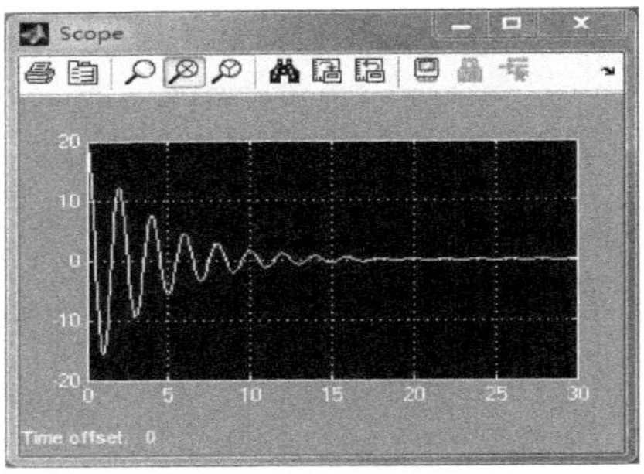

图 7.34　调整后的波形

若要同时观察物体的运动速度和运动轨迹的变化规律，只要在仿真模型图中添加信号混合器模块 mux，并与速度和轨迹信号都相连，再传送到示波器即可，如图 7.35 所示。

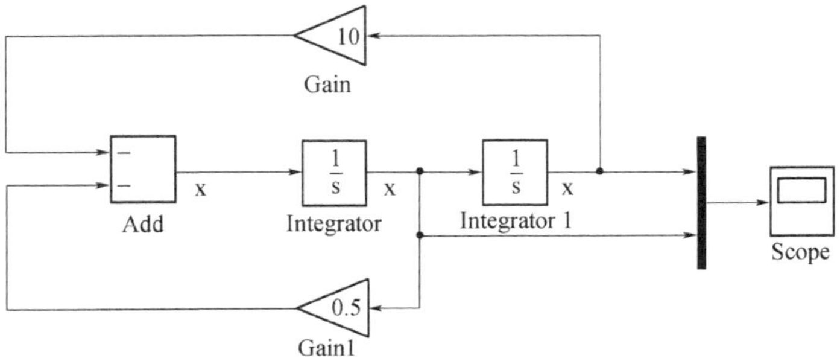

图 7.35　添加信号混合器的弹簧—质量—阻尼系统仿真模型

仿真结果如图 7.36 所示。

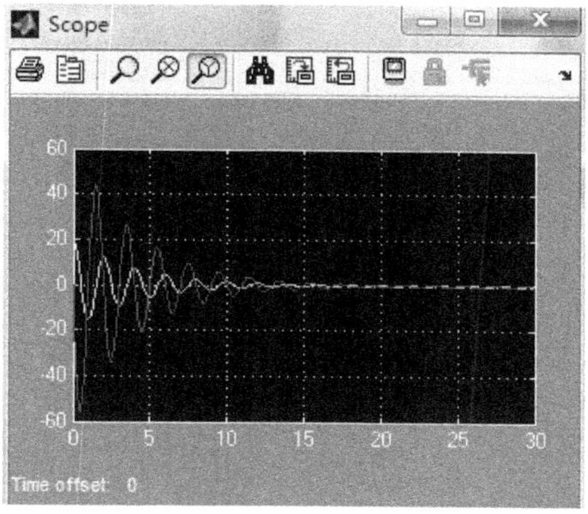

图 7.36　示波器显示

7.4.3　悬吊式起重机

【例 7.8】 图 7.37 为一台悬吊式起重机简图，设 m_t、m_p、I、c、l、F、x、θ 分别为起重机的小车质量、吊重、吊重惯性、等价黏性摩擦系数、钢丝绳长(不计绳重)、小车驱动力、小车位移及钢丝绳的摆角。

1．悬吊式起重机动力学方程

小车水平方向受力方程为

$$m_t\ddot{x} = F - c\dot{x} - m_p\frac{d^2}{dt^2}(x - l\sin\theta) \tag{7.1}$$

吊绳垂直方向受力方程为

$$P - m_p g = m_p\frac{d^2}{dt^2}(l\cos\theta) \tag{7.2}$$

小车的力矩平衡方程为

$$m_p l\frac{d^2}{dt^2}(x - l\sin\theta)\cos\theta - Pl\sin\theta = I\ddot{\theta} \tag{7.3}$$

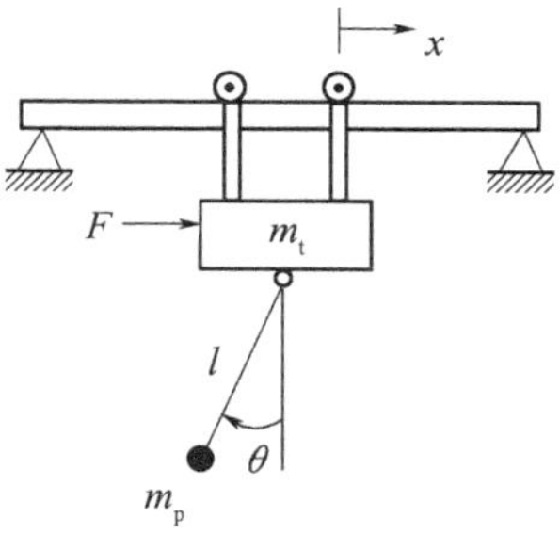

图 7.37　悬吊式起重机结构简图

由式(7.2)、式(7.3)去掉 P(吊重与小车相互作用力在垂直方向的分量)，则有

$$m_t\ddot{x} = F - c\dot{x} - m_p\frac{d^2}{dt^2}(x - l\sin\theta)$$

$$\left(I + m_p l^2\right)\ddot{\theta} + m_p gl\sin\theta = m_p l\ddot{x}\cos\theta$$

2．悬吊式起重机动力学 Simulink 建模

为便于建模，将起重机动力学方程改写为

$$\ddot{x} = \frac{F - c\dot{x} + m_p l\left(\ddot{\theta}\cos\theta - \dot{\theta}^2\sin\theta\right)}{m_t + m_p},\quad \ddot{\theta} = \frac{m_p l(\ddot{x}\cos\theta - g\sin\theta)}{I + m_p l^2} \tag{7.4}$$

由式(7.4)可建立起重机 Simulink 模型，如图 7.38 所示。

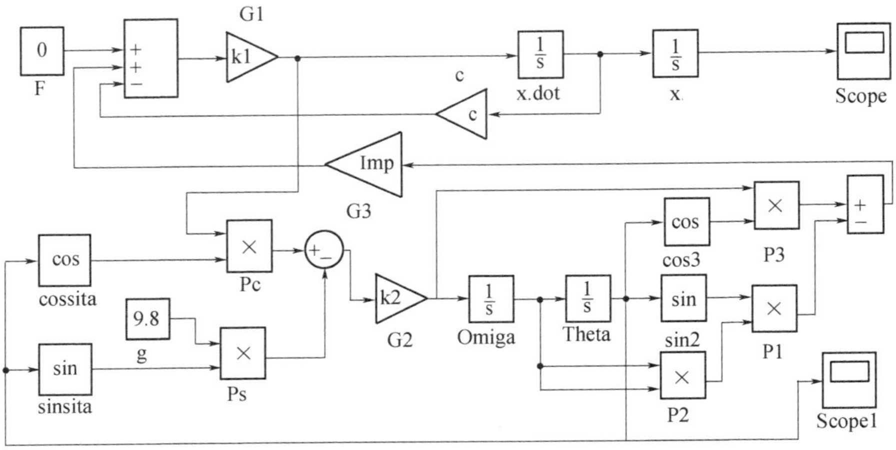

图 7.38　起重机 Simulink 仿真模型

图 7.38 中：$Imp = m_{\mathrm{p}}l$，$k_1 = \dfrac{1}{m_{\mathrm{t}} + m_{\mathrm{p}}}$，$k_2 = \dfrac{m_{\mathrm{p}}l}{I + m_{\mathrm{p}}l^2}$。

3. 悬吊式起重机动力学 Simulink 仿真

在运行仿真模型前，需先计算出 k_1、k_2 和 Imp。设 m_{t}=50kg，m_{p}=270kg，l=4m，c=20N/(m·s)，在 MATLAB 指令窗输入以下指令：

```
l=4;
c=20;
mp=270;
mt=50;
I=mp*l^2;       %计算吊重转动惯量
Imp=l*mp;
k1=1/(mt+mp);
k2=mp*l/(I+mp*l^2);
```

设置仿真时间为 200s，启动 Simulink 仿真，则由小车位移示波器和吊重摆角示波器，可观察到系统在初始状态 $x(0)=0$，$\dot{x}(0)=0$，$\theta(0)=0.01$rad/s，$\dot{\theta}(0)=0$ 作用下 x、θ的变化过程曲线如图 7.39、图 7.40 所示。

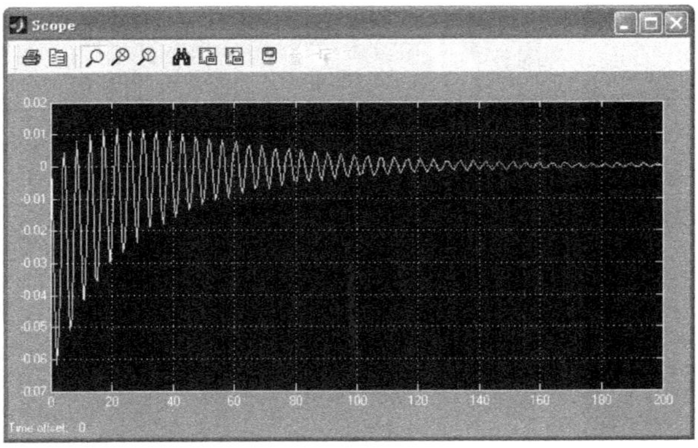

图 7.39　悬吊式起重机小车位移

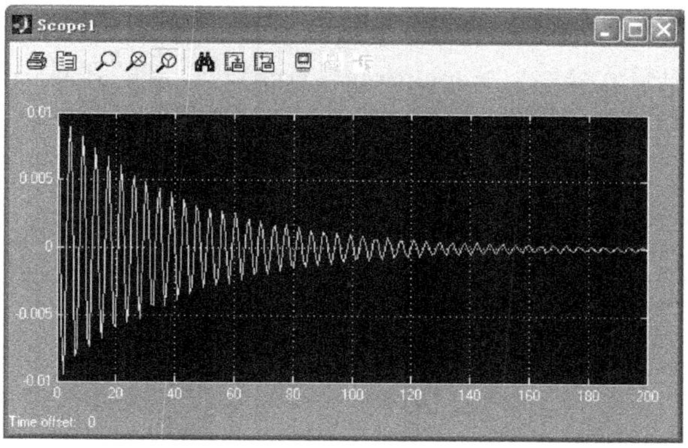

图 7.40　悬吊式起重机吊重摆角

7.4.4 银行贷款分期还款问题

假设某购房者向银行贷款的金额为 p_0 元，月利率为 i，每月还款为常数 b，试问还款 N 年之后，还剩多少贷款余额？多长时间就可以还完全部贷款？

设每月月末贷款余额 $b(k)$为月初余额与月利息的和，再减去月末还款额 $p(k)$，于是第 k 月月末的余额为

$$b(k) = rb(k-1) - p(k) \qquad (r = 1 + i)$$

所以可用单位延迟模块建立仿真模型。

【例 7.9】 若某人向银行贷款总额为 30 万元，每月还款 3000 元，月利率为 0.6%，试计算 100 次还款后的贷款余额，并问多长时间能还完全部贷款？

(1) 建立的仿真模型如图 7.41 所示。

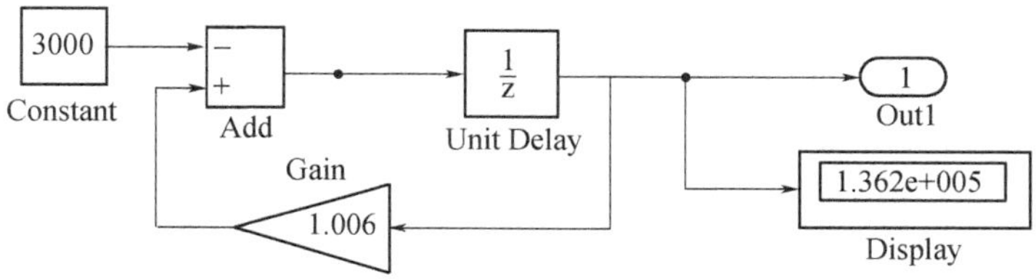

图 7.41　单位延迟模块仿真模型

设置模块参数：将单位延迟模块 Unit Delay 中的 Initial Condition 设置为初始贷款余额 300000 元，将 Sample Time 设置为 1。将增益模块 Gain 的增益量设置为 1.006，将常数模块 Constant 中的 Constant Value 设置为 3000。

仿真参数设置：将 Configuration Parameters 对话框中的 Type 设置为 Fixed-Step，将 Solver 设置为 Discrete(no continous states)，将 Start time 设置为 0，将 Stop Time 设置为 100。

启动仿真，则显示模块 Display 显示出最后的余额值，即 1.34e+005，同时将此数据输出到工作空间中。

(2) 若要计算多长时间还完贷款，只许修改设置参数 Stop Time 即可，如将其设置为 160，这时就会看到，显示模块 Display 显示出最后的余额值为−2.397e+004，负值说明早已还完贷款。具体什么时间还完，可查看工作空间中的变量 yout，在 152 次时，最后的余额值为 516.6

元，这就说明最多只需 153 个月即可还完。

若在 MATLAB 窗口输入命令：>>plot(tout，yout)，绘制的还款曲线图如图 7.42 所示。

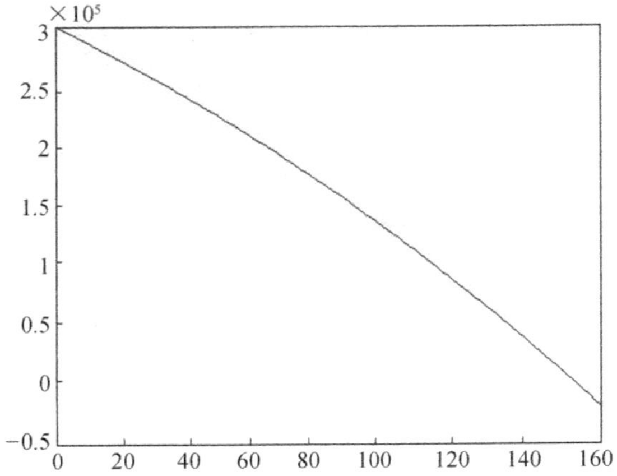

图 7.42　还款曲线图

也可以用积分来计算贷款问题。其公式为

$$b(k)=b(k-1)+\int_{T_{k-1}}^{T_k}(\mathrm{i}b(k-1)-p)\mathrm{d}t$$

这时的仿真模型如图 7.43 所示。

离散积分模块的设置：将 Integrator Methor 设置为 Forward Euler(向前欧拉法)，设置 Initial Condition 为初始贷款值余额 300000 元，将 Sample Time 设置为 1，设置增益模块 Gain 的增益量为 0.006，设置常数模块的 Constant Value 为 3000。将仿真参数设置中 Start Time 设置为 0，将 Stop Time 设置为 100，运行模块，则显示模块 Display 显示出最后的余额值，即 1.362e+005。

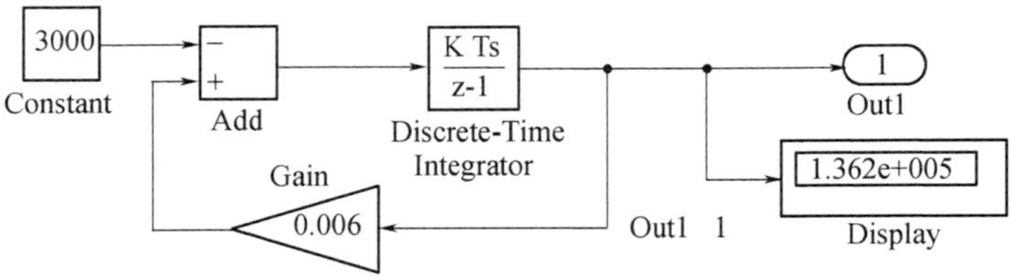

图 7.43　离散积分模块仿真模型

7.4.5　阀控液压缸的动刚度分析

在以阀控液压缸为动力机构的液压控制系统中，阀控液压缸的动刚度是影响系统性能的一个重要参量。本节结合阀控液压缸动刚度的 Simulink 仿真，介绍如何在 M 文件中调用 Simulink 仿真模型。

1. 阀控液压缸的动刚度

液压系统的动刚度也称液压弹簧刚度，它是在液压缸两腔完全封闭的情况下油液压缩效应的一种量度。图 7.44 是用于阀控液压缸动刚度分析的一种通用模型，这里对其进行简化，即认为阀直接安装在缸上(不计管道效应)，且液压缸两腔的等效液压弹性模量 $\beta_{e1}=\beta_{e2}=\beta_e$。

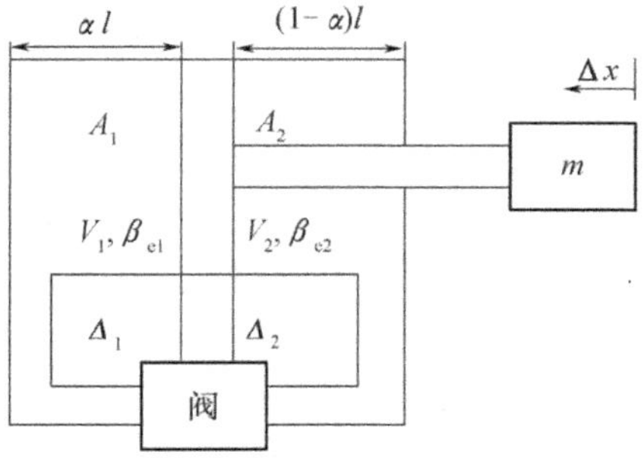

图 7.44　带管道的非对称缸系统

设液压缸无摩擦、无泄漏，两个工作腔充满高压液体并完全封闭，当活塞受到外力作用时产生位移Δx，使一腔压力升高Δp_1，另一腔压力降低Δp_2，有

$$\Delta p_1 = \frac{\beta_e A_1}{V_1}\Delta x$$

$$\Delta P_2 = -\frac{\beta_e A_2}{V_2}\Delta x$$

则被压缩的液体产生的复位力为

$$F = A_1\Delta p_1 - A_2\Delta p_2 = \Delta x\left(\frac{\beta_e A_1}{V_1} + \frac{\beta_e A_2^2}{V_2}\right)$$

由上式可得系统的动刚度，即等效液压弹簧刚度为

$$K_h = \frac{F}{\Delta x} = \frac{\beta_e A_1}{V_1} + \frac{\beta_e A_2^2}{V_2} = K_{h1} + K_{h2} = \frac{\beta_e A_1}{l\alpha} + \frac{\beta_e A_2}{l(1-\alpha)} = \frac{\beta_e A_1}{l}\left(\frac{1}{\alpha} + \frac{\eta}{1-\alpha}\right)$$

式中：$K_{h1} = \frac{\beta_e A_1^2}{V_1} = \frac{\beta_e A_1}{l\alpha}, K_{h2} = \frac{\beta_e A_2^2}{V_2} = \frac{\beta_e A_2}{l(1-\alpha)}$分别为液压缸两腔的等效液压弹簧刚度；$\eta = A_2 / A_1 \leqslant 1$为两腔的工作面积比。

由K_h的表达式可知，阀控液压缸系统的液压弹簧刚度为液压缸两腔的等效液压弹簧并联后的弹簧刚度，而且当活塞处于某一位置使得两腔的等效弹簧刚度相等时，液压缸的等效液压弹簧刚度最小。对于有一定响应速度要求的系统，动刚度最小的位置应当给予必要的重视，因为系统此时最容易出现稳定性问题。由K_h的表达式可知阀控液压缸系统的动刚度是活塞位置α的函数，同时还与两腔的面积比η有关。下面通过绘制空间曲线来直观地表示K_h与α、η的关系。

2. 阀控液压缸系统动刚度的 Simulink 仿真

1) Simulink 仿真模型

仿真模型如图 7.45 所示，活塞位置由一单位斜坡函数表示；仿真时间范围设为[0.01，0.99]，以保证 0<α<1；out 模块将输出K_h以及对应的α值保存到 MATLAB 工作空间，变量名由 M 文件调用时指定；其他参数 eita(η)，Be、A1、L 从工作空间传入。例如，在 MATLAB 命令窗口输入 Be=7×108N/m^2，A1=6×10^{-3} m^2，l=0.3m，eita=0.2 后，启动仿真，即在 XY 绘图仪中显示出K_h与归一化的活塞位移的关系曲线，如图 7.43 所示。

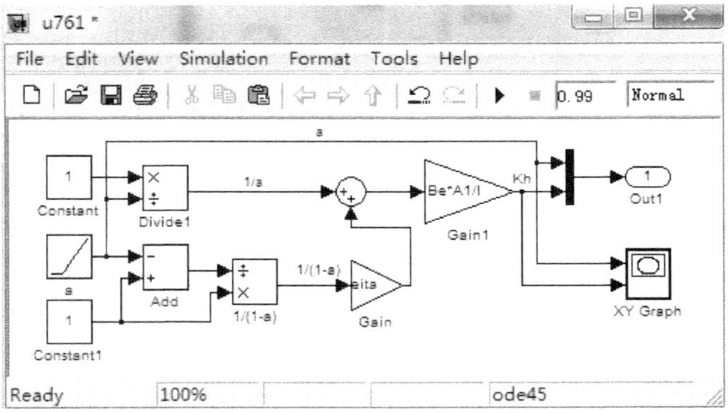

图 7.45　阀控液压缸系统动刚度的 Simulink 仿真模

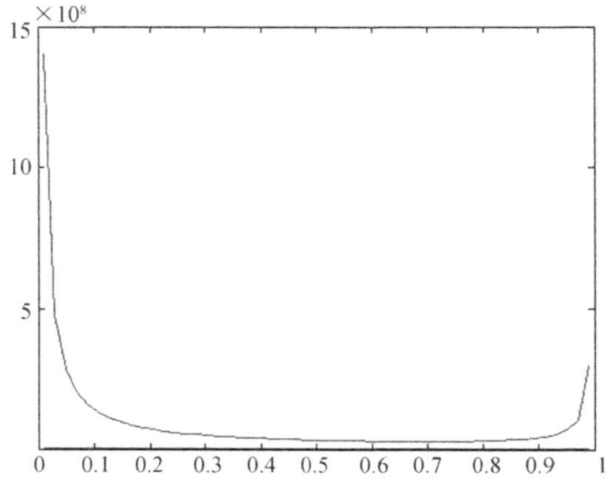

图 7.46　η =0.2 时 K_h (Y 轴)与位移 α (X 轴)的关系曲线

由图 7.46 可知，K_h 在 α =0.7 处具有最小值(约 2.93×107N/m)。

2) 由 M 文件调用 Simulink 仿真模型

此时，图 7.44 所示的 Simulink 仿真模型相当于下面 MATLAB 程序中的一个子函数。该程序用于绘制当 η 从 0.2～1 变化时，阀控液压缸系统动刚度的三维曲面图，如图 7.47 所示。

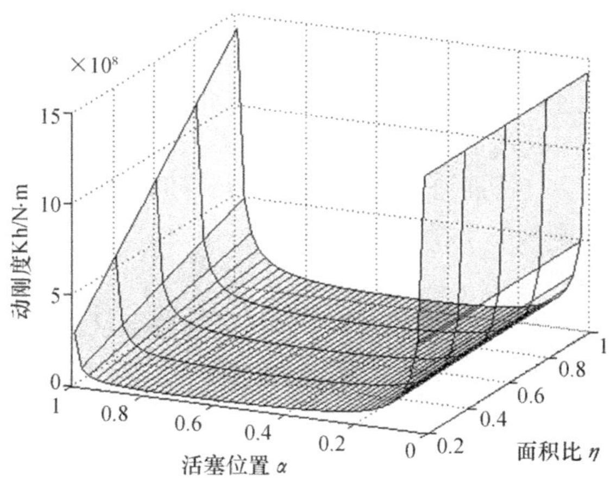

图 7.47　K_h 、α 、η 的关系图

```
clear, clf
Be=7e8;  A1=6e-3; l=0.3;
n=1;
for eita=0.2:0.2:1                                    %产生不同的面积比
[t, x, y]=sim('u761');                                %调用 Simulink 仿真模型
D(:, n)=y(:, 2);                                      %保存不同面积比下的动刚度曲线
n=n+1;
end
ei=0.2:0.2:1;
A=y(:, 1);
[Xeita, Xa]=meshgrid(ei, A);                          %生成格点阵
surf(Xeita, Xa, D)                                    %绘制动刚度曲面图
alpha(0.1)                                            %透明度控制
view([-65.5, 22])                                     %视点控制
xlabel('面积比\eta')
ylabel('活塞位置\alpha')
zlabel('动刚度 Kh/N.m')
```

由图 7.47 可以看出，η 越小，K_h 越小，且随着 η 的减小，K_h 出现最小值的位置将由中位向有杆腔端部移动。

习 题 7

1．什么是 Simulink？

2．在 Simulink 模块中如何进行下列操作：

(1) 翻转模块。

(2) 给模型窗口加标题。

(3) 指定仿真时间。

(4) 设置示波器的显示刻度。

3．有传递函数如下的控制系统，用 Simulink 建立系统模型，并对系统的阶跃响应进行仿真。

$$G(s)=\frac{1}{s^2+4s+8}$$

4．建立一个简单模型，用信号发生器产生一个幅度为 2V、频率为 0.5Hz 的正弦波，并叠加一个 0.1V 的噪声信号，将叠加后的信号显示在示波器上并传送到工作空间。

5．建立一个简单模型，产生一组常数(1×5)，再将该常数与其 5 倍的结果合成一个二维数组，用数字显示器显示出来。

6．建立一个模拟系统，将摄氏温度转换为华氏温度($T_f=9/5T_c+32$)。

7．建立二阶系统 $G(S)=\dfrac{\omega_n}{S^2+2\varsigma\omega_n S+\omega_n^2}$ 的脉冲响应模型，设 ω_n=10Hz，观察当 $0<\zeta<1$、$\zeta=0$、$\zeta=1$ 及 $\zeta>1$ 时系统的响应。

参 考 文 献

[1] 周开利，邓春晖.MATLAB 基础及其应用教程.北京：北京大学出版社，2007.

[2] 张德丰.MATLAB 通信工程仿真.北京：机械工业出版社，2010.

[3] 刘白雁.机电系统动态仿真——基于 MATLAB/Simulink.北京：机械工业出版社，2012.

[4] 杨德平.MATLAB 基础教程.北京：机械工业出版社，2013.

[5] 赵继俊.MATLAB 技术与 MATLAB 优化工具箱.北京：机械工业出版社，2011.

[6] 张永恒.工程优化技术与 MATLAB 实现.北京：清华大学出版社，2011.

[7] 张志涌.精通 MATLAB R2011a.北京：北京航空航天大学出版社，2011.

[8] 王正林.MATLAB/Simulink 与控制系统仿真.北京：电子工业出版社，2012.

[9] 周建兴.MATLAB 从入门到精通.北京：人民邮电出版社，2007.

[10] 薛山.MATLAB 基础教程.北京：清华大学出版社，2011.

[11] 郑阿奇.MATLAB 实用教程. 北京：电子工业出版社，2012.

[12] 刘保柱，苏彦华，张宏林.MATLAB 7.0 从入门到精通.北京：人民邮电出版社，2010.

[13] 薛定宇，陈阳泉.基于 MATLAB/Simulink 的系统仿真技术与应用.北京：清华大学出版社，2011.

[14] 刘白雁，等.模型跟踪自适应控制新方法及其工程应用.西安：西安交通大学出版社，2004.